宗族文化、家族至上、聚族而居、家庭、家族、祠堂、房派、绅衿、第其房望、血缘村落、公建优先，以房为脉宗祠为轴的俗成生长式模式，浙江具有宗族意象的地域特色，宗族文化的现实社会启发意义

丽水市龙泉炉岙村

丽水市遂昌焦滩村

楠溪江中游（摄影：晨波）

松阳杨家堂俯瞰（摄影：晨波）

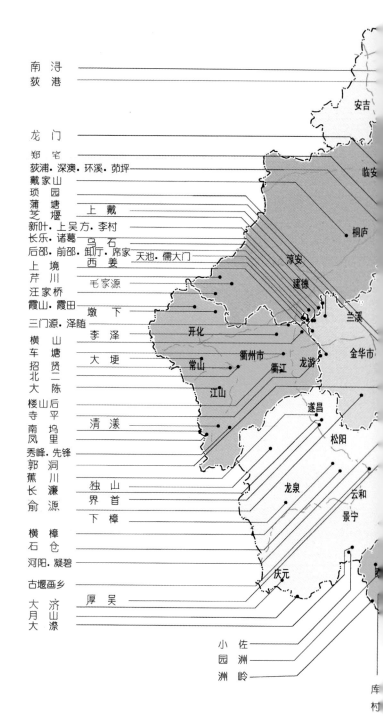

南　浔
荻　港

龙　门
郑　宅
荻浦·深澳·环溪·荻坪
戴家山
琐　园
蒲　塘
芝　堰　　　上　戴
新叶·上吴方·李村
长乐·诸葛　　乌　石
后邵·前邵·卸厅·席家　天池·儒大门
上　境　　　　西　姜
芹　川　　　毛家源
汪家桥
霞山·霞田　墩　下
三门源·泽随
横　　山　李　泽
车　塘　贤　二陈
招　北
大　　　　　大　埂
楼　山　后　平
寺　平　坞　里
南　凤　　　清　漾
秀峰·先锋
郭　洞川
蕉　川　廉　独　山
长　濂　　界　首
俞　源　　下　樟
横　樟
石　仓
河阳·凝碧
古堰画乡
大　济　山
月　漾

小　佐
园　洲
洲　岭

南浔
安吉
临安
桐庐
淳安
建德
兰溪
金华市
开化
衢州市　龙游
常山　衢江
江山
遂昌
松阳
龙泉　云和
景宁
庆元

库
村

本次调研的主要村庄分布图

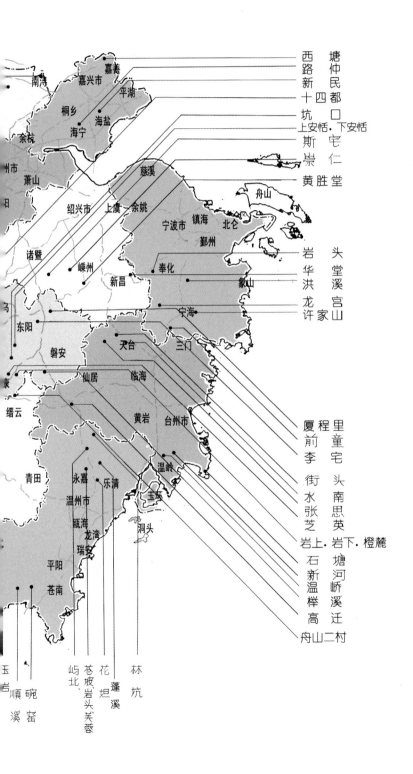

西塘
路仲
新民
十四都
坑口
上安恬·下安恬
斯宅
崇仁
黄胜堂

嘉善
嘉兴市
平湖
桐乡
海盐
海宁
余杭
南浔
萧山
绍兴市
上虞 余姚
慈溪
舟山
宁波市 镇海 北仑
鄞州
诸暨
嵊州
新昌
奉化
象山
宁海
东阳
磐安
天台
三门
仙居
临海
缙云
黄岩
台州市
温岭
青田
永嘉 乐清
温州市
玉环
瓯海
龙湾
瑞安
洞头
平阳
苍南

岩头
堂溪
华宫
洪山
龙
许家

里童宅
程前
厦李
街头
水南思英
张芝
岩上·岩下·橙麓
石塘河
新桥溪迁
温樟高
榉
舟山二村

玉岩
顺碗
溪窑
屿北
苍坡·岩头芙蓉
花坦
蓬溪
林坑

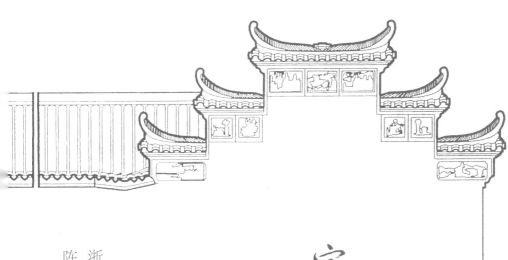

宗族文化与浙江传统村落

陈於元题

浙江省城乡规划设计研究院

陈桂秋 丁俊清 余建忠 程红波

编著

中国建筑工业出版社

图书在版编目（CIP）数据

宗族文化与浙江传统村落／陈桂秋等编著 . —北京：中国
建筑工业出版社，2019.1
ISBN 978-7-112-23092-1

Ⅰ . ①宗… Ⅱ . ①陈… Ⅲ . ①宗教 – 影响 – 村落 – 建
筑文化 – 研究 – 浙江 Ⅳ. ① TU–092.955

中国版本图书馆 CIP 数据核字（2018）第 291592 号

责任编辑：刘爱灵 杜 洁
书籍设计：付金红
责任校对：王 烨
书名题写：浙江省人民政府原副省长 陈加元

宗族文化与浙江传统村落
浙江省城乡规划设计研究院
陈桂秋 丁俊清 余建忠 程红波 编著
*
中国建筑工业出版社出版、发行（北京海淀三里河路9号）
各地新华书店、建筑书店经销
北京方舟正佳图文设计有限公司制版
北京富诚彩色印刷有限公司印刷
*
开本：787×1092毫米 1 / 16 印张：26¼ 字数：513千字
2019年8月第一版 2019年8月第一次印刷
定价：**268.00元**
ISBN 978-7-112-23092-1
（33177）

宗族是华夏族群在中原地理环境中经历了一定的婚姻阶段后产生建立的以血缘为纽带、以宗亲为特征、以家族为中心的自组织体制和文化系统，包括家族组织、宗法制度、宗法思想三方面。

政权、族权合一，是古代中国政治制度的重要特点。其形式经历过两个阶段，隋唐以前王族、贵族掌控了国家，他们按血缘、原有的身份地位分配权力，建立世袭统治制度。宋明以后从基层取士，宗族制度民间化，区分宗族的不再是等级身份，而是标志某种地位的望族、世家大族等。

农业生产、生活方式是传统村落形成的根本原因，宗族文化则是传统村落生成、发展并保存至今的内在机制和根本力量。家族及宗族文化实质上是将人按血缘进行编程，组成网络，使之社会化。家庭为社会生产、消费、施法的基层单位。用五服制并赋予礼仪性质成为氏族的结构图式和行为模式。

宗族文化对传统村落的影响主要表现为：

1. 汉唐以前，强宗大族掌控了国家的主要财富和文化，人口和村落主要分布在中原一带。历史上多次以宗族为单位的人口南迁，播迁了传统村落的种子，使浙江的土地资源得到了有序、有效的开发，它们和生态环境有机结合又产生了各自的特征。

2. 聚族而居是宗族制度下居住模式的根本特征。因此汉民族传统村落都是血缘村落，并且多以姓名村。又因家族关系是人类生活中最重要的社会关系，乡村成为古人最主要的居住模式，形成了一字形、三合院、四合院、多进落庭院住宅以及历史上曾经出现过的庄寨、台门、义庄、累世同居共财合爨大屋共存等村落风貌。

3. 祖先崇拜、圣人崇拜、敬天祭祖是族人生活的重要内容。因此，祠堂、崇祀、礼制、文教等公共建筑是村屋构成的重要部分，而且有公共建筑优先原则。

4. 村落发展的主体是房派，宗祠是房派的象征，形成了村落以房派为脉，以宗祠为核心的俗成生长式发展图式。从某种意义上说，宗祠主导了村落风貌。

5. 宗祠、宗谱、族田、族规、家训是宋元以后新的"敬宗收族"模式，明清之际又产生了"绅衿阶层"主导乡村建设。

6. 影响深远的门第观念，强化了族人的认同意识和家族互动，使乡村面貌出现"第其房望"现象。

7. 古人经过长期的实践摸索，找到了合理的家庭结构和规模，又用五服亲等法孕化出社会秩序的"差序格局"，使得浙江传统村落有序发展、合理分布，具有生态智慧，天、地、人三者关系协调和谐。

8. 宗族文化还是我国传统民居堂室之制、祭住合一、人文位序、轴对称等特征形成的主要原因。

在推进实施乡村振兴战略背景下，本书还论及了宗族文化对传统村落保护发展、引导乡村振兴的现实社会启发意义，并提出一些新想法。

收到浙江省城乡规划设计研究院院长陈桂秋同志组织编写的《宗族文化与浙江传统村落》一书的打印稿，非常高兴。浙江省住房和城乡建设厅曾组织编写《留住乡愁——中国传统村落浙江图经》一书，并于2017年出版第一卷（上、下册），介绍了浙江第一批列入国家级名录的43个传统村落。后续几卷也在陆续编撰中。而《宗族文化与浙江传统村落》一书又对浙江传统村落的发展脉络及其宝贵价值开展了专门的研究，很有意义。

国家高度重视中华优秀传统文化的传承发展。习近平总书记把中华优秀传统文化看作是我们在世界文化激荡中站稳脚跟的根基，要求处理好保护历史文化与村庄建设的关系，让居民"望得见山，看得见水，记得住乡愁"。这些要求是城乡建设工作必须长期坚持和自觉遵循的重要方针。浙江在传统村落保护方面是走在全国前列的。全省先后已有五批共636个村落列入国家级传统村落名录，总量居全国第四位，这对东部沿海发达省份来说，是很难得的。2016年，浙江省政府出台了《关于加强传统村落保护发展的指导意见》，健全了全省传统村落保护工作的顶层设计。2017年公布了第一批省级传统村落，有636个村列入省级传统村落名录。浙江省委省政府把实现村庄设计的全覆盖列为"十三五"规划的目标，金华、台州等地还开展了传统村落保护的立法工作。可以说，浙江传统村落保护工作已经完成了从无到有、从点到面、从弱到强的转变，迈进了新时代。《宗族文化与浙江传统村落》以宗族文化的独特视角对浙江传统村落进行研究，厘清了村落演变与宗族文化之间的内在关系，是拨云见日、追根溯源之举，也标志着对浙江传统村落的研究进入了一个新的阶段。浙江的传统村落与宗族文化相依相存，互为因果。这是因为：

浙江传统村落大多是因宗族举族迁徙、衣冠南渡而生根落地的。早在春秋战国时期，浙江就逐步形成了"同俗并土、同气共俗"的吴越文化为主枝的地域文化，并成为汉文化中精致典雅的代表。自秦汉以降，或因人口繁衍、土地兼并导致生存压力加剧，或因战乱不断、社会动荡被迫避祸远遁，尤以永嘉之乱、安史之乱、靖康之难造成的三次人口大南迁为剧，大量的士族富户避地江南。这些人士来到浙江，既带来了大量的劳动力和先进的生产技术，推动了发展，促进了中原文化与吴越文化在浙江得天独厚的自然山水环境中激荡碰撞、相融相生，孕育出了一大批历史悠久、风水观念浓厚、宗族印记鲜明、建筑风格迥异、匠作技艺精湛、人文底蕴深厚的传统村落。

浙江传统村落大多反映了宗族聚族而居、繁衍兴旺的生存诉求。中国文化是世俗取向的，宗族文化是中国文化的基因所在。与现代社会以家庭为最基本的结构单位不同，在古代中国的乡土社会中，按父子相承的继嗣原则上溯下延为主线、按血缘关系远近排列若干支线的父系单系所构成的宗族，是一个最基本的结构单位。各个成员承担着发展和延续宗族的使命，这种使命首先是传宗接代，繁衍生息。这样的生存诉求在浙江传统村落中体现得淋漓尽致。如在村落选址上，极重风水堪舆，多取背山面水、负阴抱阳之地，以求藏风聚气、有利生息，像"前有腰带水、后有纱帽岩、三龙捧珠、四水归堂"的永嘉芙蓉村，地处八山合围盆地中高阜地貌格局的兰溪诸葛村，皆为例证；在内部治理上，实行以嫡长子继承制为核心的宗法制，修宗谱、建宗祠、置族田、立族长、订族规，以达到强化族权、维持宗族长盛不衰的目的。譬如人称"江南第一家"的浦江郑氏，一度"九世同居、千人共食"，非常典型地反映了宗法社会的礼乐秩序和纲常伦理；在价值取向上，重品德、轻财富，讲究"积善之家，必有余庆；积不善之家，必有余殃。""忠厚传家久，诗书继世长"。曾国藩所说的"仕宦之家，子弟习于奢侈，繁荣不能延及一二世；经商贸易之家，勤勉俭约，则能延及三四世；而务农读书之家，淳厚谨饬，则能延及五六世；若能修德行，入以孝悌，出以忠信，则延泽可及八至十世"的理念是有普遍性的。

浙江传统村落大多遵循了宗族长幼有序、尊卑有别的伦理规范。在宗族文化里，"父义当慈，子义当孝，兄之义友，弟之义恭，夫妇、朋友乃至一切相关之人，随其亲疏、厚薄，莫不自然互有应尽之义"，"人类在情感中皆以对方为主，故伦理关系彼此互以对方为重；一个人似不为自己而存在，乃仿佛互为他人而存在者"。梁漱溟先生将这种社会结构称之为伦理本位。如《礼记·大传》所言："亲亲也，尊尊也，长长也，男女有别，此其不可得与民变革者也。"意思是社会结构的架构是不能变的，能变的只是在此架构下所能做的事。浙江传统村落在伦理本位的宗族文化影响下，呈现出鲜明的伦理规范特征。如既是宗族血脉所系也是宗族盛衰标志的宗祠，在村落中地位高于一切，神圣不可侵犯。在建造时不但选址于村落的核心位置，其体量、用材、工艺也往往无不尽其所能，恢弘精美程度令人叹为观止。又如婺州、衢州等地较为常见的十三间头、十八间头、二十四间头等传统民居，采用严格的轴线对称布局，明间通常挂祖先画像，下方摆设长桌、方桌和太师椅，设置成中堂，为祭拜祖先及待客宴饮之处。两次间为起居室、卧室。东西厢房则辟作子孙后代居住之所。如子孙人口众多，则安排庶支另择他处安宅。如此子又生孙，孙又生子；子又有子，子又有孙，子子孙孙无穷匮也。一个以宗祠为伦理中心的传统村落也就慢慢生长出来了。

浙江传统村落大多蕴含了宗族家国同构、修齐治平的文化价值。在乡土中国社会，以"己"为中心，依据血缘、亲缘、地缘等亲疏远近所结成的社会关系，就像石子投入水中一般，水的波纹以石子为中心一圈圈推出去，越推越远，形成了费孝通先生所说的"差序格局"。在这种社会结构里，宗族文化是可收可放、能伸能缩的。相对应的，以宗族内部的伦理规范作为基点，可以泛化到治理社会、管理国家，乃至一切社会思想和行为。所谓推己及人，从己到家，由家到国，由国到天下，是一条通路。不管是程朱理学还是阳明心学，都讲究正心、诚意、格物、致知，提倡"一日三省吾身"，将仁义礼智信、温良恭俭让内化于心，外化于行，做到世事通明，人情练达。在这样的文化背景下，"万般皆下品，唯有读书高"，尊师重教、好学尚礼成为宗族每个成员的共识，办私塾、书院、设义仓、公田，建文昌阁、文峰塔等行为屡见不鲜，也因此留下了一笔笔宝贵的文化遗产。每个读书人都梦想着"朝为田舍郎，暮登天子堂"

的日子。一旦入仕，则怀着兼济天下的胸襟，从宗族出发，或高居庙堂，或牧守一方，直到衣锦还乡，叶落归根，又回到宗族，用平生所学教化乡民、反哺桑梓、泽被乡里，宗族得以繁衍兴旺，文脉得以薪火相传。这种人才、文化对乡村的反哺、支撑和循环，恰是当前中国广大乡村最缺少的，也是乡村存在种种问题的根源之一。

因此，浙江传统村落与宗族文化之间的关系是极为密切的。读懂了宗族文化，也就读懂了传统村落，读懂了乡土中国，读懂了中国文化。而《宗族文化与浙江传统村落》一书清晰地揭示了这种关系，即浙江传统村落的形成、发展和演变是受到了宗族文化的直接影响甚至支配的，而浙江传统村落的发展反过来又推动了宗族文化的强化和兴盛。在乡村振兴战略背景下的今天，《宗族文化与浙江传统村落》的出版，有助于我们去深刻地理解和把握好两者之间的内在关系，对今后的城乡建设特别是传统村落保护发展工作必将起到十分重要的学习借鉴意义。

为此特赠一绝：

村庄设计大文章，

河畔山间绘浙乡。

源远流长终可溯，

儒风道骨永传扬。

衷心祝愿浙江的传统村落能够在各方有识之士的关心支持下，拭去衰退的尘埃，重现璀璨的光芒。

是为序。

钱建民

（浙江省住房和城乡建设厅原厅长）

编写本书，缘自一次本该放松，却又带有"职业病"的三人闲聊。"三人行，必有吾师"。其师一为刚从位上退下的原浙江省建设厅总规划师周日良先生，其二是刚退休的原温州市规划局局长肖健雄先生。

当时本人正在思考两个问题：一是浙江美丽乡村建设已达十余年，但为何能与传统村落相媲美的传世之作却寥寥无几？二是当下"文化"是个热词，几乎人人讲文化，似乎人人懂文化，但为何现实中的所作所为文化含量却不高？

或许文化该有土壤，有情怀、有温度的村庄也需要土壤才能根植。近千年留给浙江大地的精美传统村落逾千，而生长这些传统村落的土壤又是什么？凭直觉，可能就是宗族文化。

宗族是血缘基因维系的社会单元。宗族文化是宗族血缘认同、宗族繁衍延续、宗族精神价值、宗族社会治理的文化体系。

对文化的概念理解素有不同。本人也试着给"文化"作个定义，以便让自己更好地理解和应用文化的价值。我觉得"文化"是先进、高尚的生活方式、生产方式、思想方式、行为方式及其场所和器物的综合体现。文化具有人本性，因为文化产生的主体是人；文化具有宽泛性，因为文化涉及人类活动的所有方式；文化具有时代性，因为文化需要与时俱进保持先进；文化具有地域性，因为不同的地理环境有不同的行为习惯；文化具有民族性，因为不同的民族有不同的精神需求；文化具有实用性，因为文化源自生活，存于生活；文化具穿透性，因为先进高尚而会被人自觉接受甚至崇拜；文化具有延续性，因为文化在继承中进化提升。

宗族文化又是如何影响浙江传统村落的迁播路径？如何影响传统村落的选址相地？如何影响传统村落的空间布局？如何影响传统村落的建筑形制？如何影响传统村落的发育成长？如何影响传统

村落的社会治理？带着一连串的问号，我们一路探索、一路追寻。在两位师长的认同、鼓励和参与下，我们集聚了浙江省城乡规划设计研究院的志同者，在丁俊清先生的主刀执笔下，花了 1000 多个日夜，走访了上百个村庄，撰写成了这部专著，藉以献给浙江传统村落的过去、现在和将来，希望解读出浙江传统村落的基因密码，希望对当前如火如荼的浙江美丽乡村建设和乡村振兴规划有所帮助，更希望对浙江未来的传统村落文化积累有所贡献。

书稿完成之际，回味悠长历史，回望浙江大地，仰望茫茫星空，冥冥中感觉世间万物可由量子产生共振，世上生灵可由 DNA 产生共鸣。血缘基因复制的血脉传承，成为家族、宗族的维系脐带，成为社会、国家的组织纽带，成为中国古代祖先崇拜的基因原点，成为人类社会亘古延续的基因长链……

我国对乡土建筑的调查研究开始于 20 世纪 40 年代，"中国营造学社"的梁思成、林徽因、刘敦桢等著名建筑大师，对四川、云南、山西等地区的乡土建筑做了大量的调查、测绘、研究工作。20 世纪 80 年代以来，以清华大学、同济大学、华南理工大学等为代表的大专院校研究学者和传统民居爱好者，开展了一系列的实地调查和学术研究，有力地推动了我国乡土建筑、传统村落的保护和发展工作。研究的成果数以万计，但是，这些研究多从建筑空间、历史环境、文脉角度着手，从宗族制度、宗族文化角度展开的研究探索尚缺或不够全面、深入。

近年，浙江省城乡规划设计研究院陈桂秋院长和浙江省建设厅原总规划师周日良、温州市规划局原局长肖健雄，在不同场合多次聊及这个话题，引起了强烈共鸣。接着浙江省城乡规划设计研究院学术沙龙专门探讨了这个话题，进而决定开展该课题研究，定名为："宗族文化与浙江传统村落"。

传统村落是我国历史文化遗产的重要组成部分，承载着丰富的历史信息，是中华文化长存的需要。保护和发展传统村落已进入国家视野，并作为文化复兴战略提上了议事日程。

20 世纪 90 年代以来，住房城乡建设部、国家文物局、各级地方政府先后公布了几批历史文化名镇、名村。2012 年以来，住房城乡建设部、文化部、国家文物局等七部门联合审查，先后评定公布了五批共 6799 个中国传统村落。

需说明的是，本书所谓"传统村落"，实指古村落，涵盖范围为宗族制度下生成的自然村，与七部门把古村落中的优秀者定名为的"传统村落"略有不同。本书为了和国家保护发展传统村落的目标相一致，故采用了"传统村落"之名，调查对象也尽量选择国家认定的"中国传统村落"，但涉及范围就不局限于"传统村落"了。因为宗法制度、宗族文化对乡村居民点是全覆盖的，那些有关家谱、宗祠、住宅及与宗族制度的典型事例，所有古村落都可能出现。鉴于这个原因，书中还是会出现古村落等字眼。

本书采用实地调查与查阅古籍文献相结合的方法，研究范围横跨全省地域内的传统村落，溯及三代以远，并且花了较大的篇幅论述家庭、宗族、宗族文化的生成和演化历程。之所以这么做，是出于下列四点思考：一是根据认识世界的"层垒性"原则，想对一个事物的认识越深刻，就要看得越远。二是传统村落的本质是人，基本单位是家庭，而宗法制度则是讲人与人、人与家庭、人与家族、人与社会、人与国家、族权与政权的关系。宗法制度渊源久远，演变复杂，非正本清源不能得其要义。三是本书不属工程项目，故可放开思路，上下求索，尽可能为读者提供更多的信息和想法。四是从语言研究文化，以文化印证语言，是我国近年来流行的方法，只要其凭借的语言现象是事实，其依据的文化现象是实际，就是科学有用的方法。古籍文献中的某些语言、概念，是现代语言特别是网络语言中没有或不熟悉的，今人往往不能完全理解、领会。比如书中介绍古代住宅堂前台阶左右各一个，从建筑空间关系讲似已足够清楚了，但是古人建造住宅，是作为一个人工创造的"小宇宙"来对待的，把房子叫作"屋宇"，房子的各种空间安排，都内含着当时人们的宇宙观和天下观，并且用人文位序去契合。古人在室内尊右（如厅堂的右间——东间，分家时必给长子），室外尊左，因而尊者（宾客）走西阶，故实行两阶（又叫东西阶）制。这是宗法制度下古代建筑设计的一个重要内容和原则。因此，本书论述竖追溯到源，横不缺要项，目的是"度人金针"，让读者深刻领会储存在宗族文化和传统村落里的整体信息，把握还原古籍文献语言中的原来面貌，深挖传统村落中的原型特征。

还需说明并请读者谅解的是，本书并不是一本考证著作，亦不是为了评论某村某族的好坏。为节约读者时间和避免审美疲劳，凡引用他人资料或观点的，不设脚注，尽量在文中说清楚，其中亦有读者看来需要随文作注而未进行的，乃因很多资料是以前积累的，一时无法查证史料出处，又由于精力所限，无法一一检索。种种原因，不规范之疵，敬祈读者谅解。为了弥补这一缺憾，在书后详尽列出参考书目。

第一章

绪论

聚落是古代浙江人主要的生活场所，大地表层最重要、对人类文化反映最直接的景观。

浙江古村落都是血缘族居的村落，多以姓命名。宗族文化是造成这一现象的根本原因。

一、村落文化的生命力

1. 乡村旅游成为时尚生活

当今，乡村旅游已成为人们最愉悦的生活方式之一。目前的乡村旅游可分几种类型：一是美丽乡村生态风景旅游，二是农家乐、民宿，三是老年人到乡村"同居式养老"，四是体验三农生活的亲子游。更有甚者，每天都有不少外国人到优秀传统村落、历史文化名镇、名村旅游，他们多是冲着中华农耕文化而来的，可归纳成农耕文明文化旅游。

上述现象可谓"回归乡村振兴时代的到来"。

我国自改革开放以来，城市快速发展，日趋繁荣，城市化水平快速增长，但人们却被自己所制造的水泥高墙、噪声、废气、食品安全等问题弄得身心疲惫，向往镶嵌在青山绿水中的簇簇村庄，静享原野山峦、溪流潺潺、清新空气、灿烂阳光、小草鸣虫、大自然和谐、宁静有序的慢生活……要是对江南农村作一次地毯式、深度游的话，你会看到古代的"士夫巨室多处于乡，每一村落，聚族而居，不杂他姓，其间社则有屋，宗则有祠。……乡村如星列棋布，凡五里、十里、遥望粉墙矗矗，鸳瓦鳞鳞，棹楔峥嵘，鸱吻耸拔，宛若城郭"（清·程庭《春帆纪程》）这样一幅乡村画面和华夏儿女气势宏大、生生不息的生存图景。使人们的身心会放松成一颗裸露的卵石，城市生活的苦涩和疲惫都被洗涤而去（图1-1）。

2. 村落文化具有强大的生命力

美是生活，乡村旅游之所以为人们喜爱，因为乡村有大自然气息、美丽的山水环境、人与自然和谐相处、朴素纯洁的风俗人情。几千年积淀下来的传统村落，处于生生不息的自然环境中，承载着大量的历

1

2

3

5

4

6

1. 温州市泰顺筱村镇徐岙底（摄影：晨波）
2. 温州市瓯江口滨海村镇
3. 丽水市松阳黄家大院
4. 衢州市龙游湖镇黄家溪头村黄家门楼
5. 嘉兴市桐乡乌镇
6. 金华市武义柳城畲族镇乌漱村
7. 丽水市古堰画乡
8. 丽水市景宁小溪畔某村

7

图 1-1　浙江乡村

族居和农耕，是我国古代生活方式的根本特征，越——这个最早发明一种叫钺的稻作生产工具的族群，把浙江的每寸土地，每滴山水都利用起来，建立起各种不同类型的村落。

8

史信息。从美学角度讲，它既是器物，又寄托着生命。器物有新旧，生命无新旧，生命的本质是过程和体验。科技贵新，艺术贵旧，越旧越久者越具艺术感染力。传统村落、优秀古民居，既是物质实体，又是文化形态，且是一种乡土、原生态文化，是中华宝贵的物质文化遗存和非物质文化传承，具有强大的延展力和生命力。一个民族的强盛，并不仅仅在于经济与军事的实力，也在于它的文明延续的能力，而要想创造、延续一种文明，那需要上千年的努力。

本书选取的这些照片，仅仅是今存浙江古村落精彩画面的凤毛麟角。我国古代农村建设的高潮在明清，那时国人的生活重心在农村，就连戏曲、国画、文学艺术的重心都在农村。浙江省共有乡村47000个，其中国家级历史文化名村144个，中国传统村落636个，省级传统村落636个，优秀古民居全省共计3万余处。本书选择了300多张现存的浙江传统村落和民居图片，只是浙江历史上农村繁荣景象和美丽风貌的缩影（图1-2）。当我们看到这些粉墙黛瓦、青砖蛮石、长脊短檐、

1

3

4

5

7

6

8

9

10

11

图1-2 浙江村屋
山河岁月，人宅相扶，古代浙人的住宅，具有高度的生态智慧和
适形、环农业特征，住、祭、畜、储、民艺、教育六义合一。

12

13

1. 台州市仙居皤滩古镇春花楼
2. 丽水市松阳三都乡下田村
3. 温州市永嘉岩头镇芙蓉村某宅
4. 丽水市松阳三都乡下田村
5. 丽水市松阳三都某村
6. 金华市武义大溪口乡小黄山畲族村
7. 温州市泰顺龟湖村
8. 温州市泰顺台边圆州村
9. 衢州市龙游某民居
10. 杭州市桐庐环溪村尚志堂
11. 湖州市南浔张石铭旧居
12. 温州市永嘉大若岩镇埭头村松风月宅
13. 温州市永嘉大若岩镇埭头村松风月宅2
14. 温州市泰顺某村屋

14

1. 杭州市富阳龙门古镇舞龙年俗活动
2. 楠溪江农村拔马灯节民俗灯彩活动（摄影：晨波）
3. 衢州市江山凤林镇南坞村外祠
4. 衢州市江山廿八都大文昌殿

图 1-3　浙江农村民俗活动
宗族组织、宗法制度是我国古代文明的根基和起始点，
也是传统村落生成、发展、保护至今的重要原因。

曲径小巷，以及流光浮动的花窗、会说话的建筑三雕，重识乡土中国时，眼睛可能为之一亮，不免心生"忽如一夜春风来，千树万树梨花开"的感慨。俗话说"一方山水养一方人"，各地农村异彩纷呈的民俗活动，无不洋溢着农人安居乐业、恋土重迁的精神，淋漓尽致地表现出身处其间生机蓬勃的生存图景，从中我们可以感受到传统村落乡土文化强大的生命力和延展力（图1-3）。

二、家庭：古代聚落缘起的密码

1. 家庭是古代文明升华的密码

人类史从原始人到新人阶段，经过了100多万年的发展过程。新人阶段，考古学上称为真人化石阶段，约距今10余万到5万~6万年之间，他们的形体同现代人已完全一样，有了肤色和种族的区别，语言也已经很发达了，人类的线粒体DNA已经跟现代人几乎没有差别。这种先进的遗传物质一代代遗传着，可是，在开头5万4千年时间里，人类居住文化发展缓慢，处于"长幼侪居、游居、穴居、巢居，缘水而居"状态（参《列子·汤问》）。到了距今6500年前~6000年前开始，突然加快了进程，出现了世界四大文明（古巴比伦、古埃及、古印度、古代中国），诞生农业、聚落和城邦。这个时期，国家和城邦的出现则是第二次大跃进。这个时代，从约5000年前的五帝时代开始，到夏朝完成。以上二次高级文明的出现，从人类本身的角度寻找原因，是出现了"家庭"。所以说，"家庭"是古代文明升华、古代聚落缘起的密码。

2. 家庭形态决定聚落形态

家庭是最小的居住单元、传统村落的细胞。家庭的产生和发展形态，是由婚姻形态决定的。人类的婚姻形态，经历了血族群婚、亚血族群婚、对偶群婚和一夫一妻制的个体婚姻四个阶段。与此相对应，经历了四种家庭形态：血缘家庭、亚血缘家庭、对偶家庭和个体家庭。

（1）从行居到定居

中国血缘家庭产生于旧石器中期，此时在一个原始群之内，禁止了父母、子女、祖孙之间的性关系，但还实行同一辈的兄弟姐妹之间的行辈群婚。人类婚姻史上的这一进步，提高了人类的质量，脱离了穴居而野处、禽兽可系羁而游、虎豹可尾、虺蛇可蹄的状态，开始了相对稳定的"定居"生活。

（2）聚落的产生

亚血缘家庭，实行族外群婚，通婚必须在两个原始群之间进行，但仍然限于相当的行辈之内，这一进步，使人类的社会组织从原始群进入氏族公社。由于仍是群婚的，所以孩子只知母而不知父。妇女是氏族的组织者和领导者，是维系氏族的中心。这时的居住形态为同一个始祖母繁衍下来的若干个亚血缘家庭组成一个母系氏族，若干个氏族组成一个部落。

一个亚血缘家庭占有一所至数所房屋，整个氏族构成一个聚落。例如河姆渡文化的村落遗址，第一次发掘时发现有一幢住宅建筑，宽23米，深7米，前有1.3米宽的长廊。第二次发掘时，又发现百米以上的长屋，柱网间距2~5米，至少有40个以上的房间，以每间平均住4人计算，可住100人以上，这是一个氏族村落，属于亚血缘家庭住宅。

（3）宫室（住宅）的产生

中国的对偶家庭，大约产生于中原的龙山文化、黄河上游的齐家文化、环太湖流域的马家浜文化、松泽文化、良渚文化时期，相当于炎黄时代对偶家庭时期，婚姻关系开始走向固定，家族中各种人的称谓制度出现，如孙、侄、姑、舅等。人类走到这一步，个体家庭就接踵而来了。然而又出现了新的社会问题，对外，聚落间的交往日益频繁，产生了集团意识，争夺土地的战争愈演愈烈。由于战争掠夺、生产力的提高，产品有了积余，出现私有制、内部贫富差距加大、统治阶层与被统治阶层的分野日益分明。于是，宫室（住宅）制度走进了历史进程。

人文始祖黄帝发明宫室时就贯注了实用功能和文化性质。"昔者先王未有宫室，冬则居营窟，夏则居橧巢，……后圣人有作，然后修火之利。范金、合土，以为臺榭、宫室、户牖……，以降上神与先祖，以正群臣，以笃父子，以睦兄弟，以齐上下，夫妇有所。"（《礼记·礼匡》）

这些文化功能总体精神可归纳为"礼"。其符码因子蕴藏在建筑内容和形制之中，具体表现为：①方形宅制，一改以前圆、方、长条、吕字形、工字形、T字形等众多住宅平面为方形平面。方形具有强烈的方位感和"中心"意识，和宇宙公平、无偏、四通八稳的秩序符合；②方形宅制是轴对称的，为后来的祭住合一，并且有人文位序的居室形制奠定了基础。

三、家族：传统村落的基石

距今约4000年的夏代起，华夏族家庭形态在不断演进，但是，还没有找到"家族"这个法宝来治理国家。殷商盘庚，举起了"家族、宗族"这面大旗，成为中国社会进化史上一个重要的转折点，也是传统村落的基石。殷商战胜了诸部落国，建立起一个完形的种族奴隶制王国，废弃了共同生产、共同消费的公社制度。殷属子姓，这一血缘宗族——殷族，成为统治者，独享土地和劳动成果，被征服的氏族成为奴隶，住在京都的殷宗族为"王族"，即是"元宗"或"大宗"，被派到被征服的异族地方去做"邦伯"的王族分支称为"子族"或"多子族"，即所谓小宗。

姬周家族在子商家族治国的基础上，制订完善了宗法制度与国家政权的一系列典章制度。

四、血缘：宗族文化的起点

1. 血缘：宗法社会的起点

血缘是由婚姻生育而产生的人际关系，以及由此而派生出的其他亲属关系，它是人先天的与生俱来的关系，在人类社会之初就已存在，是最早形成的一种社会关系。马克思说："家庭起初是唯一的社会关系"。关于此，世界上无论哪个国家、哪个地区的人，都是共同的。我国古人从对偶婚个体家庭产生以来，一个人从出生的第一天起就生活在这个血缘家庭里，几代人累世、同居、共财、合爨，并且孕化为伦理本位，而家族家庭生活延续于后。西方人则因宗教的影响力较大而家庭家族观念相对淡薄。造成这种现象的主要原因是：中国人崇拜祖先，重血缘，以家族体系组成宗法社会，而西方是宗教社会。

2. 祭祖敬天居住三位一体住宅制度的产生

夏朝建立了国家，奠定了华夏古代文明的基础；商朝创造了更精细的敬天、崇祖、孝文化系统；周则把上述文化成就融为一体，创建了宗法制度和一系列典章。

为什么商人会把他们的上层文化指向血缘与天命，而不是像西方人一样指向宗教？这得从他们的生存环境和生活实践来看。

华夏族群进入父权家长制后，主要的给食模式是小米和猪，天道和人文是互相联系的，殷墟甲骨文研究者推断，在3000年前，黄河流域同今日长江流域一样温暖多雨、周期性地发生水灾旱灾。殷商主要的生存压力是水旱灾和战争，因此整个家族在不断的转移，《史记·国都》记载的迁徙就有"前八后五"（殷商之前八次，之后五次）。所以，"国之大事，惟祀与戎"。祀，即祭祖先、祀天、祀时，打仗、迁徙乃至做事前都要火烧龟甲看裂纹，用蓍草直立的茎形测吉凶等，

用卜巫活动预测结果，寻求启示。商人迁徙、打仗以及日常居住活动
都是以"族"为单位集体行动的。另外，为了获得农业好收成，不得
不留心植物生长规律，观察四季气候，日、月、星辰的变化等天象，
寻找地上寒来暑往降霜下雪、河开河冻、树木抽芽发叶及开花结果、
候鸟春来秋往、动物蛰伏苏醒等物候和天象的关系，并且建立以太阳、
北斗、北极、星辰为天文坐标的天文历法。颁布政令，把人的一切经
济、政治、文化活动置于宇宙流程，使人的一切活动契合自然（天）
（图1-4）。

　　几百年这样的生活方式，造就了商人的血缘（氏族）观和天命观。

　　中国古代之"天"，有五方面意义：(1) 主宰之天；(2) 造生之天；
(3) 载行之天；(4) 启示之天；(5) 审判之天。商流行的天命说，主要是
指天道的意志，延伸义是"天道主宰众生命运。"《尚书·盘庚上》曰：

1.画像石北斗图（东汉）

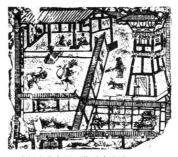

2.成都出土东汉画像砖上庙院

3.新疆出土"五星出东方利中国"彩锦护膊

图 1-4　中华始祖创建居室

中华始祖黄帝创造"宫室"和家族制度，大禹治洪水、开九州、平水土、畎田、畎、浍沟洫，周代创住宅上栋下宇，庭院之制，并告诫国人（后人）要把幸福寄托于与自然和谐，把居所融进宇宙流程。

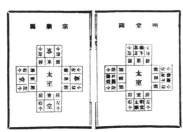

1.王国维绘宗庙、明堂图

2.秦汉瓦当

3.不同姓的图腾

4.周月令移居图

图 1-5　古代明堂、瓦当、月令移居图

古代家庭不仅相同，但有一个共同点，都由祭祖、敬天、住人三种空间组成。

"先王有服，恪谨天命。"又把天和祖联系起来了。殷商的甲骨卜辞、彝器铭文不止一次出现"受命于天"之辞，说明天已扎根商人头脑中。商代的墓葬中，所有的骨骸头都是朝西或朝西北的，证明商人的天命意识，在他们的观念里，东是最好的方向，其次是南。

商人的血缘（氏族）观和天命观，是中华文化形成期思想传统的社会根基和逻辑起点，奠定了我国居住文化的基石。使人们把居住生活和"祖先、天地"联系起来，认为只有三者和谐才能平安幸福，导致聚族而居，建筑空间中的天下观和守中，使传统民居形制产生两大特征：(1) 祀住合一，中轴线上为祭祖礼仪空间。(2) 四向庭院之制，即四面厅。

3. 礼制和月令移居

殷商青铜器亚形铭文，据考古学家高去寻的研究，亚字形初义乃像四通八达的道路，象征商王对四方的权威。考古学家进一步发现，在数以千计的殷商坟墓中，只有殷王室的墓才呈"亚"字形。后人相信，这些亚字形结构绝非偶然的设计，一定有它的象征意义，拟是后世礼制建筑——明堂平面的圭臬。1926 年，在汉代长安遗址南发掘了一座汉代礼制建筑遗址，中心为一个很大的夯土台，四周有四向对称的堂室，这便是明堂。近代王国维先生据此拟定了最初的明堂图和宗庙图。这种制式的四合院，浙江省天台、磐安、温州地区至今尚存。

商人的敬天精神还辐射出建筑装饰中的祺祥观念，把怪异的动物纹样、植物纹样，及文字置于屋脊两端或屋檐上，祈求家庭的幸福、兴旺。

关于古人住宅活动中的敬天精神，有两点与现代人不同：一是先秦建筑（包括筑城）既有定制，兴建亦有定时。如《左传》庄公二十九年："凡土功，龙见而毕务，戒事也；火见而致用，水昏正而栽，日至而毕。"对那些"辨方正位"的建筑，要依据星象的方位来选择施工的最好时机，把空间和时间统一在天体运行、四季交替等自然事物的运动和变化中。二是《礼记·月令》明堂令中，有"月令移居"法，即一幢四向明堂之制的住宅中，要每个月移居一室，以充分利用阳光、空气、景观、物候条件（图1-5）。

五、汉族姓名制度

1. 族姓制度

在遥远的史前时代，原始人在彼此生活交往中是怎么来区别人群和个体，有没有代号或其他办法，没有文字记载。历史到了族外群婚阶段，为了辨明血缘以区别婚姻，必须给各族群一个名称，叫氏族名。对于这些族群来说，氏的意义不是号，而是国。如盘古氏即盘古国，燧人氏、有巢氏、祝融氏犹言燧人国、有巢国、祝融国。通常都以族群的居住地名为氏族名，即国名。又因为那时是群婚，人们知其母不知其父，只知母亲的血缘，故此，族姓是依据母系血统确定的，子女则"因生以赐姓"。即人们用自己母亲氏族的名称为自己的姓。因此，地名、族名和族姓这三者，最初多是一致的，如炎帝生于姜水之滨，其子孙则以姜为姓；舜生于姚墟，其子孙因以姚为姓；周的祖先帝喾生于姬水之滨，其子孙因以姬为姓。姜、姚、姬等既是水名，同时又是当时的地名和氏族名。

2. 姓与氏

氏族名最初是为氏族全体人员共享的，后来，随着向父权制的过渡，出现了个体家庭和贫富分化，少数富有者成了奴役俘虏及氏族内部其他成员的贵族，原本由选举产生的氏族首领、外交人员，也逐渐变成由这些显贵家族世袭了。这样的人就变成了氏族、部落的代表，后来，连氏族的名称也为他们独享了。鉴于这个原因，我国历史上曾经有这样一个阶段"只有贵族才有姓,平民没有姓。清代著名学者王世贞在《古今万姓谱序》里说:"五帝之世民无姓,贵而有官者始有姓。"另一方面,因姓的本义是作为血统的特殊标记出现的,为了区分血统,使"同姓不婚",联姻双方必须以互明族姓为前提,因此,在相当长的一个时期里,姓成了女子专用代号,男子无姓。于是,姓也就丧失作为贵族身份、地位的标志的意义。在这种情况下,又产生了一种为贵族所用的新的标记符号姓＋氏,其中,姓为了区分血统,氏是身份和地位的标志。

3. 命氏之法

命氏之法,大致有以下几种:(1) 以国名为氏。如浙北一带,吴本是周太王古公的两个儿子——太伯和仲雍在南方建立的国家,与周同姓,后来为越王勾践所灭,子孙散处齐鲁地区,以国为氏,遂为吴氏。(2) 以谥为氏。谥号是古代对一个人生前事迹评定褒贬而给予的称号,如西伯昌奠定了周立国的基础,死后根据"经纬天地曰文"之意谥为"文王",其太子姬发继位,是为武王。文王未立之支系裔孙遂以先祖谥号为氏,称文氏。(3) 以爵为氏,如西周、春秋时期诸侯之子称公子,公子之子称公孙,故公孙后裔有以父氏公孙为氏的,也有以祖父的字为氏的,如郑穆公之子公子騑,字"子驷",其孙以"驷"为氏。(4) 以官为氏。周代的官职是世袭的,如司马任司徒官职,他的后代便称司徒氏,司马氏。有的以受封国国名为氏,如虞氏、夏氏;有的以所赐采邑地为氏,如齐国的卢氏、鲍氏、崔氏等。(5) 以居住地为氏,如东郭氏、西门氏、柳下氏、南宫氏等。(6) 以图腾、志向为氏,如青年氏、白马氏、白象氏。(7) 以祖先的职业为氏,如巫氏、卜氏、匠氏、陶氏。

4. 汉民族姓名制度

以上是姓、氏产生的历史背景。汉民族的姓名制度,作为宗法社会的文化结构之一,经历了下列演变过程。

（1）姓 + 氏 + 名制度

此为第一阶段，发生在上古时期（春秋战国以前）。

历史发展到母系社会族外群婚时，产生氏族名和族姓；父系大家族出现以后，在原姓（氏族名）和名的基础上又出现了氏（家族名），到夏、商、周三代逐渐形成了姓 + 氏 + 名（包括字、号）结构，这是贵族姓名的全称。其中姓、氏的意义上面已讲过。古人为何除名以外还有字和号呢？因为成人以后，名就不能再随便称呼，所以要取个字来称呼，以示恭敬；号系文人所有，多是自取的。名往往取自长辈，而字则取于加冠时的尊辈来宾。

姓 + 氏 + 名（字、号等）的姓名制度，体现出较为浓厚的世俗宗法特色，从这个结构中可推想，我国早期阶级社会很自然地就具有宗法特点了。

（2）平民得姓

上古时期，平民是没有姓的，周灭商以后，周王把自己的姓——姬姓施于周族平民。让他们迁到被征服的商地去营经耕地，这就是历史上的"胙之土而命之氏"运动。平民得姓的办法有赐姓、认族得姓、避讳改姓、随意变姓等等，和血统没有必然的联系，只是一个政治符号（到后来国家编户齐民后，姓方和血统对上号）。

（3）姓氏合一

汉民族姓名制度发展的第二阶段。春秋战国时代，社会动荡，原来的贵族没落了，奴隶解放了，变成了自耕农，他们都开始使用姓氏了。至此，姓与氏的区别也渐渐被忽略，于是姓氏合二为一，实际上是以姓代氏，形成了姓 + 名（字、号）结构。到秦汉之际，这种姓名制度完全稳定下来，沿用至今。

从战国到西汉末年，旧的姓名制度虽然已不复存在，但其社会意义仍然残存在一些人的意识中，人们总喜欢将自己的姓与上古部落首领挂钩。

从东汉到唐中期，是门阀制度兴盛时期，出现了姓有高低之别，分为国姓、郡姓、州姓、县姓等不同姓级，人们为了光宗耀祖，又从秦汉以后的历史中去寻宗追姓。

宋代以后至 19 世纪末，由于科举制度代替了门阀制度，个人的社会地位和政治前途不取决于门第而取决于考试了，使姓的原有社会意义大大降低，这时期姓虽然还起着维护封建国家的作用，但"同姓不婚"已流于形式。

六、家族至上、族政合一，中国古代国家的重要特征

西方中古时代诸侯国错立，并无宗族上的关联。历史记载黄帝时代有万国（实际上是一万个建有城邦的家族）。我国国家建立于夏朝，到西周时，各项宗法礼制制度完善，但这时的国家不是领土国，而是由一个大家族建立起来的中央国，对其他家族以及本家族宗室实行分封采邑的邑制国。周武王灭商，武王之国为宗主国，自命为"天子"，住在"王畿"，将王畿以外之地分封给宗族、功臣等，是为诸侯国。诸侯复将其宫室以外之地，封之于公卿大夫。各王、侯、邦、伯都在采地内建都邑、立宗庙、聚师徒，天子与异姓诸侯之间有姻娅之好，甥舅之谊。实行立长制度，长子继承王位和财产，幼子、庶子则封为诸侯。在诸侯国内，诸侯由宫室之长嫡支继任，其幼子、庶子封以采邑。卿大夫的承继也是这样，于是枝叶扶苏，天下化为一家。

秦汉以后，中国实行郡县制，君臣关系重于宗法关系。但是宗法关系始终没有松弛，相反，它以更强的生命力在民间繁衍，以家庭、家族、宗族、氏族、血缘、村落、郡望的生长方式，从血缘化走向地域化，成为由国、郡、县、乡、里、保权力结构的基础和助手，构成政权、族权双重的社会体系。整个结构根深蒂固，盘根错节，使中国成为君权和宗法双重的二元国家。

古代中国政权和族权是怎样合二为一的呢？

（1）政权基层组织和族权基层组织一致，先秦用"乡遂之制"。《周礼·大司徒》载："令五家为比，使之相保，五比为闾，使之相受，四闾为族，使之相葬。"秦汉以后实行郡县制，其地方基层组织同样以乡村居民什伍编制为起点，梁启超先生晚年著作《中国文化史》中称之为"乡治"。秦汉的乡亭制、隋唐的乡里制、宋代的保甲制、明代的里甲制、清代的保甲制，名目不一，内容有别，基本形式是积若干家为保，积若干保为里，积若干里为乡，有如分子结构，由小到大，结成一体。其本质是组成它的基本单位的居民多是聚族而居的血亲，赋予乡、里行政编制以宗法的特征。

（2）乡官即基层行政组织的头目，多是族长、家长。如：秦汉时的"里正"、"父老"、"里父老"、"里老"——即习称的"三老"，及孝悌、力田，三者就是封建村社的村官，地方半自治的中心人物。隋代的族正，唐代的乡正、耆正、村正，北宋的保正，明清的乡都头目，均非宗族头目莫属。这些族长同时又行使宗族和地方行政职能，熔族权政权于一炉。有的朝代还规定，这些职务必须由"长者"、"有修行、能师从"者担任，他们同时承当"众民之师"的角色，劝导乡里，助成风化。

（3）地方政府的核心——州、郡、县属吏，也有很强的宗法性。

秦汉等朝，用"外籍长官"制，即州、郡、县三级长官，皆由中央派，采用回避政策，刺史不用本州人，郡守不用本郡人，亦不用本州人，县令不用本县人，亦不用本郡人。而这些长官的下属，却规定必须任用当地人，因为他们和宗法村社有密切的联系和人际关系。

（4）官员的选用、选官的制度（科举制度），都是为世家大族世代延伸目的，选出的人都是门阀、世族子弟，结果都是继世之治。就连以举贤之治为宗旨的宋代科举，也跳不出宗法之门。

（5）宗法家族制，是户籍制的基础，掌握户籍是课取税赋，征发力徭，组织军队的基本依据。

此外，家族至上的日常礼仪——家礼，淳化家风的家训，聚族而居的传统，强化认同意识的家族互助，影响深远的门第观念等方方面面，家族文化都为政权建设提供了良方和营养。

20 世纪 30 年代有学者说过"中国社会，一村落社会也"。法国大哲学家罗素也曾说过颇为惊人之语："中国实为一文化体而非国家"；美国社会学家派克在燕京大学讲学时也发表过文章，大意说中国不是一国家，而实为一大文化社会；清华大学史学教授雷海宗先生在其著作中也说过："二千年来的中国，只能说是一个庞大的社会，一个具有松散政治形态的大文化区，与旧中国七雄或近代西洋列国，绝然不同"，他还认为大家族制是中国社会一种牢固的安定力，使得国家经过无数大小变乱仍不解体。有的学者曾从这个角度来区分美国、中国和印度，说这三个国家或者说民族的标志是什么？中国是宗族，印度是种姓，美国是俱乐部。由此可见，宗族对于整个中国社会的影响和作用之巨大。

第二章

宗族文化包括宗族组织、宗法制度、宗法思想三方面。中国的家族制度，经历了父家长制家族，宗子制和宗法式家族制，世族、士族宗族制，官僚宗族制，绅衿宗族制五个阶段。聚落形制与之相适应，走过了原始聚落，国野乡遂制，庄田、占田荫户制，乡里、血缘族居村落的道路。

家族制度的发展变化和居住文化的演进

宗族文化包括宗族组织、宗法制度、宗法思想三方面，它是居住文化的决定因素，每一处变化都会影响住宅的形制、建筑的类型、村屋的结构、村落的布局和面貌。把浪探源，因此在研究传统村落之前，首先要弄清宗族文化的发展变化，而家族制度是宗族文化的基础，家庭、家族结构又是家族制度的起点，所以，我们研究传统住宅、传统村落和宗族文化的关系时，始终要抓住家庭、家族结构和家族制度这根主线，方得要领。

　　中国家族制度的发展阶段，学界有不同的提法，各阶段制度的名称也不一致。本书根据我国聚落和住宅发展的脉络，采用下列名称，并将其分成五个时期：原始社会末期的父家长制家族，先秦时期宗子制和宗法式家族制，魏晋隋唐时期世族、士族宗族制，宋元时期官僚宗族制，明清时期绅衿宗族制。以上五个时期，又可分成两个阶段：先秦为大宗法，宋以后为小宗法。其实质，宗法组织都在帝王、贵族、世家大族内。宋以后，宗法才民间化

一、原始社会后期：父家长制家族和原始聚落

1. 父家长制和原始聚落

中国历史上家族制度的第一个形态，或者说家族组织的雏形，是原始社会末期的父家长制家族。

我国原始社会居住模式，大体上可以分为两个发展阶段，先是母系氏族公社聚落阶段，按照氏族血缘关系，以氏族为单位，组织聚居形成一个"聚"。集合着若干近亲氏族组成一个部落，其聚居处称为"邑"。这时的"聚"、"邑"并非单纯的居住地，而是有耕地和各种生产基地配套建置的自然经济复合体。一般说来，整个聚落由居住区、氏族公墓区及陶窑区三部分组成。黄河流域的仰韶文化、马家窑文化以及长江流域的青莲岗文化、河姆渡文化等，是这一阶段的产物。这个时段，是没有公私、尊卑之别的。自从父权家长制起，才有了家、家族及私有概念，也才有了以个体家庭为单位的住宅和村落。这种家庭的特征是：（1）同居、共财、同爨；（2）不仅是一个婚姻生活单位，而且主要是一个经济生活单位，人们以家庭为单位进行生产和消费；（3）是纵系家庭，家庭成员主要是直系的亲属及其配偶，有血缘关系；（4）父家长制。

2. 穴居、干栏式形制

中国父家长制出现于氏族制度后期、新石器时代晚期，文化遗址有龙山文化、良渚文化后期等，年代约5000年前，其住宅和聚落形制，南方为干栏式形制，北方为穴居形制。从原始横穴、深袋穴走向半穴居，房子方、圆、长方形因地而定。直径4~5米不等，房中垒灶台，环灶而居。除独居的圆形小屋外，还有双室相连的半地穴建筑，平面呈"吕"字形，通道仅容一人通过，两屋中间垒小灶。这似是父母、子媳分居共食家庭。

3. 上栋下宇方形宅制

这一时期的遗址中，大都有储备粮食的窖穴，房子周围多有河渠围护，房子之间有明确的界限。聚落中有公共墓地，夫妻合葬，男左女右（当时以左为尊），男子仰身直肢，女侧身屈肢，头朝西。

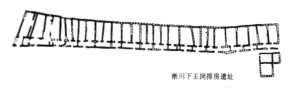

淅川下王岗排房遗址

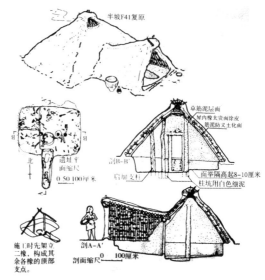

半坡F41复原

草筋泥层面
屋内橡太贯面涂皮
筋泥防义土化面

面举隔高起8-10厘米
柱坑用白色细泥

剖B—B

启架支柱

施工时先架立二橡，构成其余各橡的顶部支点。

遗址平面缩尺
0 50 100厘米

剖A—A'
剖面缩尺
0   100厘米

西安半坡村F41半穴居复原图

图 2-1　母系氏族时期住宅
我国自父家族制起，有了家庭、家族和私有观念，同时产生了以个体家庭为单位的住宅和村落。

　　河南省淅川县下王岗仰韶文化晚期遗址，有一座长达100余米的长形房子，共有32个单间，每间都有一个炉灶，说明父家长制家族是聚族而居的，一个村落往往就是一个家族。随着原始社会的瓦解，人类进入到阶级社会，父家长制家族性质也随之改变，大部分父家长制家族变成了奴隶制家族和宗族村社，一部分变成了奴隶主家族，其中少数权势特别大的家族，统治一方，建立成为"国家"，并出现了姓氏。著名的有神农氏、伏羲氏、高阳氏、高辛氏、轩辕氏。这些氏的族长就是"三皇五帝"。其中，作为华夏文明始祖之一的轩辕黄帝在众多方、圆、长宽、高矮殊异的住宅式样中选择了"上栋下宇"方形宅制，即双坡大屋顶、高台基、中立四壁、平面为矩形的木构架建筑。当时这种"上栋下宇"式住宅可以说是防风雨寒暑、防潮防湿、防瘴气、防虫兽侵害的最好选择。然而，当时还有两个社会问题亟待解决：一是私有制产生，人的物质欲望趋强，须节制才能稳定天下；另一问题是从群婚走向匹配婚，保护妇女、防止乱伦尤为重要。针对这些问题，黄帝把住宅作为一种社会制度来建设，赋予住宅文化属性，"范金合土，以为台榭、宫室、户牖……以降上神与先祖，以正君臣，以笃父子，以睦兄弟，以齐上下，夫妇有所"（图2-1）。

二、先秦：宗法式家族制和营国制度

广义的先秦是指从上古传说的三皇五帝到战国这个阶段，狭义的先秦是指夏、商、西周、春秋、战国这个历史时期。本书所谓"先秦"，是狭义的先秦。

必须明确的是夏商周三代是互相对立的家族政治集团，它们之间是平行并进而非一脉相承的关系，这是了解三代关系与三代发展的关键，同时也是了解中国古代国家形成的关键，贯穿于中国历史的许多风俗习惯的基础，也是在这个时期形成的。

1. 夏家族：立国传子制度

在奴隶制家族中，力量最强大的要数最早的几个王朝夏、商、周等家族。最先强盛起来的是从轩辕氏繁衍出来的夏后氏，在原始社会末期，就把父家长制家族转变为奴隶制家族，和其他家族争霸。国王、族长、酋长三合一的夏禹，在家族制度上废除了禅让制及原始的民主选举制，把酋长位传给儿子启，创立了王位传子制度，开启了中国"家天下"的历史。最后由夏禹之子启建立了我国历史上第一个王朝夏朝。奴隶制家族是中国家族制度上的第二种家族形态，后来发展成西周春秋时典型的宗法式家族。奴隶制家族和父家长制家族的主要区别在于：家族内部分化成奴隶主、奴隶两个阶级，族长从血缘关系方面看虽然仍是父家长，但从阶级上看，成了剥削阶级，把中国家族制度推进到了家族、国家（政权）合一的阶段。贵族之间，依姓氏的区别建立各自的宗族关系，以家族宗法为核心的礼治思想维护宗族内部，并以"奉天罪罚"为法制指导思想。夏禹在经济建设上的最大贡献是治洪水、平水土、浚畎浍、甽田地等，其治水之功，利及水利、农业、交通、居住四方面。他继承父亲鲧的筑城法，在居住文化上实行了"降丘宅土"、四隩既宅、随陵陆而耕种、随山刊木、人民山居等措施，并且凿井示民，开启了住宅建设环农业、适形等原则。夏朝另一大贡献是把天下划为九州，古籍说"古有分土无分民"，在洪荒之始，先把国土按地形、地貌、气候、水利等条件进行分区，供人们去选择开发，这对社会发展是一个了不起的贡献。

2. 商家族：族居和传弟世袭制、王族制

根据目前所掌握的历史文献和考古资料，很难对远古宗族的产生及其状况作一确定的描述。而根据甲骨文、青铜器铭文的发掘和古典文献所提供的资料，我们可以确定殷商代

社会已经有了阶级、等级的差异，存在着宗族组织。

（1）商人族居

商人宗族组织有多种类型，有王族，系子姓，由在世的国王及其儿子和没有分出去的兄弟、侄儿组成。前几代国王的兄弟早已分离出去成为另一类型的宗族——子族，即子姓宗族。此外，还有许多异姓宗族，包括与殷商王族联姻的宗族、被商王征服而在文化上互相融合的异姓宗族。

古籍上常可看到"商人族居"、"周代宗法"的记载，说明商人是一宗一宗人聚族而居的。在商代，人们常把族长名、族民、族居地用一个名称来表达，即族名、地名、人名三位一体，族长是宗族的代表，集打仗、生产、祭祀权于一身，他们把宗族祭祀的地方称作"宗"、"亚"、"室"。室内祭祀的建筑称"祖庙"。

（2）商代王位继承制度

如同夏家族同夏王朝一样，商家族同商王朝也是合而为一的，但王位的继承自成汤后采用"传弟世袭制"，实行"兄终弟及"为主，以子继辅之（无弟然后传子）。也就是兄亡后弟继承，弟亡后再传给小弟，直至同辈兄弟皆亡后，再轮到长兄之子继承王位。另一说是前期采用"王族制"，即王族里与王位有关的成员分为甲、乙、丙、丁、戊、己、庚、辛、壬、癸十群（称为天干群），十个天干群彼此结合，分为两组，轮流交替主持祭祀和执政，但是王位转到其他组，必须由下一代的继承人来承担，这可认为是西周王位继承昭穆之制的滥觞（参张光直《商代文明》）。

（3）人口迁徙

商人的生活方式是半定居的。流动，是商家族社会的形态特征。《诗经·商颂·玄鸟》中写道："天降玄鸟，降而生商，宅殷土芒芒，古帝命武汤，正域彼四方。……邦畿千里，惟民所止，肇域彼四海。四海来假……"。《史记·殷本纪》载："自契至汤八迁"，即商家族从始祖契到汤灭夏桀建立商朝之前，历14代，居住中心地迁徙了八次。从成汤到盘庚继位这300年间，又迁徙了五次。商代一共30王，历时254年，平均每6个王就迁移一次，这并不是一般的迁移，而是整个家族的迁移、国都的迁移。

（4）房屋式样

"商邑翼翼，四方之极"（《诗经·商颂·殷武》）。迁徙这么频繁的家族，其住宅

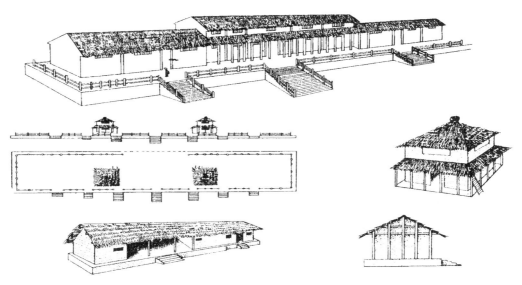

图 2-2 小屯地面建筑复原图
小屯是殷商国都安阳近郊的皇族居住地，已产生了大房子、聚族而居的特点。

应该是易建造、易拆迁的。商代文字（甲骨文）反映出同时代建筑的两个显著特征：一是高台基或架空，二是坡屋顶。代表国都的"京"、"亳"在商殷甲骨文中都是干栏之形，干栏形建筑适应家族流动形态。或许是早期越人北上把干栏形制带到商家族，也或者是这个长于做生意的商氏族人将于越的干栏、席居连同钺、牛耕技术、稻作文化带到中原。先商时代的中原，还处在黄河的冲刷过程中，黄河无固定河床而漫流。商民有干栏可居，可适应黄河定期泛滥之形势，所以能战胜穴居、经不起水淹的夏人，成为天下共主。

商家族不同于周家族，偏重于军事。卜辞记载，他们多是派一族一族的人去征战他人的。因此，族居是他们的居住形态。甲骨文中常见"多子族"、"大宗、大示和小宗、小示"之词，可以断定在商的同姓家族中已经划分成了大宗和小宗，可见宗法制度在商代后期已经萌生。甲骨文中还经常出现"大邑商"这个词。大，也是商代宫殿、宗庙的特点。考古发掘的安阳小屯遗址和武汉盘龙城商代夯土房，东西长 60 米，南北深 10 余米（图 2-2）可证明这个特点。殷书《盘庚》中说："聚国人于庭。"河南省偃师县二里头村夏末商早遗址，全组建筑由一周廊庑环绕一个庭院，院内有一座大型厅堂，这是中国四合院最早的雏形。

（5）建筑形制中的天下观

中国住宅形制中的天下观和守中思想，也是商代产生、传承下来的，商家族都邑虽然"前八后五"共迁了十三次，但他们观念中的土地有一个不变的中心，即他们家族的先祖宗庙所在地——商（今河南商丘），并称之为"中商"。甲骨文学者胡厚宣认为，"中商"就是后来"中国"称谓的起源。另外，邑是商代中国最基本的社会单位，单一血缘组织的"族"的居住地，而商丘为商的始祖契的居住地，因此商丘为商人观念中的中央地位，故"商"又称"天邑商"，在卜辞中又叫"大邑商"。除了这样一个固定的中心，殷商卜辞中有依东、南、西、北方位结构而成的"四土"和"四方"，商家族居中，在天下四方之内还有许许多多氏族的聚落，称之为"方"，如人方、羌方、土方、舌方、鬼方等99个之多。总之，商人以方位构筑了他们的世界。商人的青铜器铭文中有一些亚字形图记，据高去寻等人的研究，亚字初义像四通八达的道路，象征商王对四方的权威。考古学家进一步发现，在数以千计的殷商坟墓中，只有王室的墓才呈"亚"字形，这绝非偶然的设计，而是观念形态在空间利用中的反映。商代的"明堂"，四合庭院之制盖出于此。陈梦家研究推测商代的宗庙和寝室为四向都有房间，中轴线上的南室北室为祭祀空间，东西厢房为居住空间。古籍记载商汤的基本治国方略是"执其两端而用其中于民"，意思说他在治国决策中都要听取两种对立的观点，制定一项政策时既要考虑穷人，又要考虑富人，这种"允执阙中"哲学思想，在建筑空间中孕化为择中、轴对称、向心理念。

3. 西周、春秋：宗法式家族制度和营国制度

西周和春秋时期，姬周家族改进了商代以族结合人群方法，强调血缘，以宗为本，重于祀祖，利用慎终追远、尊念亲亲的"宗"，来替代族。这种人群结合和空间利用模式，优点在于把血缘亲亲，变成所有社会关系的基因，把西方强调个人的"以我为主"变成"民吾同胞"观念，使族权与政权合一，家国同构，天下一家。

（1）周初的家族结构和分封建国

周代的家族构成分三级。第一级是周王，是总族长。他用"营成周、建侯卫"（分封诸侯）办法至邑立宗，建立第二级家族。这又分三种情况：一是把周王的伯叔、兄弟、子侄分封到各地，建立诸侯国。国君是为姬姓新的大族长。历史记载周成王分封了五十五个同姓诸侯国。二是分封周的异姓姻亲家族建立诸侯国，主要有山东的姜姓家族、南阳的姜姓家族和嬴姓家族。三是臣服周朝的古老家族（主要有夏、商的遗族及一些方国遗族），有数百个。第三级是诸侯国的后代再封分邑，分封到新的城堡去，成为封国以下的一级政权组织，受封者叫作"大夫"，封地叫作"采邑"或"邑"，大夫便是这新的一族族长，叫宗室或分族。以上是周成王所分封的三级家族，第三级的后代要再分封、分邑。

另外，还有两种家族，一是分封国内的奴隶，他们是被征服的殷民家族和其他被灭亡的宗族；二是中央王朝京畿和诸侯国封地内外的平民宗族村社。

（2）宗法式家族制度和宗子制

周朝实行以家族为中心按血统远近区别嫡庶亲疏的法则，叫宗法式家族制度。周王自称天子，是全体姬姓宗族的"大宗"，最大的族，他既代表社稷，又主持宗庙祭祀，集全国最高的政权、族权于一身。其死后王位、最高族长位由嫡长子继承。嫡长子即原配妻子的长子，大宗的嫡长子叫宗子。对大宗而言他是家长，对群小宗而言，是族长，他继承始祖的爵位，主持始祖的庙祭。

一个宗法式家族的内部，必须有一个族长，族长在宗法制度中的正式名称叫"宗子"。因为宗族组织往往是以大套小、多层次的，所以宗子也有大小之分。一个宗族，在宗子领导下，以血缘关系为纽带而结合成为一个严密的社会组织，进行宗族的社会活动。宗子产生的办法是嫡长子继承制。宗子有主持祭祀和占卜的权力，有团聚家族、管理家族事务的责任，有庇护宗族的义务。

周王的兄弟分封各地建立诸侯国和新的家族。在自己的封地内建立宗庙和相应的政治机构，有自己的氏号，他们对周王室来说是"小宗"，接受大宗的统治。而在本国则是大宗、族长，统领本国的政权和族权，采用嫡长子继承制，世代不变。诸侯国宗子的兄弟又分封到各采邑地去建立新的家族，叫卿大夫。卿大夫也按上述办法继承和分封，建立新的家族，家长叫士，士以下，渐渐的成了一般的平民。

宗法制度除上述这种层层相属的宗法组织关系外，还内含着下列三点宗法思想。第一，财产和权力的嫡长子继承制原则，作用是保证家族财产和权力不致被分割或转移，消除宗族内部接班人交替、选择时产生争斗，从根本上达到了巩固家族的目的。第二，不以亲亲害尊尊的思想，这是规范宗子的同母兄弟之间的关系的思想原则，亲亲是兄弟关系，尊尊是君臣关系，不得以手足之情妨害君臣之严，从而保证了君权之巩固。第三，嫡庶不平等的思想。它的作用和第二条是一样的，也适用于宗子的庶伯叔父、庶伯叔祖，防止内宫争斗。

（3）以宗为本的营国制度

周代国土有都邑国野规划体制、统治据点网络体制，以及王畿畿服规划体制，而真正成为国家制度的是营国制度。它是分封建制国、宗法式家族制、井田制在空间上的反映，并有专职人员进行规划，叫"匠人营国"制度，记载在《周礼·考工记》这本典籍里面。

营国制度包括城邑建设体制、礼制营建制度、三级城邑规划制度三方面内容。

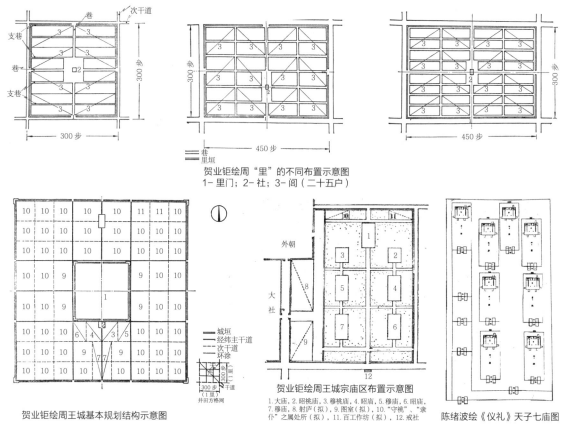

贺业钜绘周"里"的不同布置示意图
1- 里门；2- 社；3- 闾（二十五户）

贺业钜绘周王城基本规划结构示意图

贺业钜绘周王城宗庙区布置示意图
1.大庙，2.昭桃庙，3.穆桃庙，4.昭庙，5.穆庙，6.昭庙，7.穆庙，8.射庐（拟），9.图室（拟），10."守桃"、"隶仆"之属处所（拟），11.百工作坊（拟），12.戒社

陈绪波绘《仪礼》天子七庙图

图 2-3　周代"里"、王城、宗庙制
以宗为本的家族制度产生于西周，辐射出建筑、村落空间之庙制（昭穆之制）、
服制、方形之制。

①城邑建设体制

城邑建设体制类似于今天的城镇体系规划，是周代宗法血缘政治的产物，是本着"宗子维城"目的布局的，将城邑分成三级：第一级是王城，第二级诸侯城，第三级为"都"，即大夫的采邑（注：采邑地内有宗庙先君之主曰都，无则曰邑）。三者是一个统一整体，自上而下，组成一个遍布全国的网络结构。

②城邑（国）规划制度

周代的城邑规划相当于今天的城镇总体规划（图 2-3）。其中，王城的规划形制，为方形、重城、环套形制，规模为方九里。《考工记·匠人营国》曰："匠人营国，方九里，旁三门。国中九经九纬，经涂九轨。左祖右社，前朝后市，市朝一夫"。需说明的是，周朝所谓国，不是"领土国"概念，而是"邑制国"概念。周王、诸侯、卿大夫所在的有宗庙的城，就是国里面的宫城、宗庙、市、社稷、道路等项，都有分区或详细规划，基本特征都是方形、轴对称的。如：宗庙总平面布局为集群式，轴对称的。城邑内的居住区叫里，也是分阶级划地而居的，即闾里的布局是分等级的。

③礼制营建制度

根据建城者的爵位、尊卑控制城邑规模，包括用地大小、城隅高低、道路宽度。以王城为基数，诸侯居住的城、卿大夫居住的都，逐次降低。

（4）西周平民宗族村社，井田制

西周除大宗（国王）、小宗（诸侯、卿大夫）宗族外，占总人口大多数的是平民，他们生活在王城和诸侯、卿大夫封地之外的地区，也是族聚而居的，家族制度和奴隶主的宗法式家族制度一样。这种宗族村社古文献中称"书社"，简称"社"。"书社者，书其社之人名于籍"（《周礼·司民》）。书社，也可理解成户籍人口。由此可以推断，周代还有很多僻远之地的族群，没有列入国家掌控之列。

书社的平民过的是一种叫作"井田制"的生活方式。每八户为一生产、居住单位，称为"井"，一井共有900亩地，8家各耕100亩准私田，余100亩8家共耕，为公田，收获交给国家。按《孟子》的说法，形态如一个九宫格田，中间一块为公田。班固和何休的说法与《孟子》不同，认为公田不共，而是分给8家，每家公田10亩，宅基地2.5亩。西周，人口主要集中在关中、河北、河南三大平原，这样的田地利用方式是可想而知的，我们可从《诗经》及古籍里面的描写中推想井田制景象。如："以其妇子，馌彼南亩"（《诗·小雅·甫田》），"馌"意思为在广野里临时搭起的草屋中休息，"改邑不改井，无丧无得"（《周易·井卦》），"子产使都鄙有章，上下有服，田有封洫，庐井有伍"（《左传·襄公三十年》），"陆、阜、陵、墐，井田畴均，则民不憾"（《国语·齐语》）。又如，《诗经》"十千维耦"、"千耦其耘"句，是描写阡陌纵横的井田里人们成群结队、一齐出工的景象。

一个平民的宗族村社，往往本身就是一个聚族而居的村落，同村的居民，既是同一个家族的族众，又是同一村社的成员。古代将位于王城、诸侯城、都内的居住区叫作"乡"，住在乡里的叫"国人"；居住于王城、诸侯城、都以外的人叫作野人或鄙人，即平民宗族村社成员，与"乡"对应，野人居住之地叫"遂"。

（5）乡遂制

即国（人）野（人）居住区制度。二者都以户为单位，编户方式相同，仅名称有别。乡内的叫里（闾里），遂内的叫邑（村邑）。乡的编户组织为"五家为比，五比为闾"（《周礼·大司徒》）。遂的编号为"五家为邻，五邻为里"（《周礼·遂人》），都是二十五户编成一个居住单位。

之所以如此，是在于适应军制的需要，那时一辆战车需配 25 人，每户一人服兵役，一闾里的编户可组成一个车战单位——"辆"。可见，一闾，既是一个生产单位和居住单位，同时又是一个战斗组织单位。

乡遂制度也和宗法家族制度相关：周朝军制，甲士兵源来自"乡"，徒兵及军赋取之于"遂"。

乡遂制度中，一般平民居住的闾里叫"廛"，其平面布局和城邑中的里一样，是分不同类型、不同等级的。

廛里的形制为方形（矩形），方格网道路，四门，每边一门，开当中，四周有围墙，里内住户都不能直接对道路开门，出入必由里门（《周礼·乡夫夫》）。"国有大故，令民各守其闾，以待政令。"乡遂的闾邑，俨然一座小城堡。

乡遂之制的优点在于综合安排了政治、生活、生产、祭祀关系，照顾了社会各阶层尤其是弱势群体的需求。关于此，现代著名学者钱穆先生有精到的分析。他说，古希腊、古罗马贵族住在封闭的城堡之中，工农皆供奴役，毫无自由、休闲娱乐之言。中国社会则不然。夏商周封建时代，就建立了完整的准城乡体系，政府百官、宗庙社稷、贵族家庭及农工住宅组合为一集合体，而以政治为中心。农作地在郊外，田中有庐，以便农耕者春耕夏耘秋收时就地休息，冬天则回到城里居住。百工在城中授宅，从事制器和艺术活动，满足大家之需。商人数量最少，亦居住在城中，满足上层服务和国际贸易需求。农人最劳苦，按照井田制就地授耕，按规定交税。整个国家实际上为一个宗法社会、同一血统之下共同生命的集合体。虽分贵族、平民，亦团聚如一家，与西方社会大不同。农工商各有盈余，乃择城中旷地，日中为市，各以所有易所无，交易而退，商业生活如是而已，非如后世才有的商业店铺和街道。社会各阶层各有所劳，亦各有休闲。而劳力者之休闲，则由劳心者为之安排（参钱穆，《晚学盲言》）。

《诗经》是周朝的民间文学，以白描自然物和描写平民劳动场景为主题，反映了那个时代社会和谐、百姓安居乐业的一段历史。

（6）周朝住宅形制

从《周礼·诗·书》等记载和实物发掘中可知，周代平民住宅，其类型是多样的，已初步完成了从穴居、半穴居向地面居的转化，国家采取很多措施，提倡住宅标准化，田字形、"一堂二内"（双开间）成为主要形制。在构造方面，由青铜器上可看出当时的楼房有台基、栏杆、柱、斗、屋檐等构件，屋顶为坡顶，后人将之称为"上栋下宇"之制。建筑材料上，到春秋战国时期，已经出现了砖、瓦，甚至空心砖也有了。平面布置和空间分

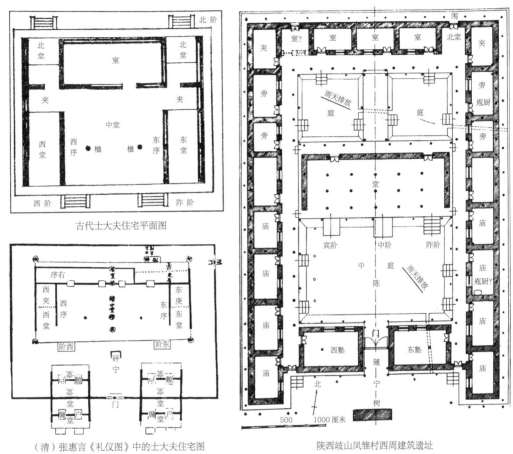

图 2-4　周代士大夫住宅平面图

古代士大夫住宅平面图

（清）张惠言《礼仪图》中的士大夫住宅图

陕西岐山凤雏村西周建筑遗址

"一堂二内"，东西阶制，环堵之制，庭院之制，是周代大、中、小住宅的基本形制。

隔有等级礼仪和建筑风水理念，古文献上用"白屋之士"、"环堵之室"、"筚门"、"圭窬"、"蓬户瓮牖"等描述之。

张惠言《仪礼图》所载的周代贵族士大夫的住宅平面（图2-4），空间功能与礼制已融为一体，有明确的人文序位，实行东、西阶制。东阶主人用，西阶客人用，祭祖空间在正室的东边，祭天空间在正室的西边。

另外，《周礼·考工记》所记载的明堂形制："东西九筵，南北七筵，堂崇一筵，五室，凡室二筵"。其大小约略相当于今日五开间的一颗印或四合头房子，它的正中央一间特大，叫"太室"。

周代宅制规定了华夏族住宅发展的基本方向，其根本的特征是祭祖和礼仪，甚至于国家制度、岗位的设置，都是仿照住宅形制确定、取名的，所以国学大师柳诒徵先生甚至说"研究周代礼制者，必先知周之宫室制度，然后知其行礼之方位"（柳诒徵，《中国文化史》）。

三、秦汉隋唐：世族、士族宗族制和臣庶居室制度

1. 秦汉族制

秦汉时期在中国家族制度史上是血缘关系松弛和家族组织衰落时期，其主要原因是战争和商业繁荣两方面。秦汉时期，随着宗法式家族制度瓦解，新的社会阶层逐渐分化形成：

（1）皇族、贵族、逸民、黎民

春秋战国长期战争和新旧贵族斗争，先秦的帝王家族和贵族基本削弱甚至消灭了，大多世卿世禄的奴隶主贵族跌落为逸民。而代表封建生产关系解放了的奴隶、平民村社（书社）之平民和新兴的地主阶级（即破产的贵族），社会地位升高，成为主体，战国和秦代称这个阶层为黔首，含义与黎民、庶民同。汉代，"黔首"阶级一分为二，少数势力强的地主阶层成为门阀；被统治的阶层成为庶民，成为摆脱了宗法宗族的束缚而直接隶属于国家的个体小家庭。这种独立的个体小家庭是汉代主要的家庭形态。这是自耕农小家庭，规模小，一般是"一夫挟五口，治田百亩"。他们虽然从周代的宗法制度、宗法组织中脱离出来，但仍是聚族而居的，先秦的宗族思想犹未尽泯，如："合耦于锄"、"赡族账济"、"养孤长幼"、"族党相助"等风俗流行，村人联合进行祭天、祭社、祭山川之神等祭祀活动从未停止。

对于那些从奴隶主家中解放出来的奴隶，和边远地区未上户籍的人们，政府实施赐籍制和赐姓制。为解决基层社会同祖异姓、同姓异祖或因避仇而改姓等等相互错杂状况，采用"吹律定姓"法，借以区分族别。在这个基础上，进行了"编户齐民"。自此以后，以血缘为基础的社会结构完成。

（2）强宗大族

两汉时期普遍存在着一种叫作"强宗大族"的家族和势力，它在文献中又有"强宗豪右"、"豪族著姓"、"旧姓豪强"、"郡国豪杰"等名称。强宗大族由以下三部分家族构成：① 六国的旧贵族。秦统一中国，六国的政治统治被消灭了，但六国的王室及其支属、守旧的公卿大夫和他们的后裔，不可能完全消灭。对他们，秦和汉都采取"强干弱枝"政策，以实关中、"建陵县"名义，把他们迁到京都旁边。一时，五陵（长陵、安陵、阳陵、茂陵、平陵）一带成为京畿、京城最发达富庶的区域、强宗大族的密集区，甚至成为长安的

代称。据复旦大学葛剑雄教授研究统计，至西汉末年，迁到关中的关东移民总共有122万人，几乎占三辅人口的一半（葛剑雄，《中国移民史》第二卷）。② 六国的地方暴发户。③ 汉代新贵。汉高祖刘邦手下的一批平民出身的"功臣"，都占据要职，形成了汉初的"布衣卿相"局面。另一方面，汉初排除诸子百家，重用儒学，大批儒家走上仕途，形成新的士族。到景帝、武帝以后，这些豪强化的汉代新贵和新士族势力上升到领头地位。

（3）门阀世族

汉朝选干部，采用察举制度，但不是选贤，而是选"身份"，结果形成"以族举德"、"贡举则必阀阅为前"、"选士而论族姓阀阅"局面。通过这种渠道上来的官僚，叫阀阅或门阀。这种家族世代相沿，到东汉中后期，积为门阀世族。东汉世族还是一个联姻集团，东汉皇室一开始就在这个集团内部相互婚配，利用姻亲关系结成世家大族的联盟，朝廷被"外戚"控制，形成世家大族累世公卿局面。

综上，战国秦汉数百年间，宗法式家族制度瓦解，两汉的朝廷采取打击强宗大族政策，不允许强族控制政权，政权和族权已基本分离。可是随着东汉政权强化和世家大族式家族制的逐渐形成，到东汉中叶以后，政权和族权呈现出再一次结合的趋势。

（4）平民小族

平民百姓，为了生存的需要，有血缘关系的人组成了宗族团体，历史上这些人又称为寒族。

综上，经春秋战国到东汉早期500多年时间内，中国的家族制完成了从宗法式家族制向世家大族式家族的转变。到汉末魏晋，整个国家都为门阀世族掌控。如东吴孙氏，就是依靠世家大族的拥戴起家的，经过孙坚、孙策、孙权父子三人几十年的经营，建立了由北方南逃的世家大族和江东的世家大族联合统治的政权。后来的东晋南朝，也都是六朝门第掌控的。

2. 汉代宗族社会居住空间特征

（1）建筑形制

秦汉之世，我国的营造技艺已经非常成熟，建筑形制上已确定了大屋顶、木构架、高台基三段式之制，建筑群组发展，以高大壮丽为特色，而且与山水苑囿结合。如《三辅黄图》中记载的汉武帝上林苑，"周袤三百里，离宫七十所，先作前殿阿房，东西五百步，南北五十丈，周驰为阁道，自殿下直抵南山。"两汉的强宗大族营造宅第时继承、延伸了

广州麻鹰岗东汉
陶城堡

广州西村石头岗
东汉陶屋

四川牧马山灌溉渠
东汉陶屋

庭院——四川成都画像砖

河南焦作西郊
东汉陶仓楼

江浙一带汉代陶屋

图 2-5　秦汉宅制面貌

汉代小住宅 1-3 间，单层，较大住宅二、U、工字形，大住宅为多进庭院，更大的
为庄园城堡，围以高垣深壕，四隅建角楼，楼间联以阁道，墙头置射孔。汉代还有
以西为主的住宅布局原则，是古人尊西习俗的表现。在中国建筑史上，汉代是转型
期，建筑向组合、群体方向发展，多顶塔、楼门阙、廊庑为外貌特色。

这种体象天地的园苑格局、笼盖宇宙的气魄，"造起馆舍，凡有万数，楼阁连接，丹青素
垩，雕刻之饰，不可殚言。"（参见王毅，《园林与中国文化》）。

大家庭制、多向屋顶、综合功能是汉代住宅的基本特征（图 2-5）。

廊院制是汉代大家族住宅的基本形制，基本面貌是两条轴线，前后四院，四周围廊。
主轴线上为起居、祭祖部分，副轴线上为家畜放养、堆晒杂物的庭院、厕所、畜舍、水井，
还置一望楼。居住祭祖房多为一字形，三（或五、七等）开间，前堂后屋，室之左右为房。
也有曲尺形、日字形等，设栅栏门、前院和门屋。整座庭院，厅堂最高大，其余房屋较低矮，

形成层次分明的建筑群，体现汉朝社会家族制住宅的祀住合一，住和储、生产合一特征。和西周的庭院比较，它注重和发展了家庭的生产部分，反映出治国重点从先秦的"测天为急"，到汉代的"治人为重"的变化。住宅从专从礼仪，到并重经济生活、土地实物的时代变化。尤其是东汉光武帝刘秀在农民起义与地方军阀割据的局面下中兴了汉帝国，为了调和矛盾，维持社会稳定，他偃武兴文，提倡天人合一、自然和谐等，在建筑空间中表现为：不强调建筑高度，在平面尺度上用功夫，以对称与均衡来达到设计之雍容，强调建筑群组发展，注重几何图案上的协调，经常以不同的房舍组成一建筑群体，中有阶梯，四周围廊或沟渠环绕。

汉代平民普通住宅的基本形制为"一堂两内"、"前堂后庭"，平面为"凹"，这亦是中央政府向南方推行的模式。汉代建筑已无遗存，但山东、中原、四川地区出土的汉画像砖、画像石上记印着不少汉代住宅形象。

浙江没有发现关于农舍村邑风情的汉画像砖或画像石，但是出土了不少汉晋时期的建筑陶器。从中可知其时住宅已向北方靠近，类型除"一堂两内"外，合院、宅第、坞堡都有。

（2）聚落形态：庄园制、坞堡

庄园制：汉魏之际形成的世家大族逐渐形成了"庄园制"生活方式，即用沟堑等把所占土地围圈起来，形成一个大院落式田庄，主人有的居住在城镇，有的居住在田庄里面。后者往往盖有高大的庄宅或院落，里面有亭台楼阁、山石水榭等，这一类型的聚落叫别业或别墅。

耕种庄园土地的农民称为宗族、宾客、庄户、庄客、部曲、佃客等，他们的身份已不同于战国及秦、汉早期的佃农，而变成了对地主有人身依附关系的、不自由的、半农奴式的农民。这些农民是一个独立的生产和消费单位，有小家庭另户各爨，但没有国家户籍，是庄园主的附属户，在封建国家的户籍中是一个大户，文献中"百室合户"、"千丁共籍"说的就是这种情形。庄园在平时是一个自然经济的生产组织，战乱时则成为一个武装壁堡，佃户中的丁壮就是兵，庄园主是军官。多数情况下佃户都是庄园主的同姓子弟，因此可认为一个庄园就是一个家族，庄园主就是族长，国家战乱了，庄园主就带着佃户等一起辗转流亡或南迁。

坞堡：在动乱、战乱的特殊条件下，东汉末年产生了一种叫家族坞堡的大屋，即平地或据山建屋，四周用厚重的石墙围护，前后开门，坞内建住宅、望楼，四角建角楼。坞堡也叫壁堡、坞壁，到魏晋之际已广泛发展，汉魏之际，强宗大族多半以整个家族为单位逃亡流徙，或从军。这是福建、江西一带客家土楼生成的社会背景，也是粤、闽、浙一带围屋、庄寨、山寨等防御性住宅的滥觞。

3. 门文化肇始于汉代

住宅之门的原义是实用和防卫,并有礼仪、风水属性,汉代出版的《黄帝宅经》说"宅以门户为冠带",开启了门文化的新意义。

汉代初期采取赐宅制度和论功行赏"阀阅制度"。门阀世族的住宅大门外设两根柱子,左边的称"阀",右边的称"阅",用来张贴功状,后来发展演化成大门外立两根旗杆石。

汉代开启的门文化具有展示、表彰、壮威和祈祥等功能,达到光宗耀祖的目的。后来逐渐发展,增加了公示、监督、自律、警示意义。一些文脉深厚、科举发达的村,还发展成村口文化、巷门文化,把该村的科举成就或该村发生过的重要历史事件以楼或门楼形式置于村口、巷头。实例如缙云县河阳村八字门、兰溪市长乐村"龙亭"、广西秀锋状元村等各式巷门,东阳市卢宅的捷报门,丽水市莲都区西溪村"与德为邻"宅等。普遍的做法是在门额上题词,称作"门铭",有朝廷旌表的,也有乡党亲友题赠的(图2-6)。

4. 魏晋南朝门第开启了新的居住文化

(1)阀阅世族消失,新的士族执政

汉末宦官得势,把持了朝政,这时,在朝或在野的名士和部分太学生结成一个新的政治力量,与宦官对决,导致三国分立,汉代的门阀世族消亡,原来的乡官系统荡然无存,中国家族制度上第三种形式的世家大族式家族形成并掌控了政权。

(2)九品中正制和门阀世族

魏晋实行九品中正法来选择官吏。大致内容是由朝廷派人兼任本籍的大小中正(地方官名称),小中正将本籍的未入仕青年分成九品,判其等第,经大中正、司徒核实,交吏部任用。

各级中正的核实、任用权都为世家大族所垄断,结果还是选出身门第,造成世代相传的门阀世族体系。与之相适应,朝廷还建立了"占田荫户制度",从法律制度上保证了世家大族世世代代垄断政权。

(3)中原世族渡江,五朝门第执政

东晋南朝,是我国宗族文化承北启南时期。源自中原的世家大族南渡,帮助晋元帝建立了半壁江山,又用九品中正法培养出五朝(东晋、宋、齐、梁、陈)门第,掌控了南朝各级政权,开创了辉煌的南朝文化。

来自山东琅琊的王导家族是东晋江山的开国者、政策的制定者和执行者，民间有"王与马，共天下"之谚语。来自河南陈郡的谢安家族，也是魏晋以来历代显赫的世家。东晋南朝，"九卿"、"二千石"以上的高官几乎全部出自王、谢两家；东晋享国百年，政权不出王、谢及颍川鄢陵庾氏、谯国龙亢桓氏四家。六朝时代江南出现了不少世家大族，其中以吴县（今苏州）的顾、陆、朱、张四姓和山阴（今绍兴）贺氏、义兴（今宜兴）周氏最著名。初，他们对东晋政权是取观望不支持态度的，在王导等的劝导感化之下，后来都参与了政权，但始终处于配角地位。东晋、宋、齐、梁、陈五朝，朝代更迭，实际上都是南下世家及他们的门第操纵支撑着的。五朝门第不但支撑了整个国家，他们及附依他们南下的"荫户"，也成了当时农民和村邑的主体，促使吴越社会转型，为吴越大地形成以汉民族群为主体的社会形态打下坚实基础。再经唐中期、唐末大移民和宋室南渡，构成了吴越居民的主要姓氏，构建了吴越之村、社、乡、都结构的总体布局，实现了吴越乡村草民社会向士绅社会的转型。

（4）"家学"治国，村落景观雏形

从族权与政权角度讲，南朝是一个非常奇特的时期。三国魏晋时代，国家的功能若断若续，这时，北方的世家大族担负起教育与培养人才的任务，儒家的学问留在大家族的"家学"里面，同时又滋养出新的玄学和一批重玄学清言的士人，为日后的江南开发积蓄了知识和人才。

三国魏晋的世家大族，是地方领袖，多脱离了政权。他们南渡掌控了五朝政权，可以说是由社会性转为政治性，从地方领袖变成了国家栋梁。没有这些大门第，司马氏能否保有江山，甚至汉族能否在五胡云扰之余保有一席之地，维系其生机、延续其文化于不堕都是问题。五朝门第（族权）力量之大，达到了"天子可以命官，却不能封大夫"的地步。举个例子：宋文帝的宠臣中书舍人王宏出身庶族，遵照文帝的吩咐去拜访士族代表人物王球，王球用扇子一挡，斥责道："你怎么这样不懂规矩！"王宏回去向皇帝诉苦，文帝无可奈何地说："既然如此，我也爱莫能助。"

南北朝之家学，以学术和文学艺术为主，发展成我国文化思想史上一个小高峰期，群星灿烂，大家递现。门第在品质上重敦厚退让，戒轻薄，经济上父兄诫子弟"莫不以万石家风相激励"。他们的子弟能力上、品行上都是九品中正制度中的上品。所以，魏晋南朝的郡守，几乎都是豪门子弟、传世学士、文坛巨星。以永嘉郡守为例：东晋大书法家王羲之，赋家孙绰，刘宋时中国山水诗鼻祖谢灵运，诗人、骈文家、文论家颜延之，史学家裴松之，萧梁时文学家丘迟等，都是当时的文坛领袖、时代俊彦。

丽水市遂昌云峰镇长濂村郑秉厚宅门抱鼓石

门神

广西贺州市富川朝东镇秀水村巷口

丽水市遂昌云峰镇长濂村郑宅

图 2-6　肇始汉代的门文化

门文化开启于汉代，具有告示、表彰、壮威、祈祥等意义。

丽水市莲都区西溪村"与德为邻"宅

衢州市龙游民居苑"高岗起凤"

衢州市龙游横山镇志棠村宗祠

丽水市缙云新建镇河阳村某宗祠门

嘉兴市平湖莫氏山庄仪门

广西贺州市富川朝东镇秀水村巷口

魏晋南北朝北方世家大族整体性南下，加快了江南村落建设的步伐，村落分布向深山老林推进，致使原本山越人生存的徽南、浙西北一带，出现了陶渊明笔下"暖暖远人村，依依墟里烟，狗吠深巷中，鸡鸣桑树颠"世外桃源般的村邑，甚至于浙江最迟开发的"地广人稀"、"田多恶秽"的浙南核心地区，到梁武帝时也出现"控山带海，利兼水陆，实东南之沃壤，一都之巨会"的繁荣局面。整个浙南，魏晋南朝时的聚落已发展成峒、村、乡、里、邑、墅、屯、城系列。

从时间角度讲，永嘉家族南渡是贯穿东晋南朝始终的，其中大规模的人口迁徙七次。据谭其骧先生推算，到刘宋时，南迁人口共约 90 万，占刘宋全境人口的六分之一，其中江苏境内最多，有 26 万。进入建康地区的主要是苏北、山东人，几乎与建康城内土著人口相当。陆续迁入越地的北方移民，主要分布在会稽郡、吴兴郡、吴郡的余杭、钱塘、海盐等地，迁来的北方大族有泥阳傅氏、颍川鄢陵庚氏、高阳许氏、陈郡阳夏谢氏、陈留阮氏、太原中都王氏、东安高氏、太原中都孙氏、江夏李氏、琅邪王氏、谯国戴氏、高平金乡郗氏、陈留尉氏阮氏、济阳考城江氏等。可见，建康是世家大族南迁最集中的地区，而三吴（会稽、吴郡、吴兴）是仅次于建康的第二密集地。

（5）维系世家大族，重整推广谱牒

五朝门第对中国家族制的传播，做了一件意义重大的事——写谱牒。我国商代已有一些简单的世系表，是家谱的雏形。较为完善、成熟的谱牒形成于西周，但是，这仅仅是在皇室、贵族中流行。东汉时，由于阀阅世族见重，因此竞修家牒宗谱，别录私传。但是，经汉末丧乱，多数亡佚，士族的子孙往往不能言其祖先。有个叫挚虞的撰写了《族姓昭穆》十卷，上报朝廷存档。晋太元年间，贾弼再一次广集谱牒，整理出版了十八个州的士族族谱，计一百一十六郡，七百一十二卷，合为百帙。之后，又有王僧孺改定百家谱。这些族谱，成为家族人事档案、朝廷取士的依据。晋室南渡之后，有人冒充士族以求官职，为了防伪冒，明身份，谱牒之学特受重视。刘宋以后，南下的世家大族受到打击，式微的门第又一次掀起写族谱的高潮，用谱牒来证明他们的身份，保障他们的历史地位。

（6）五朝门第对我国居住方式和豪门住宅形制的影响

①缘情制礼、住宅内涵人性化

五朝门第对我国居住生活方式和住宅形制的影响是，在住宅中贯注了人文精神，使住宅园林化并出现"山居"、"别墅"。关于这两个变化的原因，很多著作归结为魏晋玄学，这只讲了结论，没有讲过程，只讲了思想，没讲人。从人的角度讲，它是由以王羲之、谢灵运为代表的王谢家族、六朝士人推演出来的。

魏晋名流的主流思想方法是玄学，当时人郭象概括为"辨名析理"。名即名词，理是指这个名词的内涵，"辨名析理"用现在理念说就是透过表面现象看本质。这种思想方法，跳出了先秦两汉死抱名教礼仪藩篱，提高了人们对实际事物的知解力。东晋的名士举重若轻，如王导一句话，就挫败了王敦的政变（王敦举兵逼宫，军队到达南京之际，王敦生病了，王导立刻宣布王敦死了，军队反戈）；谢安谈笑间就在淝水之战中以数万弱旅击败前秦百万之众，奠定南北朝格局。东晋初的这两大历史事件导致了这样的思潮：认为那些很务实的官职是俗吏，而那些不以事自缨、从容博畅、与时浮沉，方是能力，方是清高。所以做官要加选择，与事务愈无关系的官愈清，愈是事务性的官自然愈浊了。士族自视既高，交往、婚姻也就讲究门当户对，否则就有损清誉。生活方式上养成超然物外，寄情山水，追求高远的精神意识。

②山居、隐居、私家园林

寒士出身的刘裕建立刘宋王朝，北方南下的门第受到打击、被夺了兵权。北方南下门第本来是有收复中原、统一祖国的志向的，但这样一来，也就丧失了统一北方的责任心，把人生的目标从国家民族转到了家庭门户，专讲孝悌、崇祖，内心放纵，生活方式上也就绝弃人事，转向幽居筑宇，苑以丹林，进而远离城市，筑山傍池，结架岩林。而那些舞文弄墨的士人本来就是以游学为时尚的，如王羲之任会稽内史时于永和九年（公元353年），邀请了42位文化名人在绍兴兰亭举行了"兰亭诗会"，两年后归隐会稽，与东土人士尽山水之游，过着修植果园、戈钓为娱的隐居生活。在这些文化领军人物的带领下，稽山、鉴湖、剡溪一带成了东晋南朝名士的一条山水旅游怡情廊道。后来向新昌、嵊州腹地，四明、天台、浦阳、东阳江、永安溪等地深入，到唐代发展成一条被人们称颂的"唐诗之路"。王羲之是王导、王敦的堂侄，他的父亲是晋元帝司马睿的表兄弟，出生于中原琅琊郡，西晋末年移居江南，在南京乌衣巷成长，晚年归隐会稽。今绍兴市有他的故居和后裔住宅，嵊州华堂村有他的墓、墓碑、墓庐以及王姓氏族的大小宗祠（图2-7）。

东晋另一个辅政重臣谢安及其家族，被赶出中原温暖的家园，沉浴在国破家亡的惨痛中，他们多为江东官员，向往"千岩竞秀，万壑争流，山水清且嘉"的会稽、永嘉山水，家族中多人走出老家建康乌衣巷，移籍会稽，经营别墅，旁山带江，尽幽居之美，其家学一脱玄言诗，培养出中国山水诗鼻祖谢灵运。谢氏家族及其随从隐居、山居的生活方式，引发、促进了私家园林宅第这一新的住宅式样，地址在城镇里的称宅园，在山野的称园墅。

东晋南朝的园林宅第有分布面广（各地都有）、规模宏大，园林部分以山、水、菜园、树木为主的特点。关于此，吕思勉先生的《两晋南北朝史》中多有描述："土田而外，豪富之于山泽，占据尤多。""名山大泽不以封，……平之竹园，别都宫室，园囿皆不为

绍兴市嵊州华堂村王氏宗祠

绍兴市嵊州华堂村王羲之墓庐

绍兴市嵊州华堂村王羲之墓

河南通许于氏墓祠图

湖南宁乡沩宁戴氏墓庐图

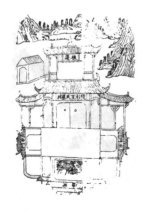

江西婺源双杉王氏墓祠图

浙江海宁祝氏墓祠图

图 2-7　墓祠、墓庐列举

汉代流行墓旁建祠制度，并在墓旁建庐，世代守墓。

属国。""士大夫寻常居宅，大抵为屋数十间。"又如孔子的第 27 世孙、刘宋时山阴萧山士人孔灵符于永兴立墅，周围三十三里，水陆地二百六十五顷，含带二山，又有果园九处……（《宋书》卷五四《孔季恭附孔灵符传》）。

六朝时期佛教的流行也改变了一些世家大族的思想追求，江南各地出现了"舍宅为寺"现象，一些门第、官人把家园献出来改成寺院。"寺"，本为官府别名，《说文》称"寺，官舍也"。有的则本身脱俗入寺，这一现象对江南农村、山林风景化意义深远。刘宋时江南有寺院 1913 所，萧梁时达到鼎盛，共 2846 所、僧人 82700 人。唐代杜牧的诗"千里莺啼绿映红，水村山郭酒旗风。南朝四百八十寺，多少楼台烟雨中"，生动地展现了当时的面貌。

③宅制

南北朝时的家庭形态是北方重宗族，四世同堂、五世同堂、八世同堂、九世同堂甚至十几世同堂。一个村落往往是同姓村落，凡宗亲数世，有从父、从祖，虽二三十世，犹呼从伯、从叔。而南方好分居，顾炎武《日知录》记载，刘宋时"父母在而异居，计十家而七，庶人父子殊产，八家而户。"家庭的小型化导致住宅小型化，又因为南方湿热，住宅向开敞通透发展。厅堂多为开敞式，柱间用栏杆，外围以墙垣形成院落。有门屋或门楼，房屋间多用回廊联系。还有一个重要类型是把汉魏的坞堡带来，出现了山水寨，有寨门寨墙围护河渠，寨内有重楼、望楼，层层错落的重楼坡屋以重楼为核心进行组合，屋顶多头，向四个方向高低错落发展。这种形制不仅仅是防卫上的需要，还体现了人对自然、阳光、自然气息的需求。

东晋南朝一般平民的住宅则相当简陋，以版筑坭墙茅草房为多，宁波一带出土的晋代陶屋有一堂二内二间制，也有一堂二房三开间式，基本上为悬山顶。

汉代中原士大夫住宅，寝门之内用碑或短墙挡视线，官寝内用帐幕分隔。六朝吴越住宅继承并改进了这类空间分隔法，流行用屏风分隔，还产生了一种叫"游墙"的空间分隔构件。可在东晋顾恺之的《女史箴图》看到，古诗词和颜之推的《家训》中也有提及。

六朝士人、门第住宅没有留下实物，但可从一些出土的建筑陶瓷堆塑罐和文字记载中知其概略：(a) 平面较方正，底层多用回廊，有院落，有门屋，或门楼；(b) 有楼层，底层为高堂，居室设楼上，有的是重楼（也叫望楼），有层层错落的重檐屋组合成群，以重楼为核心；(c) 坡屋顶，多用四阿顶，屋脊起翘，多塑鸱尾。从中也可见六朝时人们脱离名教，追求自然山水和个性自由的精神面貌。

总之，东晋南朝时，吴越已和中原汉族完全融合，浙江民居也渐渐步入汉民族体系，具有民族特征和地域特色（图 2-8）。

1. 白陶豆残片（桐乡罗家角遗址出土）
2. 西汉陶屋（龙游出土）
3. 东汉猪舍（龙游出土）
4. 东汉鸡舍（鄞县出土）
5. 东汉船形灶（鄞县出土）
6.7. 东汉陶釉屋（宁波北仑陈华出土）
8. 堆塑罐（建德出土）
9. 堆塑罐（驿亭镇出土）
10. 永安三年（260年）堆塑罐（绍兴出土）
11. 永安三年（260年）铭建筑堆塑罐（嵊县文管会收藏）
12. 西晋越窑青瓷堆塑罐（上虞博物馆藏）
13. 西晋越窑青瓷堆塑罐上的佛寺模型
14～20. 不同堆塑罐及细部

图 2-8　浙江出土的建筑陶器

5. 隋唐科举选官，宗法消退，士族上升

（1）科举选官，士族上升

南北朝后期，陆续南迁的北方汉人，很难如早期南渡时能继续保持宗族组织的完整与特权，门阀士族谱牒散佚，谱学衰落，表明士庶界限已渐渐泯灭，门阀制度已趋消亡。唐初，官方三次修改订正用于别婚姻、与选官无涉的、以贬抑旧士族培植新士族为目的的《姓氏录》、《氏族志》、《姓系录》，并借以抑制传统门户等第和士庶之隔，废举了南北朝的州郡辟举、九品中正门阀制度，确立了科举制，进士科逐渐代替了过去的士族享受不限官品而只论出身的种种特权，社会也就从世袭性的门阀地主阶级专政转向以科举制为杠杆的非世袭性地主阶级专政。

科举制度对人类文明的贡献是举贤治国，不像先秦两汉，有身份的人继世治国。因而，政府把育才选士任贤作为主要政务。

两汉魏晋南北朝，大量的土地和劳动力为门阀把持。唐朝建立以后，朝廷把在战争时期抛荒的大量土地进行再分配，使大批农民获得土地。尤其是唐中晚期，成为生产力桎梏的庄园制度崩溃，庄园的庄客、庄户、佃客摆脱庄主，变成了农民，承租田地，向庄主交税。政府允许土地自由买卖，促进了社会贫富的两极分化，结果造成封建社会经济基础中的重要支柱地主和自耕农两大力量的重新组合，使国土资源得到高效开发。

（2）义门宗族

魏晋南北朝存留下来的几代同居共财，几十或百余人同居合食的大家族，到唐朝中叶逐渐减少以致衰落，但是军籍、官宦以及寒人、士族式大家庭，是随家长赴任和迁徙的，到唐中叶数量猛增，到处漫延，而且同居代数明显延长。南北朝以前，再从兄弟，四代同居已难见；可唐中叶以后，大家庭动辄六世、七世、八世、九世同居，竟有十余代不分家的。这种以财产共有、同居合食雍睦无间的家庭，受到社会舆论的好评，有一些还得到朝廷的表彰，减免徭役，敕封为"义门家族"。这种新型居住模式，不仅族内，而且族外人际关系都处理得很好，对土地资源的合理利用、宗族建设和社会稳定都有积极作用。所以，从产生起一直为人所用。这些由庶族地主发展出来的大家庭，逐渐演变成宋以后近代封建家庭制度的一种形式。

义门宗族的住宅形制多为深宅大院，用围墙围护，内部排列着一个个小院落，家人分房分支居住，中轴线上有公共厅堂，各院之间建有甬道、游廊。福建永泰县今存的一些庄寨，如同安镇的爱荆庄、青石寨，梧桐镇的坂中寨，长庆镇的中埔寨，嵩口镇的成厚庄等，

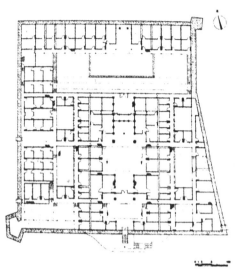

爱荆庄一层、二层平面图

福建永泰县白云乡竹头寨

图 2-9　福建永泰庄寨

魏晋南北朝出现同居共财合食的大家族，住宅用高墙围护，多则八世、九世同居，有的政府

敕封为"义门家族"。

福建尤溪桂峰村某大厝

福建永泰县嵩口镇成厚庄

福建尤溪桂峰村某大厝

记印着唐代义门宗族大家庭住宅的遗风余韵（图2-9）。

浙江历史上是否出现过唐代模式的义门宗族大家庭，尚未看到历史记载，但类似的住宅形制偶尔可见，尤其是浙闽交界处今存的某些大屋如泰顺县雪溪的石门楼胡氏大屋，泗溪下桥村汤筹新宅，瑞岭村董一杰宅，棠坪村钱方绍宅，下武洋林家厝，泗溪张十一大屋，苍南县碘步头村谢广昌宅，文成县西坑双田村谢林大宅，雅庄郑育初宅，平阳县青街池氏大屋等，都是独立地段、独立式大院，受福建永泰庄寨的影响很明显（图2-10）。

（3）臣庶居室制度

唐朝士族、平民百姓家庭的特点是主干、共祖家庭多，政府提倡尊长，子孙多合籍、同居、共财。《唐律·户婚律》规定"子孙不得别籍"，"诸祖父母、父母在而子孙别籍异财者，徒刑三年。"同时，又对住宅形制、规模作了限制。

朝廷出台了《营膳令》，使"营邑立城"、"制里割宅"、"臣庶居室"制度化。我国历史上世家大族鼎盛时代魏晋南北朝的庄园制坞堡式住宅得到限制。《臣庶居室》制度主要控制住宅的正堂和门屋，体现宅第的等级、高下。正堂控制主要是间架规模和屋顶形式，门屋控制主要是间架多少。间架的多少代表了屋主的身份。自此，汉民族"臣庶住宅"格局和样式基本定型。

（4）公共建筑

隋唐的考试制度，在科目上，有贤良、明经、二科、四科、孝悌、廉洁、进士、秀才等。其中，以"明经"及"进士"两科最为人们看重。考试内容除了经书以外还广及道家典籍、数学、法律等等，其中尤重诗赋。应试者涉及全民，取人办法由下至上波及各级群体和政府，这种大规模、全方位的活动，促进了遍布城乡的驿馆（又名邮亭、邮舍、亭候、传舍）、乘驿和各种旅店、亭榭建设。《唐六典》卷五说："凡三十里一驿，天下凡一千六百三十有九所。"驿馆规模都很大，设备有楼房、马圈、客厅、仓库等。主要道路两旁，水路交通的渡口、码头处及交通要津的乡邑村落，都设有驿馆、旅舍、村店（图2-11）。

进士科地位的提高对文学和学术产生重大影响。主要表现为：①促成唐诗和文学传奇的发达。②造成游历交友长见识、山林读书、隐逸求仕以及私家讲授经史的风气，产生书院（宋代达高潮）。③形成南北两种不同文化的社会形态，北方武人专政，南方文人治国。其中，江南是科举重地，文人高密度区，在文人的作用下，开辟了不少唐诗之路，形成了"处处江南村，长亭接小亭"的江南聚落景观。

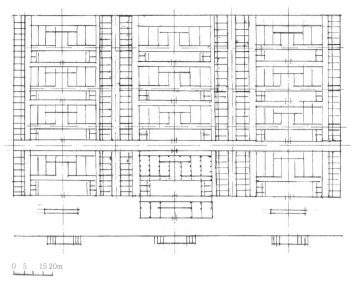

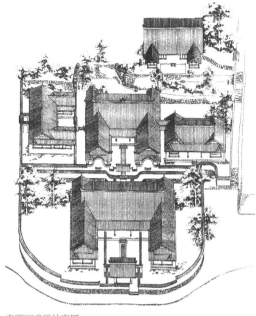

根据东阳厦程里位育堂
主人程菊生文史资料重绘 2010

绍兴吕府十三厅　　　　　　泰顺下武洋林家厝

图 2-10　浙闽交界处的某些大屋
浙江尚存南北朝隋唐义门宗族遗风的大屋，尤其是浙闽交界处偶尔可见，
多处独立地段，深宅大院，用围墙围护，几代共财同居。

泰顺泗溪镇前坪村张十一大屋

泰顺雪溪胡氏大屋（石门楼）（摄影：晨波）

高邮孟城驿

镇江西津渡

温州市永嘉溪口村戴宅明文书院

广西灵渠驿站

图 2-11 古代驿站、津渡

古代游学、行商风气和科举制度，形成了处处江南村，长亭接
短亭及义渡、津门、驿站、巷门聚落景观。

四、宋元：官僚宗族制，血缘村落

1. 耕读制度，基层选士

唐代科举入仕的大部分为士族世家的后代，由考试出身的寒人数目仍然不多，以进士任官的寒人更是微乎其微。从整个社会立场言，考试制度并未促成全面性的社会流动，通过考试上来的政治新势力，尚未成为支配中国社会的主要力量。晚唐藩镇割据，中央政权旁落，考试制度虽然还在，但士官之路完全被军人垄断。

唐末五代，经济上庄园制度崩溃，门阀士族制度彻底瓦解，导致世家大族式家族组织相继灭亡。

北宋，是中国家族制演变除春秋战国外又一关键时期，宋太祖和太宗实行耕读政策，改革考试制度，崇文偃武，刻意打击高门势族。"奖掖文臣"、"选擢寒俊"，考试内容一改唐代繁多的科目，使"进士"科成为唯一的科目，并且设立殿试，皇帝直接选用栋材。这是中国考试制度发展史上极为重要的大事，为后代沿袭。这一创举使考试制度变成社会制度，自此后，国家官员基本来自农村。考试每三年进行一次，最底层的农家子女，凭努力都可以入仕。宋代科举的优点还在于照顾落后地区的"解额制度"，使参与省试的考生平均来自全国各地区，解额的办法仅限于地方考试，而不行于省试，并不影响登第士子的地理分配。因此，落后地区基层官员多来自本地区，可弥补地方行政之不足。由于"举人"的地位日渐重要，明清以后甚至可以直接任官，在地方上备受尊重，因此又逐渐发展出以"耕读"为传统的世家。到了明清，无形中形成了一个社会阶层——"士绅阶层"。

2. 一种新的敬宗收族模式：宗祠、族田、家谱

（1）新的家族制度

经过唐末、五代十国100多年的混乱之后，世家大族式的大家庭基本瓦解。宋初，家庭的主要组织形式有两种：一是零散、独立的个体小家庭，各自为生，缺少联系，一般都难以追溯自己的祖先、考究自己的宗族，缺少把大家凝聚起来的凝聚力。二是那些打破士族与庶族的界限、经由新型的选士制度而形成的累世同居共财大家庭，性质已不同于汉唐的门阀世族家庭，几代甚至十几代同堂，数百甚至几千人在一起生活，血缘关

系逐渐疏远，内部矛盾日益增多，一家之长逐渐感到难以控制。这种以耕读考试形成的家族制度，一个特点是"贫富无定势，田宅无定主"，大家族的地位不是世袭的，那些跻身官僚、贵为卿相之家，假如后代不努力，仕途平平的话，很快就会衰败下去。因此，这个阶层需要寻求一种类似于世家大族式家族的社会组织形式，防止家庭分化、子孙败落。以上两种家庭都需要敬宗收族，重回中国的家族制。

（2）吕氏乡约

在上述历史背景下，蓝田四吕——吕大忠、吕大钧、吕大临、吕大防于北宋神宗熙宁九年（公元1076年）发起制订了我国历史上最早的村民自治条例，史称"吕氏乡约"。"吕氏乡约"的主要内容是德业相劝、过失相规、礼俗相交、患难相恤等。宋代的理学家们和"四吕"一起为新的家族制度指明了方向，找到了解决办法，设计了一种新的家族制度。

（3）家庙

著名理学家张载和程颐提出了"敬宗收族"方案，该方案可归纳成明谱系世族、立宗子、建家庙三点。明谱系即认祖归宗。"立宗子"，是恢复周代的家族制度，在家族内部设立宗子，管理家族事务，统率族人，监督族众，把行政管理和家族制结合起来，以血缘为纽带，将一个祖先的子孙团聚在一起，形成严密的社会组织。"宗子法"始于周朝，已经经历了1000余年，脱离了社会实际情况，理学家们将之演变为族长。建家庙，供奉家族中历代祖先的神主牌位，是为近代家族制度中祠堂的雏形。具体设想是：一、"凡人家正厅，似所谓庙也，犹天子之受正朔之殿，人不可常居，以为祭祀、吉凶、冠婚之事于此行之。厅后谓之寝，又有适寝，是下室，所居之室也。"（《经学理窟·祭祀》，《张载集》第295页）。二、"士大夫必建家庙，庙必东向，其位取地洁不喧处，设席座位皆如事生，以太祖面东，左昭右穆而已。……太祖之设，其主皆刻木牌，取生前行第或衔位而已。"（《宋公谈录拾遗》、《二程集河南程氏外书》）

（4）族田、祠堂

朱熹发展了张载、程颐的方案，提出了另外二个办法：即置族田、修祠堂（后人补充了修家谱）。他在《朱子家礼》中，对宋代的家族制度提出具体方案，有设族田、建祠堂、祭祀、家法、家礼、族长等体现宋代家族制度形式结构的主要内容。

3. 官僚家族制及新的居住图式——单姓血缘村落

宋元官僚家族制，是一种完全不同于唐汉以前的宗族制度，是一种以族田、族谱、祠堂为特征的新型家族制度，也有称之为近代封建家族制的。所谓官僚家族制，乃科举出身的人成为官僚的主要来源。科举出身的官员，有的原先家庭社会层次高，但多数是一般平民，他们主宰的社会，是趋向于民众的，支持组建宗族，开展亲亲活动，有的甚至以全部或部分俸禄支持家乡宗族建设，设立义田，供给族人伙食，兴办义塾，教育族中子弟。后周宰相李谷在故乡建寺庙和房舍，给尚未出仕的族人居住。北宋名儒范仲淹还首创"义庄"，并舍出义田1000亩，开辟了家族赡养族人的新道路（图2-12）。

宋代的理学家们还设计倡导优化了宋代农村家族的两种组织形式，一是累世同居共财的大家庭，二是许多个体小家庭聚族而居构成的家族组织，使聚族而居的血缘村落成为农人主要的居住模式。而祠堂、族田、家谱三者也就标志着近代封建家族制度的最终形成，也是近代家族制度的主要特征。

元代，宗族的政治地位有所下降，但社会作用反而增强。这是因为，政府对江南地主采取让步政策，加之朝廷实行轻徭、薄赋和抑止兼并的土地赋税政策，为宗族活动提供了经济条件。元朝是礼制荒疏的时代，政府不立家庙制度，对民间建祠不提倡，也不限制，实际上宗族祠堂在民间得到长足发展。"家礼"规定建于正寝之东的祠堂，使人感觉局促，不能容纳更多的族众，因此，汉族的士大夫们在祠堂建设中突破"礼"的规定，把祠堂移到独立地段，并扩大了规模。

杭州市富阳龙门义门、义庄

金华市永康芝英义庄

图2-12 古代义庄
北宋名儒范仲淹用俸禄首创了慈善机构"义庄"，用于周济宗亲，内容有领口粮、衣料、婚姻费丧葬费、科举费借住义庄房屋借贷等。

五、明、清：绅衿宗族制，宗祠建设高潮

1. 大礼议之争

明代中期，中国历史上发生了一件对村落建设影响十分重大的事件——"议大礼"案。其历史背景是这样的：

明初，朱元璋极力强化君主集权制，重整礼制，朱熹《家礼》中有关祠堂的内容列入国家典制。洪武六年（公元1373年）朝廷公布家庙制度："凡公侯品官，别为祠屋三间于居所之东，祀高、曾、祖、考，并祔位。祠堂未备，奉主于中堂享祭。"但该令没有涉及庶人祭祀祖先的规定。

洪武十七年（公元1384年），调整官民祭祖规定，将庶人祭祀二代祖先改为三代，进一步放宽了祭祖的身份限制。

成化十一年（公元1475年），政府整顿了祠堂之制，规定品官只立一庙，不许多建或扩建，神主的摆放顺序改"自西而东"为"左昭右穆"。

嘉靖二年（公元1523年），发生了"议大礼"案。

"议大礼"案也叫"大礼仪"之争。世宗（嘉靖帝）是孝宗的侄子、武宗的堂弟，明正德皇帝（武宗）无嗣，死后由世宗继位，是为嘉靖帝。嘉靖欲尊称其亲生父亲献王为皇考，遭到首辅杨廷和重臣礼部尚书毛澄等一批孝宗旧臣的坚决反对。新科进士张璁站在嘉靖帝一边，认为嘉靖是继统，不是继嗣，力主称嘉靖帝的生父为皇考。这件事闹得很大，嘉靖帝是少数派，他革职了一大批重臣、反对派，才以胜利告终。

这以前的祠堂还仅仅流行于纪念先圣、地方贤能和品官、世家大族之间，并采用朱子《家礼》式样，平民百姓还不能联宗立庙，而且不得祭其始祖、先祖。"大礼仪"之争为家族制度平民化带来转机。

2. 家族制度民间化

嘉靖十五年（公元1536年），礼部尚书夏言面对民间违制建祠的现实，上书《请定功臣配享及令臣民得祭始祖立家庙疏》。基本精神有4条：一、庶民由原来的家祭改为一族人户联合起来造独立的祠堂祭祀；二、原本士庶的祠堂规格和形制是不同的，现在士庶可以一起建组合式宗祠；三、原来纪念祖先的代数，平民只能祭祀祖、父二代，现改为高

曾祖祢四代；四、祠堂的形制基本上采用朱熹设计的制式。而那些出过品官的家族，可以采用前庙后寝之制，祠堂的正堂之后再增加一进，其作用类似寝堂，并且在祠门前再增设一皋门，此门后来演化成了祠堂前的照壁或牌坊。这样一来，祠堂的规模扩大了，规格、等级高了，地址独立了，村落的面貌也就大大改观了。是年，嘉靖帝下诏，废除了庶人无庙、只能祭于寝和路祭的限制，"许民间得联宗立庙"。

明代祭祖礼的改变，符合了当时的民情，于是，家庙民间化，并快速向联宗祭祖的大宗祠方向发展，于嘉靖、万历年间形成大建宗祠祭祀始祖之风气，宗祠建设和祠祭祖先开始成为宗族建设的重要内容。此风一直影响到明后期，清朝达到高潮。

另外，明朝在治理乡村社会的过程中，借助乡约推行教化，宗族则在内部直接推行乡约或依据乡约的理念制定宗族规范（族规、祠规、祠约），设立宗族管理人员，推动了宗族乡约化。这种风气又进一步促进了宗祠的普及。

3. 宗祠建设高潮

清代是宗族制度更加兴旺的时期。清政府强化"以孝治天下"的方针，鼓励建家庙，支持族长治村。康熙帝颁布"上谕十六条"，第一条是"敦孝悌以重人伦"，第二条是"笃宗族以昭雍睦"。雍正帝的《圣谕广训》提出为了笃宗族要"立家庙以荐蒸尝"，明确号召建家庙，因此，清代的家族活动比元明时期更为活跃。在聚族而居和家族制度发达的地区，家族组织继承元明的祠堂族长制，祠堂的功能从祭祖，又发展出议事、聚会、娱乐等功能。这里所谓娱乐，是说清朝民间戏曲活动活跃，世家大族多把戏班请到家里，叫"堂会"，平民百姓则放到广场、宗祠内，于是宗祠的第一进明间大多建造了戏台。

清代农村建造祠堂、寺庙还出现如下三个特点：一是有些村人除了在本乡建祠外，还到省会或外地重要城镇建造总祠、支祠，作为会馆。如松阳的汤兰公所，又名兰溪会馆，是汤溪、兰溪商人建造的关圣宫，供二县商人祭拜关羽和住宿办公用。二是有的地方出现先造祠堂，然后围着它盖住宅现象，把宗祠放在比自身生活还要重要的地位。三是出现祠堂群现象，如新昌吕氏家族分出乡贤祠、名宦祠、忠孝祠、余庆祠、敦睦祠、崇报祠、甘棠追远祠等十几个房派。房派下又有支派，如乡贤祠下有崇本、崇福、崇孝、重六公、重九公、重二公、重四公、重七公多盘、重十六公艺山等支派，各派大小之祠形成了宗祠群。有的宗族庞大，族人散居于不同的省、府、州、县，他们通过联系修谱，并在原籍建祠，形成一个大家族祠群（冯尔康，《中国古代的宗族和祠堂》）（图2-13）。

祠堂本是一组建筑，是族人祭祀祖先的地方，但在明清时期它却成为宗族的代称了，

金华市永康芝英新菴公祠

金华市永康芝英懋勋坊

金华市永康芝英襄功祠

金华市永康芝英尚德公祠

图 2-13　永康芝英的各种祠庙
明清绅衿宗族制下出现了祖祠、乡贤祠、名宦祠、忠孝祠、崇报祠等各种祠庙。

集祭祀、集会、娱乐、族长施政等于一身的场所。而对一村祠堂的建造，公共事务的筹划，宗谱、族田、族林、义庄、义渡和四邻结社等事务，都是由族长和地方绅衿掌控和操办的，所以这一时期的宗族制度叫"绅衿宗族制"。

4. 宗法制度式微

　　五四运动以后，新思想新文化的传播，动摇了中国传统宗族制度赖以存在的基础，资本经济、商品经济的发展冲击了传统的宗法思想，土地革命摧毁了族田、族林、族山，中国的宗族制度渐渐退出历史舞台，宗族组织基本消失。作为宗族制度的主要承载体——宗祠，改为学校、工厂、仓库、食堂、会堂等，又或被人们分割居住。然而，宗族文化并没有解体，修订宗谱和续谱活动又有抬头，很多宗祠被保留下来。总之，人们尊祖睦族的观念亦并未消失殆尽，宗族势力也处于一种蛰伏状态。

5. 中国家族制度演变小结

综上所述，中国家族制度的演变是随着时间的推进，宗法成分逐步减弱、逐步民间化的。

先秦，只有王室和贵族才有宗族；秦汉隋唐，宗族分裂，由帝王贵族向官僚集团下降；宋以后，下移至民间。

从宗族结构上看，先秦的宗族制度，诸如宗法制、宗族及其社会身份的关系、宗法性质等方面，和秦汉以后的宗族制度有明显的差异。

因之，有些学者把中国家族制分成如下两个大阶段：

（1）大、小宗法制

先秦是大宗法制，秦汉后大宗法制有名无实，实行的是小宗法制。所谓大宗法制就是宗子制，周王是宗子，拥有祭祀始祖的权力。他的兄弟叔伯等同姓诸侯没有祭祀始祖权，要到京都天子宗庙才能祭奠始祖，宗王（周王）对他们实行分封制。家里的财产是全部给宗子的，只是封一块领地给诸侯，这叫大宗法。西汉、西晋以及明初推行分封制，试图让各路诸侯夹辅中央王朝，结果到汉刘邦孙子景帝时，就发生了吴楚"七国之乱"；西晋则以"八王之乱"而收场。明太祖封诸子为王，领兵管理一方军事和民政，结果又因"靖难之变"而结束。分封制行不通，与之相辅存的大宗法制也就名存而实亡。关键是宗王没有统一兵权，不能领有全部土地，失去大宗法的意义，所以，皇家不能完整实现大宗法。异姓诸侯、贵族、士官、庶民的宗族，也立长房长支为宗子（族长），主持祭典及宗族事务，实际上这是小宗法制里的大宗法，不是原本（周王）宗法制里的大宗法，祖宗的财产不能只给宗子，而是各个子女均分。即使如此，小宗法制里的大宗法制，在现实生活中也难于实行，因为长房长支不一定出人才，于是从发达宗族目标出发，从全体人员中选择强者当族长，从而摈弃宗子。先秦宗族的收族是靠分封制，靠物质条件（领土），秦汉以降宗族用建设公共经济来收族，到了宋代才出现义庄，靠宗祠、族田、家谱来收族。

（2）宗族身份性逐步民间化

本来意义的宗族是一个男性祖先的众多后代，将之编程社会化后，就与社会身份联系起来了。不同身份有一同规模等级的宗庙和祭礼，成员也从而具有相应的身份和权利义务。

先秦只有贵族（包括王室、诸侯、卿大夫）才能建立宗族，进行分封建国，至邑建宗。此后世代官宦之家和平民之家建设各自的宗族，并以官宦为主，这时的官宦不是先秦的诸侯、卿大夫，而是察举、九品中正上来的新贵（门阀、门第），这是宗族制第一次民间化，但国家政权还是由贵族、门阀世族继世而治。宋元以降的官宦才真正从民间通过考试凭本事上来，是第二次民间化，国家政权逐步走向平民参与、贤人而治。现、当代的宗族，与身份地位无关，是真正的民间化，这时候，区分宗族的不再是等级身份，而是标志某种地位的望族、豪族、大族、小族，并没有特权与非特权之别。宗族成员，即各个家庭成员的身份，与宗族无关，由本身状况来决定。

中国古代哲人庄周曰："薪尽于为火，火传也，不知其尽也。"如今，家族制度、宗法制度虽然退出了历史舞台，但宗族精神犹在，如火如光，在国人生活中传播，是国人生活中富有积极意义的文化成分，建设当代社会伦理的一种不可或缺的群体力量和文化探索内容，成为国家和民族坚实凝聚力的促成要素。

图 2-14 是后人或当时人所画的古人家庭生活场景，今天看来倍感亲切。凡属生命，则必好古旧，如《诗经》三百首，作者都不可考，然而读起来，三千年前的古人生活犹在眼前，当年的生命精神，亦可依稀接触。《诗经》云："温温恭人，如集于木"。细读这些土木为居的家庭（村落）生活场面，如读一部中国家族（家庭）生活史，有大生命之寄存。

明人笔下的周代乡村生活

岁朝欢庆图

图 2-14　绘画反映的古人家庭、社会生活场景

第三章

中国古代文明开启于中原，人口、族群、姓名制度、城、聚邑等，主要分布于河洛、中州，通过族群的迁徙，逐渐向南播迁。世家大族是播迁浙江古村落的主力军。

宗族文化和村落播迁

一、三代之居，皆在河洛之间

1. 华夏文明的起源是多元的

从目前考古发掘的浙江近 60 处旧石器时代遗址可知，吴越之地的苕溪、钱江流域，80 万年前就有人类在此生息。古人先是借高处自然洞穴安身，从山上慢慢走下来，在丘陵、小河流边，以采集、渔猎为生，就陵埠或积壤而处；从架木为巢，继而下到地面，编槿为庐、辑藿为扉；用植物纤维织成帐幕围合、分隔空间。到新石器时代，发展到稻作耕耘给食，土木为居，悬虚构屋（干栏式）。如分布在浦阳江、曹娥江流域距今 9000~11000 年前的上山遗址、小黄山遗址，已出现了夯基，有柱洞、柱网、裁柱、浅柱式地面住宅、合院式邑落。

余姚市罗江乡渡头村的距今 7000 年前河姆渡遗址，说明那时浙江境内古人已经能应用榫卯结构技术建造干栏式长屋，房子旁边有"水井"，这是一个血缘氏族的集聚地。

稍后于河姆渡文化，浙江大地北起杭嘉湖平原，南至温瑞平原，西至金衢盆地，东到舟山群岛，陆续发现了 200 多处古代生活遗址、遗物、聚落。

距今约 6000 年前的嘉兴马家浜、桐乡罗家角、普安桥、海宁彭城、吴兴邱城、海盐仙坛庙等遗址（统称马家浜文化），人们已"陵阜而居"、"积壤而丘处"，出现了木构架、大屋顶的雏形，房子较小，聚落规模也较小，这是家庭住宅、基层聚落。

距今约 5300~4500 年前的良渚文化，人们已开始适形相地，择高（筑台墩）而居，出现了高台基、大房子（城）、中心聚落、礼器、礼制建筑、礼仪中心、行政中心。城市、礼仪中心、文字、青铜器是国家文明的四个条件，良渚文化已具备了二个条件，即城市和礼仪中心。而良渚文化更是以雕刻着精美神人兽面纹的良渚玉器而傲视同时代别的文明形态。苏秉琦先生的《中国文明起源新探》中，概括中国文明的历程为："古国—方国—帝国"。和良渚文化处于同一时段的黄河中下游龙山文化，即华夏始祖黄帝时代，为古国阶段，而良渚为方国阶段，方国比古国进了一步。

2. 良渚文明戛然消失

著名考古学家严文明曾经发表了"良渚文明影响了半个中国"的观点。不幸的是光彩夺目的良渚文明，在我国史前史上闪耀了一阵后便突然消失了，具体原因众说纷纭，莫衷一是。其中一种分析是距今4000多年前发生了九星、地心会聚事件，导致海平面上升，持续严寒。北京大学著名历史学家俞伟超先生认为，如果没有这场大海侵，我国最初的王国也许而且应该是东夷建立的。而这时的华夏始祖炎黄集团，除制度文化较其他部族先进，生态适应性也较强外，很重要的一个原因是有了亲属关系、宗族意识，所以他们在自然灾害和部族战争中幸存下来，并且能吸收诸多文化先进的文明因素，导致国家产生。关于宗族文化因素，美籍华裔考古学家张光直先生认为，血缘、亲属、宗族、世系，不但是调整社会间相互关系的基础，也为其成员分化成政治、经济等级、财富分配等级提供了基础，从而催生国家产生。华夏族的宗族文化意识，在已知的卜辞、墓地的布局和带有族徽的随葬品中可以看得很清楚（张光直，《古代中国考古学》）。

3. 三代之居，皆在河洛之间

（1）三代之居，皆在河洛之间

约5000年前，中华民族的人文始祖黄帝、炎帝、蚩尤部族，从北方、西方、东方纷纷向古代肥沃的黄河、洛河地区发展，中原从古国进入了"方国"时代。传说黄帝时有万邦方国，持续了近2000年时间，炎黄的后裔率先建立了国家。据此可知，文明之初，中国的人口、族群、村落、城邑主要集中在中原。《逸周书·度邑》曰："自洛汭延于伊汭，居阳无固，其有夏之居"。汉代的司马迁说："三代之居，皆在河洛之间"。班固说："崤函有帝皇之宅，河洛为王者之里"。中原是中华始祖炎黄的家乡，夏、商、周三代王朝交相立业的基地。先秦时期，人们无名无姓，也没有村落概念，只有城和国的概念。从商朝到汉朝这1800多年时间内，我国大多数城邑都在这一地区。春秋战国是中国历史上建村筑城最多的时代，那时的城，是指有城墙、城壕围绕的军事性居民点，城内有祖庙的话就叫国。有文献记载的春秋城邑1000余处，现在已发现76处，分布在：河南22处，陕西5处，山西16处，河北11处，山东6处，湖北6处，江苏3处，湖南2处，辽宁2处，北京2处，浙江1处（吴必虎，《中国景观史》）。秦汉代出现了中国历史上又一次筑城高潮，据《汉书·地理志》记载，汉平帝时"凡郡国一百三，县邑一千三百一十四，道三十二，侯国二百四十一"。这些城邑和乡村，基本上都集中在河洛地区、黄淮流域（图3-1）。

（2）于越悬虚构屋，边缘文化

相传夏代第六代帝王少康的庶子无余为祭祀大禹来会稽守陵而成为于越部落的首领，但没有固守家园，开拓前进，而一心想着向北发展。于越族的发展，一直处于动态的流徙过程中。

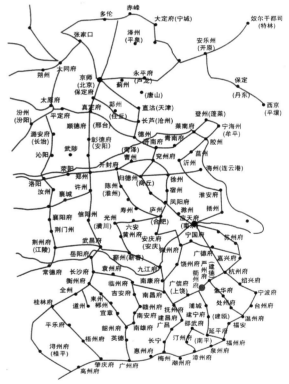

秦郡县图

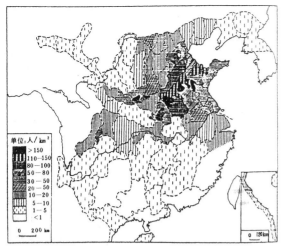

西汉元始二年（公元 2 年）人口密度

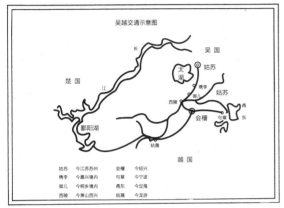

姑蔑吴越交通图

图 3-1　我国不同时期的人口密度、城市分布图、交通线路图
夏商周时期，浙江还是荒蛮之地，春秋后期，建立了越国，人口、城市稀少，是华夏文化的边缘地区。经过永嘉南渡、唐中后期南渡、宋室南渡三次中原人口南下之后，吸收、发扬光大了中原的家族制度，完成了对中原文化的超越，作为"江南"的主要组成部分，成为中国的文化中心。

明代士商交通总图

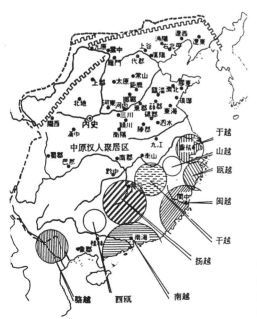

图 3-2　百越民族分布示意图
越是指使用一种叫石钺的族群，分布在我国江南、岭南广大地区，其中分布在越海民系范围内的越人有三支，于越、瓯越、山越。

浙江境内没有跟随蚩尤北上或西进的那部分于越族先民，自从遭受距今4000多年前的连续几年大海侵以后，便退居到丘陵山区里面，选择河谷吞口而居，"随陵陆而耕种"，或火耕而水耨，或逐禽鹿而给食，悬虚构屋。住宅的式样是"架立屋舍于栈上，似楼状"（即干栏式形制）。他们的居住和给食方式是潮涨我退（退到山地），潮退我进（回到海边）。稻作文明是蚩尤部族创造的，东夷先人发明了一种种植水稻石制的生产工具——"钺"。古汉语中，"钺"通"越"，所以到了汉代，便给了使用这种农具的族群一个名字——越人。其中分布在今浙江杭、嘉、湖、宁、绍，江苏省常州、无锡、苏州一带的叫于越；分布在瓯江流域、灵江流域，今温州、台州、丽水三地的叫瓯越；分布在江、浙、赣、皖四省交界的山区里的叫山越；分布在长江以南的浙、皖、湘、赣、闽、粤一带的统称"百越"（图3-2）。

先秦时期，生活在浙江这片青山绿水中的于越、瓯越、山越人，虽然说是充满生机、爝火不熄的，但和已建立了国家的中原对比，是很落后的。他们依山林而居，无酋长版籍，亦无年甲姓名（清顾炎武，《天下郡国利病书》），对于家族、民族，更是一点概念也没有。虽然在春秋时期，于越族中也出现过二个大国吴国、越国，演出过"吴钩越剑"历史大剧，而且越国也曾经率民十万北上争霸，迁都琅琊，成为"春秋五霸"之一。在琅琊延续了百来年后，又返回江南，定都于今苏州、无锡一带，可惜于公元前333年灭于楚，越人只得回归南山（于越山区、闽越、瓯越等地），过着地广人稀（"越之水重浊而泊，故其民愚疾而垢"《孟子·滕文公上》），或者"东越海蛤"、"瓯人蝉蛇"（《逸周书·王会解》）的生活。从此直至公元7、8世纪约1000余年间，越文化成为边缘文化。

二、中原家族南下播迁了浙江古村落

1. 古有分土无分民

我们伟大的中华民族，是在人口迁徙运动中铸造而成的。

东汉大史学家班固在《汉书·地理志》中，辑录、阐发西汉刘向、朱赣两人关于当时各地风俗异同的论述，指出"古有分土无分民"现象。唐代学者颜师古解释"有分土者，谓立封疆也，无分民者，谓通往来不常厥居也"。这是中国早期居住文化史上一个极为重要的特征。它告诉我们，中华民族的主体华夏族，不是在一个地方生长而成的，而是在不断地流动、交融、融合过程中形成的。中国早期文明起源于夏代，成熟于商周。夏、商、周三大族群共同的移动规律是沿渭水、黄淮做东西向移动，移动的目标是争太阳（光、雨资源）、争土地；流动的模式不是个人，而是以家族为单位的整体性移动，并以都城的迁徙为特征。史书记载夏后十迁，商先八后五，周迁都六次。一次次迁徙，划出一条条地理界线，一条条界线围成了彼此相接的地理区域。夏商周三大族群划出的区域，便是日后的"天下之中"，也是古文献"中国"最初的含义。

华夏集团到西周时，融合为一个整体，典章制度先进，物质丰富，宗法家族制度完备；社会财富多集中在皇族、诸侯、卿大夫等大家族里，随之产生了人多地少、土地资源紧缺的压力，引发了各地域大家族之间的矛盾和战争，经长达 500 来年的春秋战国纷争，最后由嬴姓家族统一了中国，旋即又由刘汉一统天下。西汉 200 年内，重点经营在西北，浙江（属扬州）相对于中原还相当贫困落后，文化上属于边缘地区。北方经秦汉 400 多年的发展，财富进一步集中在门阀世族大家里，从史籍记载和秦汉的厚葬风俗中可知。其时那些大家族的富裕达到"奴客纵横"、"牛羊掩原隰，田池布千里"的程度，财富的过于集中，国家政权中世第、官宦、外戚集团的激烈斗争，加上西北胡人集团的南下，中国历史进入了第二个春秋战国时代——魏晋南北朝。这个阶段同样引起人口的大移动，不过，不是部族沿黄淮东西向移动，而是以大家族跨江南北向移动为特征。

人口移动不失为先民们求得生存与发展的上佳选择，而古代移民的终极目标是土地。封建之始，一切土地皆属于天子，所谓"普天之下，莫非王土"，秦统一中国的第三年（公元前 219 年）秦始皇就在琅琊刻石"六合之内，帝王之土"。一直到唐宋，除皇室世族、士族占据部分土地外，山川、苑囿、屯田、荒地及战后的无主田地和"没官地"、"献地"，都是国家直接掌控的，这为人口流动提供了先决条件。

还有一个条件是地理认知和环境技术，这个工作最早由夏禹完成了。他率领华夏族部众疏通江河，平定九州，度九山，通九道，陂九泽，随山刊木，浚九川，浚畎浍，平通沟陆，流注东海，为后世的土地开发打下了基础。

综上所述，我国华夏族 4000 年前着手并初步完成的大地改造工程，其难度不亚于现今的宇宙探索。其难度在于：第一，这是一个系统工程，他要认知全国山川形胜走势，脉准整个水系和海洋的关系；第二，水是无定态的，国之根本的水稻耕作业，基本要求是土地平整，水不流动，排灌自如。以上，足可深见华夏族先民的生存本领以及一些制度上的智慧。

2. 浙江自然、地理环境特征与优势

浙江地处北纬 28°左右，阳光充足，雨量丰富，地理环境总的说来是一个以山地丘

陵为主、水系发达的地方。这里的山岳不高，植被茂盛，环境清嘉，常围出一些山坞、盆地；溪流不大，非常贴身地逶迤于山间，并冲积出一些谷口、小平原。浙江的宁绍平原和环太湖流域，曾孕育出先进的河姆渡文化、良渚文化。这一带自距今 5000 年前后的海侵之后，由于长江带来的泥沙在这里不断淤积，使河床抬升，水面也急剧加宽，某些河床经长期沉积，慢慢露出地面并被水面切割成河港密布、湖泊星罗的地形。浙江这些小尺度的地形环境是一个非常适应小家庭农耕的地方。

浙江的地形还有坐陆临海、半面抱海的特点。坐陆部分山地中的大小河流将山脉、盆地、谷口、平原勾连起来，并和海洋连为一体；抱海部分有长长的海岸线，众多的岛屿和港湾，这是通向世界的优越条件。

"吴越"有三义：一是地理概念，泛指今浙江大部，以及江苏的苏、锡、常地区。和关中、山东、岭南等概念对应，到唐代衍化成"江南"；二是民族概念，泛指于越族；三是国名，唐末五代时，钱镠保护江南有功，被封为吴越王（图 3-3）。

吴越是中原的近邻，两地有长江之隔又有大运河相连。中国古代长期的发展过程中，中原文化和吴越文化唇齿相依，相辅相成。宋代史学家郑樵曾经说过："大河自天地之西而极天地之东，大江自中国之西而极中国之东。天地所以设险之大者，莫如大河；其次，莫如大江。故中原依大河以为固，吴越依大江以为固。"（宋，郑樵，《通志二十略》，卷四，《都邑》）。这段话的意思是，黄河是中原汉民族和北方草原游牧部落的屏障，长江是江南的天然屏障，当中原汉民族面临北方强力侵扰岌岌可危之时，江南是中华文明广阔的退身之地。我国历史的发展印证了郑樵的这个观点，中国最早的经济文化中心在中原，宋以后转移到了江南。发生这种变化、转移的原因很多，其中人口和大家族的移动是重要原因之一。阅读华夏移民史、姓氏寻根墙可知，百家姓中几乎所有姓氏、原籍都出自中原一带（图 3-4）。

3. 万民归宗，于越族和华夏族的同化融合

（1）华夏族早期向浙江的迁徙活动

浙江这样优越的环境和位置，自然成为华夏族最早关注的对象、中原大家族南下的首选地。史称"古有三圣，越占其二"，三圣是指尧、舜、禹，其中的舜和禹都来过浙江，他们都有后裔在浙江定居。舜姓姚，号有虞氏，禹姓姒，夏后氏，今浙江上虞、余姚、虞山、大舜江、小舜江，以及大禹陵、禹祠、禹航（余杭）等地名、地物，皆是实证，可见浙人早已把舜、禹作为一个文化符号镶嵌在浙江历史长河的源头。商末和周朝早中期，山

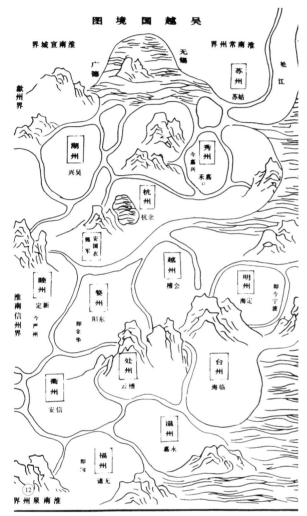

图 3-3 吴越国境图
唐末，钱镠保护江南有功，史称"吴越国"，疆域跨浙江、江苏南部及福建北部。

郡名统县	本地	侨地	备　考
汝南郡·上蔡、平舆、北新息、真阳、安城、南新息、临汝、阳安、西平、瞿阳、安阳	河南	淮江间	
陈郡·项、西华、阳夏、苌平、父阳	河南	淮江间	
南顿郡·南顿、和城 汝阳郡·汝阳、武津	河南	淮江间	
西汝阴郡·安城	河南	淮江间	
豫州	河南	寿	豫州郡县在淮西，而寄治于此
蒙、魏（属谯郡）	河南	蒙城（今属安徽）	
安城（属汝阴郡）	河南	阜阳（今属安徽）	
陈留郡·小黄、浚仪、白马、雍丘	河南	亳（今安徽亳州）	宋初又领酸枣（河南）
南新蔡郡·苞信	河南	黄梅（今属湖北）	东晋曾一度侨立豫州于黄冈
汝南（属江夏郡）	河南	武昌	
弘农郡·卢氏、圉	河南	襄阳（今属湖北）、南阳一带	
南义阳郡·平民	河南	安乡（今湖南安乡县西南）	
北阴平郡·南阳、顺阳	河南	梓潼（今属四川）	
曲阳（属颍川郡）	江苏	郾城（今属河南）	此为由江苏迁河南的移民
池阳（属新野郡）	陕西	新野（今属河南）	此为由陕西迁新野者
槐里郑（属顺阳郡） 清水（属顺阳郡）	陕西 甘肃	淅川（今属河南）	此为由陕西、甘肃迁淅川者
广平郡·广平	河北	邓（今河南邓州）	
魏郡·安阳	河南	历城（今属山东）	
高阳郡·郇	河南	临淄（今属山东）	

图 3-4 据谭其骧《晋永嘉丧乱后之民族迁徙》所列部分河南人迁徙情况表
从华夏移民史和华夏寻根墙中可知，浙江百家姓中几乎所有姓氏，原籍都来自中原。

东泗水一带的姑蔑国和徐国，先后举国南下，在龙游一带建立了姑蔑国，浙江大地亦遍播徐偃王的足迹及其后裔。春秋战国时，于越族和华夏族的交流已经很频繁，以致宁波的慈城、上虞曹娥，秦汉时就成为慈孝之地，说明华夏文明中家族文化的"孝道"，早在秦汉时就在浙江生根发芽了。

　　秦始皇于会稽建郡的第二年，就把部分六国的军政遗员、世家大族，迁到今浙江的上虞、余姚、句章、鄞、山阴六县（《越绝书》卷八），并在会稽刻石立碑，颁布法律，鼓励越汉通婚，实行嫡长子继承制。

　　汉武帝时期中原人口南迁越地，有贫民安置开发和离散强宗大族两种类型。《汉书·武帝纪》载："元狩四年（公元前119年），关东贫民徙陇西，……会稽凡七十二万五千口。"后代有人估计，会稽生齿日繁，当始于此，约增十四万五千口也（清，王鸣盛，《二十七史商榷》）。具体位置大概是今常州以东的苏南和从绍兴到衢州、温州一带，按唐宋以后的州府单位计，每地迁入人口约万人左右。

汉代对移民采取赐宅制度，先在安置地通田、置道、正阡陌、立城营邑、筑室、赐田宅、什器，假于犁、牛、种食。朝廷给外迁家庭的住宅首推"一堂二内"之制。《汉书·晁错传》记载："古之徙远方，以实广虚也，……先为筑室。家有一堂、二内、门户之闭。置器物焉，民至有所居，作有所用，此民所以轻去故乡而劝之新'邑'也。"汉代贫民户口构成大概每户不足5人，以此计算，汉武帝时迁到会稽郡（约比今浙江省稍大一点）十四万五千人，约2万多户。这些人不可能太分散，也不可能太集中，应该基本上是以一个个小村庄的规模安置的。汉代，浙江的人口构成有三个系统：一是居住在坞堡或大宅第中的世家大族及其依附人口；二是编户齐民人口（即入国家户口册人口）；三是深居蛮荒未入国家名册人口。先秦之浙江，除了少数本土大户外，基本上都是无名无姓的户口。汉承秦制，"胙之土而命之氏"，这些南来的十几万贫民，给了他们土地、住宅的同时，也赏赐了他们姓名。而对于那些下山的、服从国家管理同意编户齐民的山越人，同样赏赐他们姓名，允许他们认祖归宗。近代南方出土的汉简，戍卒名籍皆有姓和名，佐证了这个史实。据此，可以认为，汉代浙江开始有了一定规模的姓氏村，也就是说，以血缘为基础的社会结构，浙江是从汉代开始的。瓯江下游流域的开发，较钱塘江、环太湖流域滞后数百年，据地下考古和郑缉之的《永嘉郡记》，瓯江口古渡清水埠上游不远处，东汉时出现了"青田村"等村。这基本上符合上面关于浙江村落生成的推断。古籍中描写的北方农舍和村邑布局、面貌，如孟子憧憬的农舍"五亩之宅，百亩之田，树之以桑"，《淮南子·天女训》描述的七舍——室、堂、庭、门、巷、术、野，"穿井"，即农村打水井，汉代都在于越核心地绍兴推广开了。当时的绍兴人王充在《论衡·超奇》中说："庐宅始成，桑麻才有，居之历岁，子孙相属，桃、李、梅、杏掩丘蔽野。"《结术》中又说："民间之宅，与乡、亭比屋相属，接界相连……八市门曲折，亦有巷街。"王充所描写的，就是上虞一带汉代村邑的面貌和民俗风情。

（2）汉末、唐中后期、南宋，三次民族大迁徙

中国历史上，人口迁徙不断，其中发生过三次大规模的北方汉族人南迁大潮，即"永嘉南渡"、"唐中后期南渡"和"靖康南渡"。历史上的所谓"南渡"，均指以帝王家族及首都为核心的封建政权整体性的向南迁徙。还有一个特征是以世家大族为单位，一个家

族、一个家族的向南迁徙，由政府指定或自己选择地点，建立新家庭、村邑。这些世家大族的佃户，或者居住在他们庄园附近的平民小族也都跟着他们迁徙，择地建立新邑。

① 永嘉南渡

永嘉（公元307-313年），是晋怀帝司马炽的年号。晋朝重门第（皇帝的兄弟、伯叔和大臣），导致门第权力过大，皇帝难以掌控，于是重封皇帝子女以改变局面。岂知子女间矛盾更大，十余年间引发了骨肉相残的"八王之乱"，加之空前惨烈的自然灾害，北方边疆少数民族南下入主中原，史称"永嘉丧乱"。中原人于永嘉年间开始南迁，司马氏子弟和显宦世族慌不择路地加入南迁人流，从而引发了长时间、大规模的逃徙浪潮。

永嘉南渡迁徙路线，根据史籍记载，大致有东中西三条路线，其中，最为重要的是"东线"，即今山东、苏北的部分移民从东部沿邗沟（即今大运河中段连长江与淮河）一线，来到苏南和浙江。南迁的特点之一是世家大族举族迁徙，到了新地方又聚族而居，且把北方大家族一种叫"庄园"或叫"坞壁"（又称坞堡）的住宅形制和家族、郡望观念带来，成为后来同居共财合食大屋、义庄、山寨、围屋、土楼的渊源。当然大部分平民小族移民，或独立，或客土一起，是以一村一姓或一村几姓的方式定居下来的。特点之二是播迁形态，通常都是按籍贯若干家行动，途中互相照应，节节迁移，一批人在一个地方稍作停留，选择落脚地，后来的或没选定地址的再往前进，形成一个又一个移民群，像播种一样向纵深推移。有些南下的官僚士族，沿途又收集流散、壮大或组成新的族群、村邑。特点之三是政府采取"设郡置侨"的安置方式，即北方某州、某郡、某县陷没，在南方虚设同名州、郡、县，安置相应的南下侨民。设置的数量，据洪亮吉《东晋疆域志序》记，其中东晋境内"侨州至十数，侨郡至百数"，这样大面积的地名移植，既保持了北方的家族文化，又使土著迅速同化、融合、汉化，还有重返旧土、天下一统之预设和号召力。正是这种家、国观念的支配，中国方能一次次从分裂状态重回合一。

永嘉南渡的结果是，在江南建立了东晋和宋、齐、梁、陈五个朝代（加三国时的东吴，合称"六朝"）。浙江的主体基本上实现汉化，主要的州、县、村落面貌初具雏形。对浙江的称呼"吴越"、"越人"几乎不用了，"山越"的称呼很少用了，"越"不再是种族概念而是地域概念了。隋朝窦威等人《丹阳郡风俗》中称吴人为"东夷"，遭隋炀帝斥责，说明吴越和华夏已融为一体了。

② 唐中后期南渡

中国历史上第二次汉民族大南渡，时间跨度300来年，有三波高潮。第一波发生在唐中叶，由"安史之乱"引起，其中到吴越之地的移民最多，唐朝诗人顾况描述："天宝末，安禄山反，天子去蜀，多士南奔，吴为人海。"《全唐文》记载："天下衣冠士庶，

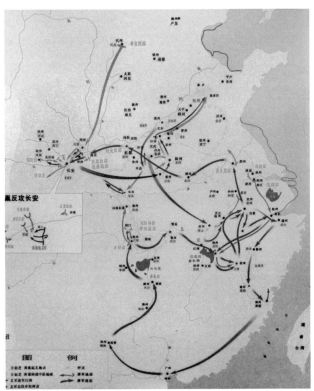

黄巢起义线路图

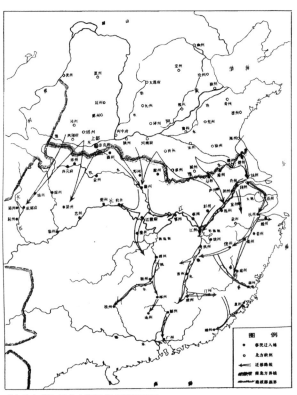

"安史之乱"后北方汉民族南迁示意图

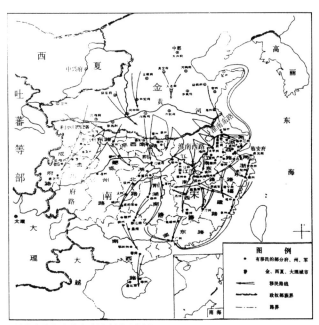

"靖康南渡"中北方人民南迁示意图

图 3-5　古代人口迁移路线图

汉末、唐末、南宋，中原人口三次大南迁，中原文化和家族制度在江南落地生根，浙江原先的于越、瓯越族群
完全汉化。

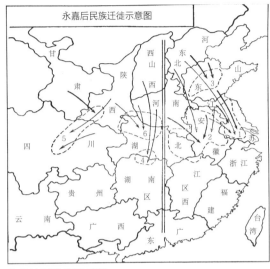

永嘉南渡迁移路线示意图

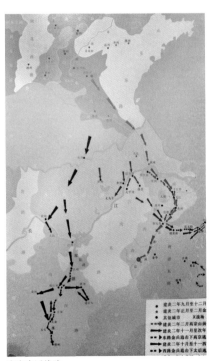

宋室南迁线路

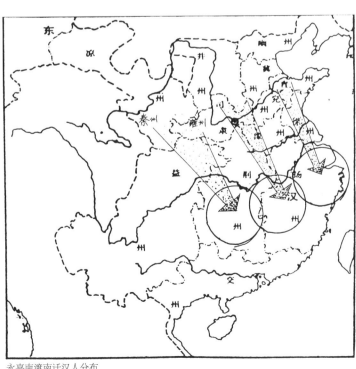

永嘉南渡南迁汉人分布

避地东吴，永嘉南迁未盛于此。"移民主要集中在太湖流域及长江沿线的苏州、润州、常州、杭州、越州、金陵及宣州、歙州、池州等地。其中苏州府治吴县"衣冠南避，寓于兹土，三编户之一"（《全唐文》卷五一九，《吴县令厅壁记》）。天宝年间苏州有人口 63 万余，据此推算，移民有 20 余万。

第二波发生在唐中叶藩镇叛乱时，迁徙到吴越的主要分布在润州、苏州、杭州、越州等地。

第三波发生在晚唐、五代，由黄巢农民起义引起，北方迁徙人口主要去了福建。浙江境内的移民主要有二种性质，一是几十万起义军过浙西入闽，第二年又掉头过浙北上，穿衢州、睦州、杭州等地时，"其部多有降唐而官于浙者"（徐映璞，《黄巢入浙考》）。二是当时浙南温、处、台三州，由于括苍山脉、洞宫山脉的阻碍，没有被黄巢起义军扰掠，招徕了越州、杭州、歙州、信州，尤其是福建长溪一带的大量移民，这些移民的性质，多属中原南下汉族大户的后代。

唐中后期汉民族大迁徙的结果，使浙江全境人口完成了向汉人的转化，最为显著的是于越时期的"海涯鄙地"宁波三江口，经公元七至九世纪 200 余年以移民为主调的开发，成为浙江新的地域中心；而温州也已从瓯越、于越基本汉化，一百多家族有宗谱可查的中原汉族后裔主要从福建移来，奠定了温州现代居民的基础和村落分布格局。

有首唐诗写道："好向吴朝看，衣冠尽汉唐。"说明唐时的吴越之地，移民家族文化已占据了主导地位，"吴越"两个字，被"江南"二字替代，江南这一人文地理和文化范畴赫然跃起并有超过中州、秦川之势。

③宋室南渡

中国历史上的第三次大移民发生在北宋靖康之难至蒙古人入主中原之际，其中最重要的是靖康元年（公元 1126 年）至绍兴十二年（公元 1142 年）间。

这次南渡连续时间近百年，大规模的有五次，累计有七、八百万北方人移到江南，甚至于有大臣建议将中原人尽徙江南，其中宁镇、苏绍宁一带接纳移民最多，尤其是杭州。复旦大学吴松弟教授研究认为，杭州有三分之二是移民。这是皇室、国都、士卿及文化整体南移，史学家称之为"衣冠南渡"，结果是使中原文化的千年精华荟萃于杭州及京畿之地，甚至于连中原的生活方式都搬了过来。如，今天还能看到的或历史上曾有过的杭州岁时、习俗、饮食、节日、说唱艺术、伎乐、影戏、瓦舍、熟食店、酒肆、服饰、菜谱、划龙舟，甚至叫卖声调都是汴京带来的，连杭州话也让位于汴京话，而它的四周仍被纯粹的吴语包围。

宋人韩淲有诗曰："太湖渺渺浸苏台，云白天青万里开。莫道吴中非乐土，南人多是北人来。"作者在考察徽州民居时，发现当地有"纯族"一词，意思是中原南下的世族，仍保持着原有的宗族体系，"聚族而居，一姓相传，历数百载，衍千万丁，祠宇、坟茔守世勿替。"（江登云，《橙阳散志》）现代基因学检测表明，南北汉族在Y染色体差异很小，有90%的相似性，也就是南北方汉族父系都是同源的。经过三次中原汉人大规模南下，炎黄子孙已成为浙江人口的主体，中原儒家文化和家族制度已在浙江落地生根，原先的山越、瓯越族群已和汉族完全融合、不复存在了。另有一说（以傅衣凌为代表）今天的畲族是瓯越的后裔，主要分布在广东、福建和浙江与福建交界处（图3-5）。

综上，"江南"，一而再、再而三地吸收、发扬光大了中原的家族制度，终于在宋室南渡后实现了对中原文化的超越，使产生河姆渡、良渚文化的吴越之地薪火相传，孕育出崇功利、扶商贾、面向海洋、走向世界的新吴越文化，并成为中国的文化中心之一。

三、浙江古村落历史发展概况

1. 浙江史前生活遗址

我国聚落走过了从"聚落"到"邑"，到"乡、里"的历程，而今天所谓村落，是具有行政性质、国家实行编户齐民后的概念。

地下考古发掘考证，北至杭嘉湖平原，南至温瑞平原，西到浙西山区，东到舟山群岛，在今嘉兴的马家浜、吴兴区的钱山漾、余杭区的良渚、杭州市老和山等地，陆续发现了二百多处氏族公社中晚期（距今5000多年）人类生活的遗址、遗物，充分证明了三皇五帝时代浙江已遍布数百个母系氏族中后期、父权家长制时的聚落。

2. 浙江建县时序

谭其骧先生指出，县是历代行政区划的基本单位，界线比较稳定，一个地方创建了县治，大致表示该地开发已臻成熟，因此可从一个地方设治的时间来研究其开发的历史和移民的先后与过程。

公元前223年，秦灭楚，次年于原越地置会稽郡，郡治设在吴县。当时会稽郡兼郯郡、闽中郡之地，置15个县，其中在杭嘉湖平原上有钱唐、余杭、由拳（今嘉兴）、海盐、乌程（今湖州）5县，在宁绍平原上有山阴、上虞、余姚、句章（今慈溪）、鄞（奉化）、鄞（宁波）6县，加上鄣吴县（今安吉）、诸暨、乌伤（今义乌）、太末（今龙游），共15县。15个县名中，山阴、海盐二县是以中原语言习惯命名的（水南山北为阴，是中原人命地名的原则，越语称"盐"、"海"分别读为"余"、"夷"，则是受了中原文化影响）。其余13个县名皆为越语地名，是越文化的标志。

西汉增余暨（今萧山）、剡（今嵊州市）、富春（今富阳桐庐）、回浦（今临海）、于潜（今临安）5县。

西汉末年，绿林、赤眉农民起义，许多北方士人、平民南徙。

东汉，以钱塘江为界，会稽郡分为吴郡与会稽郡。从此，浙江地属吴、会稽、丹阳3郡，计23个县。

三国东吴时，浙江北部增设了新都、吴兴郡，中部设了东阳郡（金华地区），东南部设了临海郡。其时浙江有吴兴、会稽、东阳、新安、临海等六郡44个县。

南朝时又置永嘉郡，唐代置缙云郡（处州），唐肃宗（公元758年）分江南东道为浙江东、西两道。浙江东道领越、睦、衢、婺、台、明、处、温八州，治越州（今绍兴）；浙江西道领昇、润、宣、歙、饶、江、苏、常、杭、湖十州，初治昇江（今南京市），后治苏州，唐末移杭州。

北宋置两浙路，于是有"两浙"之称。南宋分为浙东路、浙西路，浙东、浙西名称始著。

元至元二十一年（公元1284年），置江浙等处中书省，简称江浙行省，辖今江苏、安徽南部、江西东北部、浙江、福建共30路，属现浙江省地界有11路。

明朝，设浙江行省，浙江作为省名始此。领11府，1州，75县。

综上可见，浙江移民的分布，是从西北向东南推进的，秦汉时期主要在浙北，三国孙吴时期，太湖流域、宁绍平原的浙北区域已基本汉化。

3. 宽乡、逐熟、就谷

政府给贫民耕地的办法之一，是迁民于宽闲之地，后人称之为"宽乡"。人口从瘠地流向肥地、从耕地少流向耕地资源多的地方叫作"逐熟、就谷"。历史上中原贫民和士人、世家大族三次向浙江大迁徙，原因众多，但目的都可以归到土地上，而且主要是农耕地，也就是本节标题所讲的"逐熟、就谷"，其过程和状态我们无法清晰描述出来，但是可以从农田水利发展历史得到一个轮廓。

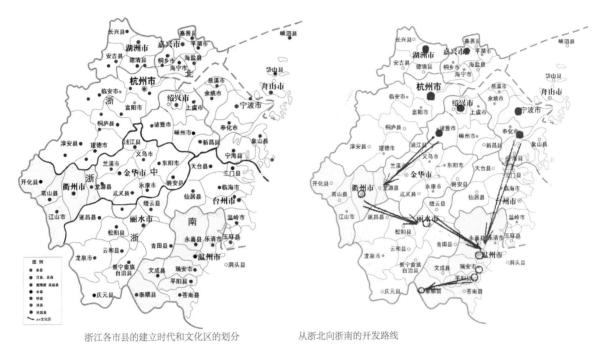

浙江各市县的建立时代和文化区的划分　　　　从浙北向浙南的开发路线

图 3-6　浙江人口移动路线、建县时序示意图
中原大族向浙江移动，是从西北向东南推进的，呈从平原河谷向深山老林发展势态，宋代奠
定了村落分布格局，明中叶基本面貌形成。

4. 围田、迁田、梯田、围海夺田

浙江的耕地、水利开发，总体上讲走过了"水中夺田（围田、迁田），化谷为垅亩的道路。"秦汉时期主要在浙北，三国东吴时，太湖流域的浙江水系、宁绍平原的浙北区基本完成（潘承玉，《中华文化格局中的越文化》）、（佘德余，《浙江文化简史》）。东晋南朝向浙南推进，到宋朝，平原、谷口、溪涧、山坞的耕地开发大体完成。山地的开发，虽说唐朝就开始了，但那是一种初级的耕作方式，是刀耕火种，即放火烧山，草木成灰，播种于山，数年之后地力已尽，于是就转移。到宋代，出现能种植水稻的梯田，村落也跟着上山，宋代诗人范成大描写"岭阪山皆禾田，层层而上至顶，名梯田"，这是我国梯田名字的首次出现。

浙江的土地开发，明代继续向山要田，并在山腰上筑水塘，完成梯田系统。清代只能围海夺田了。梁方仲在《中国历代户口、田赋统计》中指出，浙江自明洪武二十六年（公元1393年）至清光绪十三年（公元1887年）近500年间，田地总数在51705151~46778169亩之间徘徊，表明我们今天看到的田地、村落分布格局和面貌，宋代已奠定了基础，明代已基本形成（图3-6）。

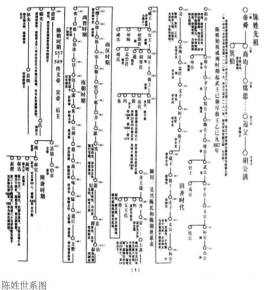

陈姓世系图

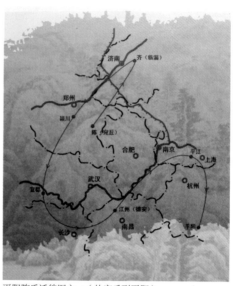

平阳陈氏迁徙图之一（从宛丘到平阳）

图 3-7　平阳顺溪陈氏世系、迁徙图

浙江的众多姓氏、家族，历经几代、几十代后人裂地迁徙，形成了今天的分布格局。

5. 人口迁徙机制

就一个姓氏或家族，其迁徙定居活动不是一蹴而就，而是筚路蓝缕、不断完成的。而迁徙的目的，开始是避乱逃难或因风水占籍定居，之后多是寻找耕地、逐熟就谷。如我们在调查缙云县河阳村时发现，始迁祖朱清源，本是河洛人，五代时南下杭州，在吴越国朝廷当官，是响应吴越国国王钱镠开发山区的号召，到浙中山地落户的，经宋、明、清三代，营建出著名的河阳古村。平阳陈氏的迁徙，则多半是脱贫趋利原因驱使，整个家族由北向南、由西向东，几十代人经过几个交错轮回的迁徙，形成了家族今日的分布格局（图3-7）。

四、世家大族是播迁浙江古村落的主力军

浙江古村落的播迁，主要是通过人口的迁徙完成的。可以从人口、户口的数量、质量、迁移的组织、安置策略形式、效果以及具体的案例来认识这个问题。

历史上向浙江迁徙人口规模较大的有六次：秦、汉初，晋室南渡，唐中后期，宋室南渡，还有一次是福建人口向浙南的回流。事实上，浙江人口的迁移连续不断，是贯穿于历史进程全过程的，上面几次只是有史籍记载、规模比较大的而已。今天没办法统计迁徙的人口、户口总数，但可以肯定凡以"家"为单位的避乱、避难移居多数是一些经济能力强、有文化的家庭。再说，唐末以前的南迁还有一个"家奴"和"荫户"问题。至于那些因人口繁殖土地紧缺分房支"裂地"迁移，也多发生在大家庭、好家庭中。还有因风水择地、官员（或富商）占籍等种种迁徙，归根结底，都可以推源到世家大族上。我们在调查村落的始迁祖、某姓氏探源及文化世家、历史名人时也发现了这个问题。

前面我们已经谈过于越族和华夏族通过人口迁徙实现同化、融合问题，下面，让我们来看看几次大规模迁徙中的世家大族问题。

1. 秦汉二次政治性迁移中的世家大族问题

秦朝朝廷组织的迁到于越中心地的多是六国的军政遗员、世家大族；汉初中原人口南迁越地，有平民安置和离散强宗大族两种类型，这些被迁居的对象都是六国皇族、臣卿、地方强豪和开国功臣。

2. 永嘉南渡中的世家大族问题

（1）这是因永嘉之乱，北方世家大族以整个家族为单位，纷纷带领自己的宗族、宾客、部曲逃难。所以世家大族式家族组织的形态和结构的特点之一，还往往是迁徙流亡的家族共同体，时人颜之推曾说跟随晋王室到扬州一带的最显赫的士族就有"百家"（《北齐书》卷四五《颜之推传》）。

（2）是搬家式的逃亡，世家大族把丰厚的财富、先进的文化和生产技术带到浙江。

（3）逃亡前，族长对迁徙要做出周密的计划，动员族众进行必要的准备。还要推举指挥家族迁徙的"行主"。行主大约都是原来的坞主、族长。

（4）一般来说，他们到达新的定居地后，并未打乱原来的家族组织，仍然聚族而居。地点的分配、新聚落的规划等问题，都是族主协商、主持的。

（5）永嘉南渡采取了"设郡置侨"的方式，即北方某州、郡、县陷没，在南地虚设同名的州、郡、县，安置相应南下的移民。设郡的数量，据《晋书·地理志》载，可参者郡81、县326。这样大面积的人和地名的移植，好比整个国家或中原的某些地区都搬到南方来了。为了不引起客、土矛盾，南来的北方士族是不与土著争土地的，他们主要的生存方式是到荒山野岭，沿水而上，寻找新的耕地资源，占山封水。东晋之所以能立国，可以说全靠门第，为此，国家付出了相当的代价，如：开发山林的士族不编户籍，跟随他们而来的部曲宗党，依附他们，逃避课役。甚至流民，逋逃人犯，亦多寄居大姓为客，他们不纳赋税，不服徭役，只需随意捐纳。

经东晋南朝二百多年的发展，整个于越族已和汉族完全融合，从此，"越"不再是族群概念，而是地域要领了。浙江大地的村落景观得到大大改观，浙北、浙东平原地区人口和村镇迅速增多。当时文化名人沈约描写会稽"土带海傍湖，良畴亦数十万顷，膏腴上地，亩值一金。""丝绵布帛之饶，覆衣天下。"晋元帝也曾慨叹"今之会稽，昔之关中"。

3. 唐朝和五代中原移民中的世家大族

这次移民，主要去了福建。安史之乱时，陈政、陈元光父子入漳闽，带去 2 万余人、90 个姓氏。黄巢起义引起的自发流亡，也大多去了今日的福建。五代时期的王潮、王审知入闽，带去 1 万多人、50 姓氏。二陈和二王，都是当时的将领、世家大族；都是光州始固人，称"始固移民"。这些入闽的中原大族高素质的后裔，到五代末、宋初乃至明清时大量北迁温州、丽水等地。温州籍学者周瑞光先生研究认为，唐末五代 100 多年从福建迁到温州的有一百多族，几乎奠定了温州现代居民的基础和村落分布的格局。

唐代由北方直接向浙江移民的主要地区是宁波，如 738 年，政府将润州（今江苏镇江）2 万农民安置到鄞县。这次移民的领导组织者虽不是世家大族，但是家族的力量待古而知，时隔 80 年后，到 821 年，宁波成为浙东北新的地域中心，显出现了一批文化家族，如虞氏、贺氏、王氏、谢氏等。又如，五代时河南光州始固望族任姓，迁到台州黄岩璜山，如今已成为具有 2 万人口的名门望族。

4. 宋室南渡中的宗室、官吏和世家大族

宋室南渡是国都南迁，宗室、宰执、侍从、三司、百卫、禁旅、御营、使司、五军将佐，悉数惊慌失措护驾下江南，凡世家之官于朝者多从行，地方官吏弃城，臣室世家弃邑逃窜，民众老幼扶携纷纷南奔，从南阳到商丘诸州县井邑皆空。世室、权臣，各地优秀之人，皆居江淮以南，尤其是吴会、金华、宁波一线。如：韩肖胄、侂胄，皆琦之曾孙；王伦，旦之裔孙也；吕本中、吕祖俭、吕祖泰、吕祖谦，皆公著后也；孔子的后代，迁到第二圣地衢州、第三圣地磐安榉溪；北宋理学家后裔韩秘笈等也都来到浙江；连偏远的温州，

也有宋朝宗室的三个支派——太祖（赵匡胤）支派、太宗（赵匡义）支派、魏王（赵廷美）支派二十八个家族落籍。

5. 明清时期浙江的人口迁徙

南宋之后，浙江大地的人口迁徙也没有停止过，主要是自然灾害，以及清初的三藩之乱，流进了不少福建、安徽、江西、湖北人口。再就是当官落籍、政治避难，或经商者发现羡慕某地风水而占卜移居的，当然，家族人口发展裂地而居的也不在少数。这些高素质的人，多出自望族、大家庭，他们流动的目的地，多是僻远的山区、水系的源头、县乡交界的深山峡谷里。查阅一些县乡的地名志，可以发现这类移民村的命名有个特点——多数不以姓命名，如龙游南部山区，特别是和丽水遂昌县、金华婺城区、衢州衢江区交界的深山峡谷里，多以地形地貌或古代的政区、驿站铺等命名，如县界、北界、山坑、石岗、源头、路头、大连、小连、浙源里、湖里等等。这些隐藏在群山缝隙秘密阳光里的小村、孤村，诚如：唐诗"野桂香满溪，石莎寒覆水。爱此南涧头，终日潺湲里。"（《王建·南涧》）里描绘的石莎，生命力特强。中国古代的大家族后裔，或名人的后裔，多向国土资源尚未开发的穷乡僻壤迁徙，把巴掌大的地都建设成温馨的家园，并能绵延数百年而不散，除土地制度、耕地资源、经济、地理和历史的客观原因外，深厚的文化渊源、强大的宗族制度也是其重要原因。

6. 世家大族是播迁浙江古村落的主力军

综上，经过 2000 多年生长、积累起来的中国华夏世家大族，多于三次大南渡中迁徙到江南；明清之际，南下福建的北方大户后裔又发生几次回流北上浙江，皆以血缘族居的方式播迁到了江南农村，并于明代中叶形成了基本格局。关于此，清人赵翼就作过相关论述："宋室南渡，不惟文人学者从之而南，即将帅武人之生长西北者，亦多居于南方。举各地优秀之人，皆居江、淮以南，宜江淮以北之民族，逐渐退化也。"（清，赵翼《陔余丛考》）

7. 实例

现以景宁小佐村为例，看看一个耕作条件极为艰苦的村落成长过程中，宗族文化、世家大族是如何起作用的。

丽水市景宁大漈乡小佐村

严姓在浙江的分布图

● 常居严姓人

严姓的分布与郡望

丽水市景宁大漈乡小佐村严氏宗祠

景宁小佐贞节牌坊

图 3-8　景宁小佐村的开封、建设历程

世家大族是播迁宗族文化和浙江古村落的主力军，宗族、郡望、姓氏、族中英雄人物、先贤、忠义、慈、孝人物、睦族宗亲活动等都是族人开村、立业的精神支柱和动力，宗族文化还起宅随人移、第其房望的作用。

小佐村位于景宁县大漈乡西南六公里处一个峰峦重叠、坡度陡峭的山腰上，这是浙南地区海拔最高的山地（1689.1米），长年云雾缭绕。始迁祖千七公于宋初从严州几经周转，迁徙于此，在白云深锁的山腰上开出层层梯田，建成村落。他们自信是黄帝的后人、东汉皇帝刘秀的同窗好友严子陵的一支后脉。他们把自己的小村落自始至终和严姓的三大郡望天水郡、冯翊郡、华阳郡挂起钩来，把一些严姓历史人物如严助、严缓、严羽、严嵩、严复、严济慈、严家淦等视为小佐先贤。在建村过程中，选择了各地严姓常用的堂号，如富春堂、调山堂、宜雅堂、海云堂等，以及建造品位很高的宗祠和灵严宫。每年都进行祭祖，长期举行寻根联族活动和庙会，为他地族人来往方便建造同善桥，为孝妇梅氏建造了极为精致的节孝木牌坊，受到朝廷颁旨旌表，历史上出过一门五贡生，出过不少人才。小佐的民居建筑也非常精美，一些较大民居风格和严州、桐庐山区建筑风格接近，可以看作是宅随人移、第其房望、宗族文化作用的结果（图3-8）。

五、浙江宗族村落的类型

关于传统村落的分类，不同的角度有不同的分法，如从性质分有原始定居型村落、迁徙防御型村落、避世田园型村落、资源开发型村落等。从宗族文化角度分，浙江古村较普遍的亲族集聚大致有下列五种类型：

1. 单姓村

由单姓父系亲属聚居而成，形成的原因不外乎：

（1）世家大户南下避乱或政治避难（或权贵政要政治避难），在某地定居。实例如：金华磐安县榉溪，始迁祖宋代孔端躬，系孔子四十八代裔孙，原籍山东曲阜，明经进士第，北宋宣和三年（公元1121年）授承事郎，大理寺评事。靖康之难，宋室南渡，建炎四年（公元1130年），端躬与父、伯、兄等护（扈）驾南渡至浙。伯与兄寓居衢州，端躬与父随驾抵台州章安镇，辞驾欲赴衢州与伯、兄会合，途经榉川，不巧父病逝，遂辞官弃禄，葬父于川北钟山后坞，隐居榉川。（图3-9）发展至今，全村共有400余户，1500余人，孔姓占95%以上。

（2）因羡慕某地风水好在此卜居落籍。这类例子很多，如永康厚吴，始迁祖吴昭

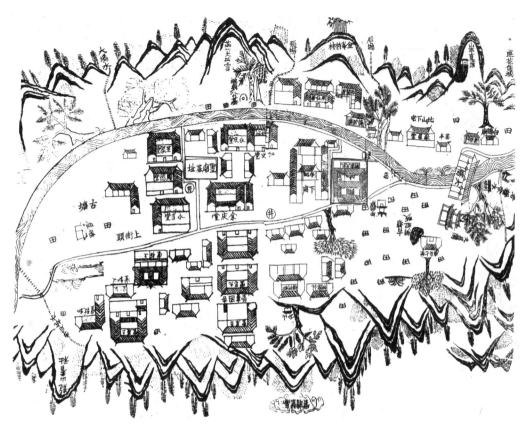

图 3-9　榉溪里宅图

卿（宋代人），原籍仙居三桥厚仁村，他跟伯父在永康任职，见永康南乡武平山明水秀，退休以后落籍于此，命名厚吴，世代以耕种为业，农闲时也做点小生意，至今逾 800 年，发展成 800 多户 3000 多人以吴姓为主的大村落。又如龙游县志棠乡杨家，始迁祖宗明，系汉杨震之裔孙，为宋睦州守，致仕居寿阳，爱林泉之胜而迁之。杨氏宗祠"关西世家"，建于明隆庆至万历年间，因杨震博学通经，时称"关西夫子"，故名。杨氏宗祠中今存銮驾一副。

（3）受耕地的限制，分出支系到附近建立新家，繁衍成村。

（4）通谱、认族、拟制血缘的单姓亲亲族聚，产生单姓村。我们在调查过程中发现，在某些地区世代聚居的土著单姓村落中，由于历史上的种种原因，其中最主要的是南宋以来，中原的举族南迁和清初的海禁运动，在宗族意识的支配下，收纳了流民中的同姓居民，使一些互相间并无明确的血缘联系和共同世系的同姓人一起组成了一些单姓村落。这些同姓人们间的姓氏、血缘认同有通谱、认族、拟制成分。这种村落，在沿海地区传统村落中有相当普遍的存在。不过，随着历史的进程，这些同姓人们中间通过抱养和过继等方式，亦使得原先只是通谱、认族、拟制的血缘关系逐渐具有了真实的成分。

（5）世家大族或历史名人后裔的聚居地。由于家族文化的强大生命力，那些历次迁徙南下的中原家族，他们独自择地建村的自不必说，即使那些依附于土著的村落，最终多因强大的经济力和文化延展性，使该姓繁衍速度超过原土著姓氏，以至于反客为主，使原姓淹没在客姓中。这种村落的例子可以说举不胜举。如永嘉县屿北村，始建于唐代，徐姓，始祖徐雷、徐泽兄弟为福建长溪人，因避乱先迁居今金华之鸡笼山，于唐天福六年（公元941年）再迁屿北，开基立业，滋生繁衍成旺族。南宋绍兴进士、奉议大夫、江西玉山小叶村籍的汪应龙受秦桧排挤，弃官迁居屿北，第二年，其兄汪应辰（南宋状元、尚书），也隐居于此。该汪氏二兄弟皆为朝廷重臣，抗金名流，隐居此地以后耕以致富、读以荣生，出现父子两尚书、一门三进士，蔚成旺族，而原居民徐氏大部分迁了出去。至今，屿北村452户，90%以上为汪姓，徐氏等小姓逐渐淡出。

2. 双姓或多姓村

（1）由联姻关系产生的。这种村其前身往往也是单姓村，多是在联姻关系产生的基础上发展成两姓的亲族聚居村落，故也称姻亲型村落。有时也不排除若干异姓家族因为生存的需要，以联姻方式聚族而居，并最终形成以几个大姓为主的姻亲家族型村落。其亲族的范围显然扩大到包含了各姓的母方和女系亲属。这一类型的村落分布面广，几乎在各地都有典型实例。如诸暨斯宅村，原名上林宋家坞，传说公元884年，东阳梵德村的斯德遂游学到宋家坞，因口渴到宋家讨茶喝，宋家貌美女儿原是哑巴，见斯后突然开口，宋家以为大贵，遂招为女婿。斯德遂为东吴典狱长史伟的后裔。史伟犯罪伏法，临刑前二个儿子孝义救父感动了孙权，免于死刑并赐改斯姓，迁徙东阳。斯氏入赘宋家坞后耕读并举，并经商，遂成旺族。斯姓成了主姓，并且以姓名村，宋氏成了小姓，宋家坞村也被斯宅村取代。斯姓今发展至12000余人，斯宅保存有完整的清代古民居14幢，最大的一幢达12500平方米以上。

由联姻关系形成的双姓或多姓亲族聚居，同时存在由各姓分别形成的宗族，并且可能向村落外发展宗族联系，导致出现跨村落的宗族实体。这种类型的宗族及其群体，在浙南沿海地区，已形成了地方上的一大景观。

（2）由地缘关系形成的多姓村。并不是所有的双姓或多姓村都是由联姻关系产生的，也有因地缘关系形成双姓或多姓村的。形成这种村的因素多是土地资源、水利资源、风景资源等，因而这种村落往往分布在较大的山坞、河湖的两岸、溪涧谷口、驿道站、码头等处，还有一类是具有风水意义的山峰山峦下、"明堂"处。如龙游志棠乡天池村，为著名的王、杨、鲁、徐四姓聚居地，这四姓都为风水宝地天池山而来。天池山位于龙游县北，为龙游县最高山峰，与建德市航头镇、寿昌镇、大慈岩镇相邻，与全国著名风景区"江南悬空寺"大慈岩遥相对峙，山顶有一60多平方米的天然水池，终年不涸，水清如镜。传说每当月圆之夜，天上七仙女飘然而至，在池中沐浴，并带动了月仙嫦娥来此戏水沐浴。天上的一神犬偷了嫦娥的衣服，被嫦娥发觉后点犬为石，从此神犬仰着头每天望着可望而不可即的夜月。还有一个传说是山顶有一块十多亩的平地，据说唐末黄巢起义兵往返于此，在山顶练兵，黄巢兵败后，他的坐骑常日出腾空而去，月夜自天而降。天池四姓，杨姓羡此山清水秀，犹如世外桃源，于宋代从福建移居于此；太原王氏后裔元初自河北大名府迁居于此；鲁姓先祖近峰公因避乱，爱林泉胜景卜居于此；徐氏为徐偃王七十七世孙千三、千六公自沙溪遨游溪东，因见其地山明水秀、物阜民丰，遂居于此。该村四姓的宗祠均十分优秀，王姓的"三槐堂"、杨姓的"关西世家"为国保单位。

这类多姓村村内各亲族间也可能有婚姻关系，但总体上讲，构成村落的过程主要是通过宗族的自然成长和地缘混居而成。这类村落在一定条件下（如弱、贫、不育被招做上门女婿等）而再度迁徙，又或村落中各族因经济和社会地位的消长，导致多姓村演变为单姓村的。

3. 杂姓型村落

这类村落，是由众多原本没有亲缘关系的家庭所组成。历史上屯兵、屯田、古商业通道上的重要驿站等是造成杂姓型村落的一个主要原因。典型实例有：

（1）江山市廿八都

位于联系钱塘江流域和闽江流域的仙霞古道据中位置，系历史上二次重大军事行动所开村——汉武帝攻闽越，黄巢起义军来回浙江、福建"刊山七百里走建州"。仙霞古道也是明朝封海抗倭到清朝鸦片战争约 500 年间，从钱江过闽江出海，二江之间距离最短的陆上通道，又是福建和浙江丽水、金华等地物资交流的中转站。更重要的原因是，清初，先有南明武隆朝、后有耿精忠之乱，后来又有郑成功家族割据台湾，这儿陡然间成为军事要地，清政府在此驻兵 1000 余名，既屯兵又屯田，这些人全部落籍廿八都，商业流也骤然而来。至今，占地 30 公顷、3600 多人的廿八都，为杂姓村镇，共有 69 姓之多！

（2）瑞安韩田村

位于浙南海滨大罗山的南麓，温瑞塘河和韩田河相交处。明代抗倭年间，河南怀庆人、周武王小儿子的后裔韩琬（原姬姓，封于韩，得姓韩），为温州抗倭将领，屯兵又屯田于此，后卜居于此，因姓名村韩田。至今，全村 1135 户、4752 人，主姓韩、陈、曹，杂姓王、林、钱、赵、项、涂、金、宋等共 36 个姓氏。

4. 名门后裔村落群现象

我们在传统村落调查过程中发现，某些世家强宗后裔所在的村落，与居于他地他村的同姓村落，很多都是互相影响并有联系的。特别是那些土地资源丰富、生态环境容量大，但地理位置较封闭、对外交通不便的地方，往往会出现名门后裔、世家大族村落群现象。兹以永嘉鹤盛、蓬溪一带谢氏后裔村落群为例。

永嘉三面环山，一面开口临瓯江，构成一个袋状的特殊地理单元，大、小楠溪等水流呈叶脉状分布其间，一条条支流冲积出一个个独立的耕作盆地。气温适宜、日照时间长、雨水资源充盈的气候条件，封闭的地形，加上独特的雁荡地貌，是极为理想的耕读之地。从魏晋开始，不断有名门望族来此避居。中国山水诗鼻祖谢灵运，是东晋名相谢安的族人、东晋名将谢玄的孙子，他的母亲是王献之的甥女。谢灵运于公元 422 年出任永嘉太守，一年的太守生涯，他游遍了永嘉的山山水水。一年后，挂冠归隐家乡始宁（今上虞），而其次孙超祖侍候祖母太夫人留居永嘉城里。谢氏最早迁到楠溪江的是谢洗，于北宋太平兴国年间从永嘉郡城迁居鹤阳、塘下二村，此后，形成了以鹤阳为中心的谢灵运后裔第一分支的谢氏村落群。谢灵运的另一支后裔谢约，卜居台州风水宝地上蔡，后来出了谢良佐，成为北宋著名理学家。与游酢、杨时、吕大临同为"程门（程颢、程颐）四子"。到了南宋初年，谢氏台州宗第三十世孙谢复经举家迁往永嘉谢岙，形成了以蓬溪为中心的谢灵运后裔第二分支的谢氏村落群。谢复经起初的落脚点是蓬溪对面的一个小山岙，他入居后改称谢岙。越三世，庆八公迁渔湖，又越四世，人丁大盛，分成寅、丹、千、崇四个房派，170 多人。元成宗年间（公元 1295-1307 年），家族裂变，族人"各慕乐土而居之"，寅、丹、千三房迁到蓬川、上盛等地。其中，谢祺赘迁蓬溪，成为李氏的上门女婿，不久便发展出四房人丁，最小的儿子经商有方，购得了蓬溪村宋代状元李明靖故居。从此，子孙绵延，香火兴旺，蓬溪双姓村逐渐衍化为单姓村。后来，谢氏又分上湾、分上盛、分大功、分潘坑、分垟头、分温之上乡。谢氏世系，村落朗若日星昭穆，瓜瓞绵延，耸立在楠溪江东北支派平谷上。图 3-10 是永嘉主要姓氏 521 姓分布图。另外，我们看过民国时余绍宋撰的《龙游县志》，该县占地面积不大，但历史悠久，全县有 32 姓 290 族。上述二例，能把我们带入古代人口、频繁移动、姓氏村落交替错伏之境。

通过联姻和地缘关系产生双姓或多姓亲族聚居，是江南宗族形态的特色，这种形态的宗族组织或宗族联合体，基本上都形成于南迁过程或者清初迁海令的实施过程中。它们既不是南方宗族固有形态，也不是中原或北方宗族的简单重复，而是南北结合、互相调整、长期共存的结果。

据1990年7月第四次人口普查资料，全县共有521姓氏，其中单姓517，复姓4。人口1万以上姓氏有陈、李、潘、金、周、徐、胡、郑、叶、王、朱、吴、林、黄、张、谢、杨、刘、戴、邵、麻，共21姓，611919人，占普查登记人口和外出人口808066人75.73%；人口1000~9999人的姓氏有章、翁、谷、董、汪、夏、汤、孙、蒋、滕、吕、余、季、赵、卢、万、廖、柯、高、钱、尤、蔡、应、瞿、施、单、翁、戚、何、虞、唐、全、马、池、鲍、缪、盛、苏、葛、程、杜、魏、沙、萧、许、罗、曾、肖，共48姓，166913人，占普查登记人口和外出人口20.66%；人口100~999人的姓氏有包、郭、丁、詹、毛、方、傅、袁、洪、占、项、柳、范、范、倪、文、冯、祁、赖、姚、邱、阮、龚、梅、彭、南、卓、候、江、俞、任、曹、佘、巨、暨、管、沈、温、娄、史、姜、陆、康、韩、宁、侯、白、牟、支、宋、梁、焦、薛、付、焉、干、辛、贺，共57姓，26315人，占普查登记人口和外出人口3.26%；人口10~99人姓氏有敖、蹶、严等69姓，2195人，占普查登记人口和外出人口0.27%；人口2~9人姓氏有申、关、秀等161姓，560人，占普查登记人口和外出人口0.06%；人口只1人的有卜、刁、刀等164姓，164人，占总人口0.02%，这些孤单一人姓氏以婚嫁迁入者居多。

图 3-10　永嘉主要姓氏分布图

永嘉县 521 姓交替错伏分布，记印着古代人口发展、频繁移动信息。

5. 书画中的宋代浙江山乡村貌

　　王希孟的《千里江山图》，画的是北宋江南农村之景，从宗族文化角度看有下列四个特点：一、家庭是国家的基本生产单位和自给自足的消费单位。二、住宅的规模多为三开间加辅房，一层为主，多为核心家庭。三、农耕是基本生活方式，村屋的布局具有环农业、适形特征。四、村基本上是干栏式的，坡屋面，悬山顶，没有木格花窗和马头墙。南宋赵伯驹《江山秋色图》等，出现了隔扇、花窗，爬山廊屋以及寺观，说明为适应炎热的气候，建筑装修做出了变化，农村已向深山峡谷发展。至今，这样的村舍风貌，在丽水山乡中时常可见（图 3-11）。

南宋赵伯驹的《江山秋色图》，说明浙江的山村已向深山涧谷发展并适应地形气候出现了爬山廊屋和木格细窗。

宋儒诗意图

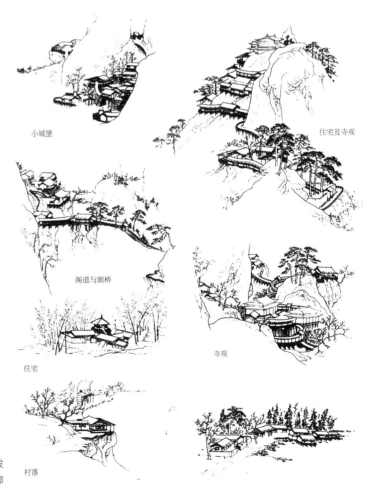

小城堡

住宅及寺观

阁道与廊桥

住宅

寺观

村落

图 3-11　宋画中的南宋村屋
南宋赵伯驹的《江山秋色图》，说明浙江的山村已向深山涧谷发展并适应地形气候出现了爬山廊屋和木格细窗。

（南宋）赵伯驹《江山秋色图》中之建筑

六、浙江古村落宗族意象的地区特色

经过广泛的农村调查,我们发现宗族文化对浙江各地传统村落的影响和结果是不同的,具有一定的地区差异。

1. 浙西:奉宗尊祖,祠堂敦古

浙西是姑蔑国的大本营,又是徐氏(徐偃王)文化的核心地,乡风村俗纯朴敦厚。祀天追宗祭祖之风长存,每年进行除夕和春冬两祭,以家族为单位进行,这是古代村落最重要的宗族文化活动。可能是这一带山多田少、土地比较贫瘠的缘故,这里大屋不多,但宗祠却比其他地区多且形制古,加上山区盛产木材的原因,宗祠的柱子特别粗硕,梁柱木雕特别古拙,宗祠门面和戏台多用五凤楼形式,被列入省级、国家级文保单位的数量众多,而且地域分布相对集中。如衢州、江山、常山三角地带,分布有江山大陈汪氏、张村黄氏、南坞周氏里外祠、衢江北二村兰氏宗祠、楼山后骏惠堂等气势恢宏的宗祠。又如开化县东北角,离漕运之道衢江最偏远,但保存完好的宗祠数量和集中程度令人惊讶,车行这片不算大的山限壤隔、民不染他俗的山水间,霞山汪氏宗祠、小溪边敦睦堂、大溪边爱日堂、大宗伯第、正大村永言堂、洪村孝思堂、高朱村致福堂、古竹村竹苞堂、晴村思本堂、公淤村丰氏宗祠、西庄启敬堂、石畈瑞三堂,连同近邻(淳安县)汾口汪家桥汪氏宗祠、赤川口余氏家祠等,这些粉墙黛黛、鸳瓦鳞鳞、五凤展翅、鸱吻耸拔的祠堂一个接一个扑面而来。上述宗祠中,很多为余氏宗祠,该族群发祥地在陕西凤翔、咸阳一带,汉代南下歙县,后裔陆续迁到开化县及附近,其中之"大宗伯第",规模特大,柱础特粗。"宗伯"为周代官名,为"礼官",掌管典礼、宗庙、音乐、占卜、服饰、宗教、史册等;其首官为"大宗伯"、次官为"小宗伯"。这么一支以礼仪为职业的家族,其后裔辗转来此落户,隆礼精神也就特别强。

以龙游为核心的姑蔑国,受殷商文化影响较深,龙(游)兰(溪)之交界地区,又是宋代婺派理学家活动频繁之地,也是朱元璋立国的后方基地,又是明代十大商帮之一龙游商帮活跃之地。这里分布着浙江最古老的宗祠(兰溪芝堰村孝思堂),全国规模最大的宗祠之一(兰溪西姜村姜氏宗祠),和形制古、等级高、较符合朱熹家礼之制的宗祠如龙游天池村三槐堂、杨家关西世家等(图3-12)。

龙游的宗祠基本特点是开间少(一般三间)、天井小,享堂升高,并且出现享堂开

开化大溪边大宗伯第中厅

龙游塔石某宅门补间栱

龙游儒大门三槐堂工字厅

图 3-12 浙西宗族意象特色

浙西奉宗尊祖风气浓，祠堂古朴敦厚，用料硕大，梁架多宋明遗构。

间扩大，平面呈"T"字形。而接近徽州的衢州、江山、常山、开化一带，宗祠则以牌坊式门楼为特色。

2. 浙南：存在较多山寨型村落、源头村、孤村

浙南古称瓯，历史上先越化再汉化。在移民史上，秦汉中央政府先把中原大族迁到吴越地，把吴越大族挤向瓯地，到东晋六朝时，北方大族才移步瓯地，加上这儿地形封闭，

村落宗族文化的主要表现形式为寨门寨墙。如今存比较著名的传统村落永嘉芙蓉、苍坡、廊下、凤凰寨等，村四周都有寨墙，墙外有水沟系统。屿北村还多了一层，寨墙外是护寨路，护寨路外是水渠和大面积湖面。至今，有些村落虽然寨墙拆掉了，但寨门依然存在，寨门文化古拙丰富，成为温州山地村落一大地域特色。永嘉等地还有很多单姓高山村、源头村，都是血缘、抱团家族文化的体现，有的名字就叫某某寨的，如暨家寨。由于受唐末福建二王（王审知、王潮）后代之乱，明朝倭患、清初三藩之乱的影响，在平阳、永嘉一些山高路险、谷深林密的村落，出于健身自卫的需要，习武成风，出现不少武术世家，甚至武状元之乡。这些村虽然不都是山寨型，但村村有拳坛。

丽水地区属中山地形地貌，孤村、源头村更多一些，如我们这次调查行走过的龙泉下樟、庐岙上田，庆元举水，景宁小佐，遂昌小岱、大柯、奕山，松阳周山头、黄岭根、黄上、小后畲、燕田等。丽水的宗祠风格接近浙西、浙中，而温州滨海地区的宗祠风格接近当地庭院式住宅，开间多，天井大，大多为二进，构造做法保留了较多早期的营造特点，侧脚、梭柱、偷心拱、昂、断阶造、乐台等宋式构件到处可见（图3-13）。

3. 浙中：大屋多，家庙多

浙中泛指今金华及周边地区，历史上是东晋六朝的三线、南宋的二线之地，朱明起兵时的"广积粮"战略后方和屯兵地，加上丘陵、盆地、低山地貌，有众多宜耕宜居宜隐的风水宝地，是北方士族南下的首选地之一。我们在调查时发现好几处周王姬姓后裔居住地，如，在东阳黄田畈村调查时，一个蒋姓中年人告诉我们，他们是周幽王第三个儿子的后裔，改姓蒋，几经迁徙到此。这带族居大户特多，形制尤古，如东阳黄田畈前台门、东阳紫薇山尚书第、六石镇后周肇庆堂、夏程里位育堂、缙云壶镇九进厅、松岩百廿间、桐庐新合乡引坑村钟氏大屋，特别是义乌雅端村容安堂，形制和中国第一四合院——陕西岐山县凤雏甲组建筑几乎一模一样。还有被民间称作"江南故宫"的东阳卢宅，浦江15代同堂、330多年同居共食的"江南第一家"（郑宅）等等。义乌的黄山八面厅、陶店村慎修堂、柳村本立堂等，多是同居共财的主干家庭，或者是包括祖、父、伯叔的共祖家庭，甚至是一个家族。据不完全统计，金华今存大宅第仅东阳有80多幢，义乌有30多幢，永康有30多幢，这些都是北方大家族南下播迁的产物。

金华地区村落形态、宗族意象的另一表象是早期中原士族徙居者多、家庙多、宗祠古。关于此，明洪武三十一年（公元1398年）翰林院侍讲、文渊阁大学士方孝孺在《吴氏宗谱序》中曰："宋之迁于江南，婺去国都为甚迩，其地宽衍饶沃，有中原之风，故士之自北至者，

景宁某孤村

龙泉下畲村（摄影：晨波）

缙云某村

遂昌独山村南寨门

永嘉芙蓉村西寨门

温州龙湾某村诸葛大宗祠

永嘉凤凰寨（寨墙寨门）

图 3-13　浙南宗族意象特色

浙南，存在较多山寨型村落、孤村、源头村。温州的宗祠风格接近当地庭院式住宅，开间多，天井大，大多为两进，构造做法保留了较多早期的营造特点。

《蒙川陈氏宗谱》中所绘塘湾村全景。按看古图，仍可与现今村中的规划布局相对照。

永嘉塘湾村里居图

兰溪水亭西姜村祠堂（姜维后裔）

兰溪水亭西姜祠堂（孝思堂）

兰溪水亭西姜祠堂（孝思堂）

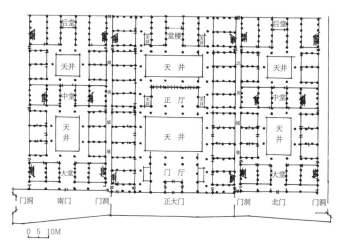

缙云壶镇九进十八厅

兰溪芝堰孝思堂

图 3-14　浙中宗族意象特色

金华地区有重要的经济战略地位和丘陵、盆地、低山地貌，有很多宜耕宜居宜隐的风水宝地，是北方士族南下的首先之地。大屋多、家庙多、宗祠古，多回字形、工字厅，宗族制度孕化出来的义庄、义仓等。

多于婺家焉。于时婺之俗比他郡为最美，为学者先道德而笃行谊，尚廉洁而崇气节，修谱牒而谨名分。"如永康芝英村，主姓应氏是周武王的一个儿子分封于应国，遂以应为姓。该应氏延续了三百年后被楚国所灭，有一支后裔漂泊至此。一个仅 2 平方公里的村子，历史上竟有祠堂 105 座，今存 76 座。我们调查中发现，这 76 座祠堂并不都是独立的，而多是家庙，这在江南农村也是个特例。古代国家规定：天子七庙、诸侯五庙、大夫三庙、士一庙、庶人祭于寝。到明初，庶人无庙的传统才被打破。芝英因为是周武王之后裔居住地，加上历史上士人多，故有家庙，也肯定有一些庶人违制建了家庙。芝英除了祠庙多以外，宗族中另一类建筑如义庄、义仓及田赡等，也不时可见（图 3-14）。

据金华职业技术学院邵建东教授调查统计，浙中地区历史上共有宗祠 1182 个，其中明以前 57 个，明 205 个，清 822 个，民国 98 个，现存 912 个，被列入市、省、国家级文保单位的 140 多个。基本特点是多遵朱子《家礼》规制，神主牌的放置顺序严格遵照古代昭穆制度，大门普遍的形式采用石库门，四周墙垣围合，多采用工字形平面，当地人称享堂和寝堂间连以穿堂，偶尔也见"王"字形平面，即前后连穿堂。另外，兰溪一带的"回"字形宗祠平面大而古，也是其他地方少见的。

4. 浙东：家族文化向家庭文化转型的先行地区

浙东是我国孝慈文化最早南传、发扬光大的地方，上虞的曹娥庙和慈城是二个典型实例。其中曹娥碑上汉代蔡邕的题词"黄娟幼妇，外孙齑臼"八个字，成为中国最早的字谜。慈城则因汉儒董仲舒孝母典故得名，至今城内有众多的"大墙门"、寺庙、祠观、坊表、道观，均为荦荦大作。

以宁波为中心的浙东地区，又是我国历史上几度产生新学派、新思想的地方。如北宋王安石事先在鄞县做试验，后来进行变法；明代王阳明承接南宋永嘉学派"崇功利、扶商贾"思想，发展为"致良知"、"知行合一"的浙东学派，明末清初又出现了以黄宗羲为代表的浙东学派。这两个浙东学派都是当时全国的学术思想中心，为工商发展鸣锣开道，孕育出宁波人农商双重生活方式及儒商互渗转型现象，导致家族制下的传统民居形制转型。最典型的是从"前厅后堂、四明两廊"转变到"间弄轩"，如市区月湖的"银台第"，特征是取消了中轴线上的祭祀功能区，而变为独立的居住单元，作起居兼客厅用，一进为一个家庭，前后各进通过楼梯弄联系，一个家族的各分支还是从一个墙门出入，墙门之间用小巷联系，也合乎房族制要求，解决了会聚、祭祖问题。各进都有侧门直接对外，前后进寨墙上的门关闭后，各家又都是独立的了。

20 世纪开始，宁波民居进一步摆脱了家族制的约束，出现了完全从家庭本位出发的住宅形制——宁波式三合院，楼梯位置从弄改到正屋明间（客堂）的后面，一个三合院为一个小家庭，多进院落式为大户、望族家庭，一个房族院落与院落之间留出通道小巷，用配以"观音兜"或"马头墙"的高耸山墙围合，使这个房族的住宅仍然具有共享性和私密性。在那些多姓共居的村落，如果一个大的家族连片地拥有一组由"房"居住的"墙门"，则"墙门"之间的这些小巷道便成为家族内部的公共通道，家族会雇用更夫敲更巡火，俗称这种通道为"巡更弄"。于是，那种以家族"大墙门"为单位的村屋结构，被一种新的伦理观念——核心小家庭作为一个独立的社会细胞所代替。中国传统村落空间的宗法特征，渐渐地从这片充满新思潮的大地上消退。宁波地区的宗祠，以台

宁波护国寺（宋代）藻井

宁波鄞州银台地

奉化洪溪王氏宗祠台门

慈湖镇大墙门街屋

图 3-15 浙东宗族意象特色

浙东是孝慈文化南传光大之地，以慈城为代表今存众多的寺庙、祠观、坊表、道观。浙东又是我国历史上产生新学派、新思想的地方，宁波人农商双重，儒商互渗的生活方式，导致家族制度下的民居较早转型，出现大墙门、间弄轩、接限房等以小家庭为重的新形制。

门式门楼、朱金木雕和华丽的藻井为特色（图3-15）。这一特色的形成与始迁祖的身份、地位有关。宁波最早的祠堂为史浩建于南宋淳熙五年（公元1178年）的"五祖堂"。史浩为南宋进士，官至右丞相、魏国公、太师，追封会稽王、越王。史氏自史浩之后，胄系繁盛，一门三宰相、四世两封王，为古代宁波第一臣室。史浩的高祖为北朝中原的高官，历经兵火之灾，高祖的葬地湮灭，无从查察。宋孝宗特许史浩建高等级的家庙以祭祖、示人。因此，史浩建了台门式（五至七开间门楼、门廊）祠堂，又因"南宋奠都临安，中州人士转涉而南者，明州为盛。"由于这样的宗族资源，所以这一带宗祠瑰丽多彩，金碧辉煌。

5. 浙北：资本主义早发地，世家望族向实业型、文化型转型，宗族文化较早向现代转型

物竞雄裂、仕而贾、富而张儒——这是经济社会发展中的家族制度演进，人的价值趋向变化的基本规律。

浙北（杭嘉湖）和太湖流域（苏、锡、常）水网密布，东有大海，西有太湖，北有大江，隋代京杭大运河的开凿，沟通了海河、黄河、淮河、长江、钱塘江，并可溯及赣江、湘江、汉水等水系，是天造地设的一方商品经济、市场经济先行发展的好地方。我国的村落总的来讲是在农业、血缘、宗法基础上，在共同的地域上形成的，而这一带的聚落城镇却是在共同经济上形成的。这里从唐朝起就出现了众多的草市，每个草市都有自己的乡脚（腹地）和邑落，经南唐、钱氏吴越，到南宋建都杭州200多年的精心经营，已经摆脱传统农业模式成为商品性农业地区，并且较早形成城镇体系。到明清时期，出现蚕桑丝织、棉麻纺织等拳头产品，又率先引进"机户"，成为我国资本经济早发地区，农村商品经济对社会发生重要影响，家族文化转换成经商传统，宗法性质的义庄、赡养等行为转化为宗教性质的慈善事业和团体公共事务，宗族的"自治"、"自组织"机制被企业行业文化取代。那些主持宗族事务为职责的士绅们活动方式也转向，他们和外来的各类文人、学者、乡绅、生员，也有不少担任文职的政府官员结成文人社团，开展各种各样的社团活动，而那些以宗法为特征的世家望族也都转型，转成实业型、仕官型、文化型。他们的主要贡献是使宗族教育与时俱进，积极和新式教育及西学接轨，从而人才辈出，创造出适应时代潮流的各种建筑形式、居住空间。细分又分两种类型，浙北的近邻上海、无锡一带大家族教育观念转变快，工业发展快；苏、常是文化型、官宦型，留下的宅第、府第、士人园林多，庙宇多，而宗祠建筑相对较少（图3-16）。

太湖流域锦溪入口河网寺庙

嘉善西塘镇寺庙

图 3-16　浙北宗族意象特色

浙北三吴之地是我国资本经济早发之地，宗法性质的义庄、义仓等较早转型成慈善事业
和团体公共事业，地缘关系重于血缘，庙宇多而宗祠相对较少。

七、从地名看浙江古村落

1. 浙江古村落命名的基本方法

地名是社会活动的产物，我国的聚落地名具有很强的时代特征和相对的稳定性，取名方法随社会历史的发展而演变。

浙江省全省乡村聚落地名共有五万来条，命名的基本方法有：

（1）以地形与自然地理实体命名，如：高山、坦岭、石岗、大坪、小溪、山背等。

（2）以湖、河、水塘、堰坝等水利设施命名，如：清塘、莲塘角、下堰、大坝等。

（3）以住宅、作坊、场所命名，如：竹棚、田铺、外寮、上宅、下宅、前厅、后厅、瓦窑、上碓、下碓等。

（4）以道路、渡口、驿站等命名，如：高桥、九里桥、大路顶、桥头、渡船头、中埠、航埠等。

（5）以树、矿及物产命名，如：茶园、樟树底、竹鸡坞、炭山等。

（6）以掌故、神话命名，如：龙游"筑溪桥"，相传系因徐偃王南走时曾在此溪旁筑室居住而来；马报桥——相传西晋邑人徐弘战死后，其所乘骑的马驰归报丧而得。

（7）以占卜、堪舆命名，如：龙游泽随村，以其始祖卜居时占得卦辞有"泽、雷随"之语，其取其首尾二字，以命名。

（8）移植地名，由外地迁入新建聚落的，为不忘祖地，携带原地名，如缙云"河阳"，始迁祖朱清源，祖籍河南信阳，取头尾二字为名。还有一种移植地名是东晋在江南置侨州、侨郡、侨县安置北方南下的移民，其名称沿用原来的地名，如北有南阳、琅琊、怀德等，江南有南南阳、南琅琊、南怀德。这类郡、州、县名后来经土断后予以更改，但还是留下了历史痕迹。

（9）以古政区命名，如"都"、"连"、"里"、"牌"，为古代乡以下一级行政区名称，有些聚落就以此为名，如：七都、八都、小连、大连、浙源里、毛连里、五里牌、十里牌等。

（10）以寺庙、尼庵、古塔、祠堂等命名，如童坛殿、延和寺、庙下、寺前、祠堂脚、塔下等。

（11）以姓氏与他地结合命名。

这类村落，单姓者一般以"家"或"村"为通名，如徐家、钱家、丁家、毛村、汪村等。双姓村，势均力敌或亲睦联姻，则不用通名，而用二姓命名，如张严、马叶、孙卓、王张、潘周家等。族大支繁，分居各地，则不用"家"或"村"，而在姓氏前加方位词以资区别，如上王、中王，东邵、西邵，西徐、后周等。或在姓氏前后加居地的自然地理实体名称，如团石汪、溪底杜、蒋田畈等；也有在姓氏前加居民之职业的，如豆腐王；有加祝愿词以命名的，如鸿陆夏（鸿陆比喻仕进）；还有在姓氏后加族中著名人物之爵位尊称的，如吴仪宾（仪宾为郡主丈夫之尊称），或在姓氏后加家训以命名，如钱睦扬（含义为钱氏阖族和睦仍能扬名于世）。

2. 地名是一本移民历史教科书、一道亮丽的风景线

地随人迁，名从主人。查阅大量的史籍可知，最初地名都因人因事而来，先民有了语言、文化之后，把自己部落、族群的住地喊出了地名或国名。古代建国名都常随国君迁都而跟着转移，人口移动也一样，常常把原地名带到迁徙地。这成了古人取名的心理定式。

总的说来，浙江的村落以姓和地物（特征物）命名者为多，这里面记载着"南人多自北人来"的历史信息和某某地域的开发时序。在汉代以前，浙江还没有姓名制度，有的地名是以古越语命名的，如于潜、余杭、句容、姑蔑、姑妹、姑末等，这些字头"无"、"于"、"余"、"句"、"姑"等都是古越语的发音词，没有实意。有些是据各地族群语言或方言土语以汉字谐音书写而成，其渊源含义不很明确，这种地名很少，有的仅古籍上有记载而已。我国的户籍管理制度始于周宣王（公元前827年），浙江是汉代开始"编户齐民"的，逐渐接受了汉人的姓氏文化，使用汉姓和取名。东晋"永嘉南渡"，中原世家大族蜂涌入吴越，政府设郡、州、县置侨，他们以族聚形式安家建村，所以多"以姓名村"，并且把"郡望"观念一起带到吴越。因此可以断定，带姓的村落，挹浪探源都是北方南下的。再说，用地形、地物命名及姓前加前词命名，也是晋人的习惯，如前王、后王，同是王姓，一个位于山前，一个位于山后，也可能是建村时间上的先后。这种聚落名，还印记着他们先祖南下时间的先后。其三，有的地名虽然没有带姓，如：泾、浜、圩、场、垞、浦、湾、渚、溇等等，也都反映了当地的开发时序、垦殖历史，以及我国乡村居民点以家庭、家族聚居的特征。上述各种各样多层次的、意义明确的命名形态和错落有致的地理分布，为我们清晰地勾勒出历史上家族的迁徙和浙江宗族社会发展的形态。所以，聚落地名，也是一道美丽的风景。

第四章

古代住宅，不光是住人的，还是一种制度，是阴阳之枢纽、人伦之轨模。其祭住合一、堂室之制、人文位序、轴对称等特征，多是宗族文化孕化出来的。

宗族文化和建筑空间

论述这个问题之前，让我们先认识一下浙江传统民居的民族特征和地域特色。浙江民居属汉民族吴越民系民居，具有下列9点民族特征、4点地域特色：

　　浙江民居民族特征：一、从功能角度讲，集居住、祭祀、生产、储藏、教育、畜养六义为一体。二、平面形态上：方形宅制，轴对称，门、院、屋三段式。三、空间构成上：堂屋之制，厅堂为祭祖及礼仪空间，在中轴线上；室住人，在两旁。四、空间布局上：具有人文位序。五、构架上：木构架、间架结构、厅堂之制、坡屋顶、人字顶。六、建筑材料上：砖、石、木、瓦、土五材并举。七、遵守国家"臣庶居室制度"，内含血缘与宗法、人本和实用理性、礼制、天下观和守中、藏的精神。八、具有恋土品格和环农业特征。九、适形、取势、纳气，实用风水、天伦、淡泊，以象制器，天人合一的时空观等。

　　浙江传统民居按地形地貌可分为浙北、浙东的水乡民居，浙南山地民居，浙中平原盆地民居，浙西丘陵地带民居四大类。按形制分，单元模式有三间制、三间两搭厢、十三间头、四合院、多进落庭院等。和汉民族其他民系民居比较，最鲜明的地域特色可归纳为4点：一、干栏式：地面架空或铺设地垄，抬梁穿斗结合梁架，人字形坡屋顶、大屋顶。二、粉墙（大多为砖砌空斗墙）、黛瓦（大多为鸳鸯瓦）、马头墙、小天井、门楼式大门。三、基本上都为彻上露明造，有草架。四、注重三雕（建筑木雕、砖雕、石雕），三雕艺术细腻精湛，三雕内容具有很强的人文教育精神。

　　影响浙江传统民居民族特征和地域特色的因素是非常多的，主要因素是气候条件、地理环境、用地条件，农业生产方式、国家规章制度、建筑材料、营造技术、民俗民风和审美情趣等。

　　影响民居的还有一个重要因素——宗族文化，尤其是宗族文化范畴中的宗法家族制度，以前被忽略或研究不够。我们阅读过不少史前史和文明史，在全省范围内进行过大量的田野调查，抓浪探源，发现生成这些特征、特色的源头都可以归结到中华文明家庭和家族制度上来。可以说，家庭和家族制度对传统住宅的影响是全方位全过程的，本章就宗族文化对传统住宅形制方面的影响，作些粗略探索。

一、堂室之制，祭住合一

1. 六义合一

中国住宅从功能上看是居住（包括起居和寝两方面）、祭祀、储藏、生产、教育、畜养六义合一的，形态上表现为方形宅制、轴对称。其中，核心内容是住和祭，即堂屋之制，堂（厅堂）是祭祖、起居和礼仪活动空间，在中轴线上；室是居住空间，在堂的两旁或厢房内。

披屋、庭院、草架空间为畜养、储藏空间；"教育"一般指建筑装饰内容有教育意义，有些大的住宅内还专门设有书院，如诸暨斯宅、华国公别墅、平阳顺溪户侯第。有些厅堂则挂有专门训示，如兰溪长乐村某宅。甚至于有专门家训馆，如嵊州华堂村羲之家训馆（图4-1）。

至今发掘的史前文化遗址中，方、圆、T、吕、一字形等各种住宅平面都有，功能方面，墓葬多在住宅北面一定距离之处，陶窑设在旁边，有祭、居、生产一起的倾向，但不在一体之内。浙江距今 9000~10000 年前的上山遗址、小黄山遗址，7000 年前的河姆渡遗址，距今大约为 5000~4500 年前的嘉兴普安桥、海盐仙坛庙等马家浜文化遗址，聚落基本上都由房屋、窖藏坑、陶窑和墓地组成。良渚方国的政治中心和生活区——莫角山东侧的马金口遗址，其中的墩台地上似有过祭天、观天楼建筑，住宅规模开始小型化，有住居、储藏合一的特点，另外有大房子，为行政、祭祀、礼仪建筑。

以上现象，如现代著名美籍华裔考古学家张光直先生所说，我国新石器时代，黄河、长江中下游各族群已经形成了一个互动圈，吴越民居和中原民居各具风采，但都有一个共同趋向，居住祭祀等六义合一。造成这一现象的基因和密码是原始社会的婚姻制度和家庭制度。

2. 平面图式

我国汉民族住宅功能六义合一作为一种制式，是西周时期定下来的。其空间构成和平面布局，柳诒徵先生的《中国文化史》上是这么讲的："凡民居，必有内室五所，室方一丈，所谓环堵之室也。东西室为库藏之室，中三室为夫妇所居之室。中一室有门向南，中三室前为庭院，院之东西各一室，东室西向，西室东向，谓之侧室，为妾妇所居之室。又前二步为外室，则正寝也，亦并列五室。中三室为男子所居之室，中谓大室，东为东夹室，

嵊州华堂村羲之家训馆

兰溪长乐村某厅堂的训示匾

图4-1　六义（住、祀、生产、储藏、教育、畜养）合一，是中国传统住宅的基本特征之一。

西为西夹室，皆房也。东夹之东，为藏祖考衣冠、神主之室；西夹之室，为五祀神主之室。中室之北为楣，自楣而东，下阶而北，即内室之前庭院也，谓之曰背。中室之东为牖，西为户。户牖之间，内为中霤，外为堂。堂方二步，东西有堛。堂下两阶，各高一级，阶下有门，谓之中门。中门之外之门谓之外门，自中门至外门，其上有屋，其东西各为一室。东为厨灶之室，西为子弟肄业之所，或为宾馆，即塾之类也。凡室有穴，如圭形，以达气，或谓之曰窦，或谓之向。室之重层者曰台，其狭而修曲者为楼，由大夫以上则有阁。阁者置板于寝，以庋食物者也。由士以上，寝门之内均有碑树石为之，所以蔽外内也。大夫、士之屋，皆五梁为之……此周代官室制度之大略也。若夫平民之家，均有井，井分为二，内外不共井。其室旁均有隙地，或以树桑，或为畜狗彘、鸡豚之所。"这里记载的是周代皇家贵族住宅。南京市郊杨柳村朱家大院（图4-2），为朱元璋后代住所，保留有这类大屋的某些特征。

　　古代士大夫住宅图式有二：一是《营造法式译解》中所画的"古代士大夫住宅平面图"，另一系清代张惠言《仪礼图》中士大夫住宅平面（见图2-4），上述两种家族制度下的住宅功能与礼制，在周代已经融为一体，实际上成为后世四合院式建筑平面的源头。

3.　祭祖空间

　　周代，家庭人口多，户型大，兄弟普遍不分家，大家庭制束缚了生产力。至秦国商鞅变法内容之一便是令"民有二男以上不分异者，倍其赋。"其户形为"一堂二内"。后来，这种户型传到浙江时，因时代变了，家庭人口也少了，又因气候条件不同，因此，户型大小和空间位置都有所变化，但所包含的内容及方形、轴对称等基本特征没有变。今天浙江

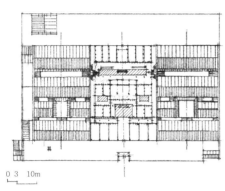

平面图　　　　　　　　　　　　　　　　　第三进内院

图4-2　杨柳村朱家大院
南京市郊杨柳村朱元璋后代住所，保留着古代大户之家六义合一、东西夹室、中门之制遗风。

尚能看到的几种类型，都是周代合院式住宅的延伸并变形，其祭祖空间有下列几种形式：
①浙中一带的环厅式大屋，祭祖空间放在中轴线上，如武义俞源裕后堂，中轴线上有三个厅，二个大天井，为祭天、祭祖和会客、礼仪空间，居室都在左右二条轴线上。②永康芝英不少大屋家祠仍在正屋一侧或稍离开几米距离。泰顺下武洋林家厝，祠堂放在屋后山坡上。③丽水有些H型大屋把家祠简化成一间亭子间，置于中轴线后部，如遂昌长濂、松阳下田某屋。④更多的是用神龛或"木主"代替家祠，神龛挂在中轴线正厅照壁上方，木主放在"长几"上。⑤有些多进落大屋，家祠放在中轴线最后一进里，如浦江"江南第一家"。⑥龙游、兰溪一带有一种叫楼上厅住宅的，把祭祖的厅放到后进明间楼上，泰顺也有不少这样的住宅。

　　上述是浙江士人或大户住宅，至于大量的平民住宅，浙江多用三间、五间制，或五间带两厢，祭祖空间多设明间照壁前，照壁上贴对联，写明该家原籍、郡望，靠照壁的长几当中置香盘或放上"木主"，这种形式叫香火堂。这类住宅一般都有前院、披屋，前院为晒场、果院，披屋为灶间、畜圈等，正屋的二楼作储藏用，房屋虽小，但功能齐全（图4-3）。

4. 教育、教化空间

　　古代大家庭多数是在宅院内设私塾的。今天，我们可在福建永泰庄寨里面看到其样子，浙江也有，但存量极少。到目前为止，仅发现永嘉芙蓉村司马第，采用"内外庭"制，外庭前设照壁，庭中植杏、槐、桃树，庭右设私塾三间，取孔子讲坛故事，名"杏堂"。该屋还有后院，院中有井，屋旁有院及畜舍，渠水四环并穿院。永嘉溪口戴宅明文书院（家族私塾）。平阳顺溪陈氏四份老屋中也有私塾，是结合花园布置的。还有一例是诸暨斯宅

松阳靖居包村某宅

永康芝英某宅附建式祭祖堂

浙南某宅

图 4-3 浙江传统民居的各种祭祖空间

庆元大济务本堂

泰顺埠下村某宅楼上香火堂

浙南某宅神龛

乐清北阁某宅神龛

永嘉花坦乡霞山村某宅

遂昌长濂村某宅后置香火堂

建德李村民居水墨画

温州某宅檐下彩画

图 4-4　浙江传统民居中的教育、教化功能

浙江传统大宅多有书院、私塾，中小住宅多有建筑三雕，
所有住宅都有门联、柱联、门额、厅堂匾额，起教化、教
育作用。

金华民居弄门题额

温州瓯海某宅戏文砖雕 1

温州瓯海某宅戏文砖雕 2

桐乡乌镇额枋木雕"全家福"

温州瓯海某宅戏文砖雕 3

桐庐新合乡引坑村钟氏大屋梁雕

泰顺某宅戏文环涤板

诸暨斯宅村华国公别墅里的私塾

龙游民居苑某宅柱头木雕

华国公别墅，内有私塾，屋前有潘池。

浙江传统民居的教育、教化功能，多由建筑三雕、字画和门联、柱联、门额、厅堂匾额来完成。如金华地区，几乎有屋必有雕，有雕必成图，有图必有义。常见的有戏文故事、文学掌故、名人轶事、宗教神话、民间传说、渔樵耕读，以及生活民俗和祺祥言志图案，如八仙、和合二仙、寿星童子、大狮（太师）小狮（少师）、梅兰竹菊等。温州地区的瓦当和滴水或檐口下，多有戏曲瓦当或砖雕（图4-4）。

二、人文位序

1. 古代住宅空间排列中的人文位序

宗法家族制度下的家庭中，男女、长幼、尊卑、内外、起卧、出入空间都是有一定限制的，这叫人文位序。古代的宗庙、住宅等建筑的平面布局、空间排列是根据这一规定来安排的，这一原则下的古代住宅，产生了不同的名字和基本式样，据此，可从下面几点体会之：一、古时帝居民舍都叫宫室，秦以后，宫室成了帝王住宅专用名字，士大夫居所叫第宅（或宅第），平民叫舍。汉代列侯公卿万户以上，门可以开向大道，叫第；不满万户，出入里门曰舍。还有一种分类，帝王之居叫"官"、"殿"，士绅之居叫"堂"、"厅"、"厢"，文人之居叫"斋"、"冠"、"庵"、"龛"、"山房"等。不同称呼不同类型中包含着等级、位序。二、所有住宅都有祭祀空间（厅和天井），而且都在中轴线上。三、平民住宅为一堂二内，必前堂后寝，或三间式，三间式当中厅，两旁住房间；士大夫住宅为一落多进庭院，矩形平面，四周高墙围合，入口若是门楼式的话，则砖雕门楼实为整幢房子的缩影，起展示、表彰、自律作用。入口若建门屋，往往是门屋三间，明间通道或轿厅，左右次间为塾。第一进明间为正厅（前厅）、祭祖、待客、礼仪活动、庆典用；第二进明间为中厅，长辈起居用，有的地方称此厅为高厅；第三进为小姐房，明间叫后厅（花厅）；第四进为辅助用房、佣人房；第四进以后为花园或果园、菜园。主人穿堂式进出，佣人或货物进出穿马弄（沿山墙辟一条一米多宽的夹弄）或边门。多进落的大屋，中间一落为主人起居、家庭接待、礼仪、祭祖空间。左右二落，其一落为主人办公、休息、会友空间，内设花园；另一落为家庭辅助生活（吃、储）及佣人用，落与落之间用背弄联系。古代大屋门前有树（照壁），进大门后有屏墙。

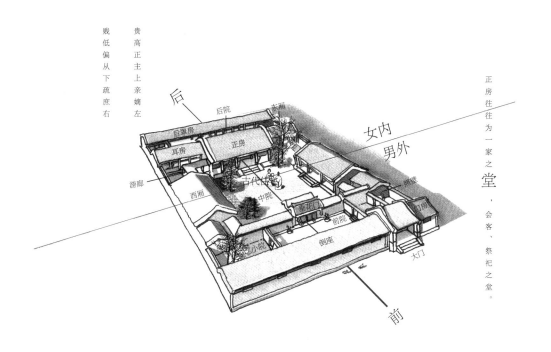

图 4-5　中国传统民居中的人文位序

汉民族传统大宅的"中门"制度，男外女内，各种空间都有很强的人文位序。

2. 仪门、东西阶、内外庭之制等的生成原因

　　古代住宅不仅空间排列具有明确的人文位序，连人的行为姿态都要受礼仪的约束。如："门，闻也"，"闻者，谓外可闻于内，内可闻于外也"（殷玉裁），外人进门前要"传达"。进了门，还要在门和屏墙之间伫立片刻。江南有的大屋还设一道二门，第一道门叫应门，即于该处呼唤，里门应之的意思。第二道门叫仪门。大门、仪门之间的院落为外庭，仪门以内的院落为内庭。客人一旦进入仪门，双方就要严格按"礼"行事。古代宅第采用东西阶制，古人在室外尊左，客人从西阶登堂，以示尊敬。堂是敞开透亮的，于是有"堂皇"之词。堂的正面无边沿，暴露于外，所以有个专用词叫"廉"。廉必直，常用以比喻形容人的正直，说堂堂正正，廉洁。堂后是室，用户（门洞）相通，要入室必先登堂，后人以"登堂入室"比喻做学问得要谛、真传、功夫到家。堂室之间有牖（窗洞），客人一般是不能进入主人之室的，有什么要紧事只能隔窗而语。中门是内外空间转换处，伦理行为的临界点，女人只能在中门以内活动，外人只有红白喜事或特许情况下（如送货、修理）方可出入此门，而且必须蔽面（图 4-5）。

三、工字厅

1. 工字厅及工字厅建筑的象征意义

工字厅也叫轴心舍，即一段廊联络两个厅堂（即前后进明厅用一段廊连起来），这在封建社会中期是一种高等级建筑，不是一般人可以随便用的建筑形制。假如这段廊联络的是两座殿屋的话，就叫复庙、旋宫、旋室、玄室、复殿，是天子宫室制度。唐代《营缮令》规定："非常参官不得造轴心舍"，这里，"轴心舍"，即是工字形平面建筑。

为什么轴心舍等级这么高？这是我国文化形成期"天子"祭祀"天"和女性始祖女娲（也有说是纪念姜嫄）的建筑。工字形平面放大似"吕"字形，与女性或女阴相关，是人类生殖场所。生殖是人类初期头等重要的大事，这样的建筑叫复庙、玄室等。玄室的延伸义，如周谷城教授说，"就形来讲，就是悬起来的东西，如树上结的果子之类"，一代一代繁衍人类。周人极其重视祭祀女性始祖和生殖女神，考古发现，工字形殿是陕西凤雏西周宗庙的主要形制，在后代宫廷建筑中应用极为广泛，如盛唐以后的渤海上京宫殿遗址中就有工字殿。傅熹年先生考证，北宋皇宫主殿大庆殿、文德殿均为工字形，元大都皇宫重要的正殿都是工字形，明代甚至建州府衙正堂多为工字形平面。明清故宫中的武英、养心、奉先诸殿也是工字形殿。三大殿和太庙正殿则是建在工字形台基上。成于周初的《诗经·大雅·绵》曰："绵绵瓜瓞，民之初生。"据有些学者考证，瓜瓞就是指葫芦，和女性的生殖器形似。工字厅不仅仅用在宗庙建筑上，就连祭住合一的中国第一四合院——陕西省岐山县凤雏甲组建筑的第二三进也是工字厅，可见在家族至上、女神崇拜的中国古文化中，工字形建筑的象征意义和精神暗示作用何其大（图 4-6）。

2. 浙江工字厅建筑列举

江南自宋以来就成为中国文化中心和经济重镇，也是建筑业最发达的地区，意义这么大的轴心舍，我们在调查中偶有发现，住宅方面有：浦江"江南第一家"、东阳卢宅、诸暨千柱屋。宗祠方面有：龙游志棠儒大门村三槐堂、志棠邵氏宗祠、志棠雍睦堂；开化正大永言堂，磐安榉溪孔氏家庙、梓誉蔡元定宗祠。金华地区不但工字平面宗祠多，而且还有一些变形如"凸"、"王"字形宗祠。东阳郭宅的永贞堂是"凸"平面典型，规格很高，当地人称"七台厅"。

衢州市常山东案乡底角村王氏宗祠工字厅

图 4-6　工字厅也叫轴心舍，在古代是一种高等级建筑，象征民之初生，绵绵瓜瓞。

四、昭穆制度和建筑空间图式

1. 昭穆制度释义和社会意义

西周制度以宗法为本。西周宗法，男本位，王位继承立嫡立长，传子不传贤，以弭天下之争。庙制是它的空间化，即实行"昭穆"制度。所谓昭穆是指宗庙、坟墓的排位次序。世系或世次，是一世、二世、三世⋯⋯顺序排下去的；而昭穆只有二元，自始祖之后，父曰昭，子曰穆，穆再生昭，昭再生穆，交替延续。排位办法是始祖居中，左昭右穆。以西周为例：文王的父亲季历尊为始祖，统领昭穆，居中；一世姬昌（文王）为昭，位左；二世姬发（武王）为穆，位右，如图 4-7。由于都是父死子继的关系，所以这里世次和庙次的对应相当整齐，呈双数世次为昭，单数世次为穆，以及父子始终异列，而祖孙始终同列规律。如果出现有兄终弟及或孙继祖位的情况，世次仍依数字计算，庙次便不是交替呈现，而要重叠成昭昭或穆穆了。王室如此，诸侯、大夫亦然。不同的只是天子七庙，诸侯五庙，大夫三庙。

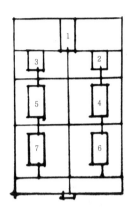

图 4-7　昭穆制度图式
1.大庙（祺考），2.昭祧庙，3.穆祧庙，4.昭庙，5.穆庙，6.昭庙，7.穆庙
昭穆制度是帝王宗庙排位图式，其规定的人文位序，是古代各种建筑空间的基础。

昭穆制度简明形象地说，就是将祖宗按不同的身份，分成三类，各据相应的空间位置，以"天子"为原点，组成一个"品"字形（可以简化成△形）空间图式。国家某些岗位的职责，就是辨昭穆，使政府的行为不偏离方向，而人们的祭祖包括一切活动，都要受昭穆制度约束，有序进行，不能越轨。换个形式讲，昭穆制度的作用是"夫祭有昭穆，昭穆者，所以别父子、远近、长幼、疏亲之序，而无乱也。"（《礼记·祭统》）。我国自父权家长制，从黄帝万国到夏商，历时三千余年数百次政权交替，国家分分合合，昭穆制度的作用是象征尊卑上下，表明世代辈分，确定王位继承，防止政权交替时出现篡权反叛乱局。

昭穆制度虽是中央王国宗庙排位图式，对于诸侯国、卿大夫乃至每一个家庭都用这样的图式，每个人都是图式上的一个点，其作用是社会安定国运长久的基石。

2. 昭穆之制是中国古代各种建筑空间的基础

昭穆制中规定的人文位序，也是中国古文化中各种建筑空间的基础。古人尚左而下右，南向尊，北向卑，来源于此。周代官寝、民居室内空间，祭祖的厅堂居中（明间）；分家的话，东面的次间是给长子的。住宅古制，靠近中厅的次间的房门是朝明间开的，叫对子门，古代的东西阶制等等，都是昭穆制派生出来的。

五、尚三观念

1. 数始于一，终于十，成于三

从时空意义上看，古人把建筑看作是宇宙的象征，里面各种数意喻着宇宙秩序。如《明堂》四闼象四时四方，五室象五行，九室，取象阳数，喻成熟、收割。

昭穆制度对中国文化和思想影响最大的，似不在于昭穆区分本身，而在于由昭穆区分中抽象出来的"尚三"观念，以及三位一体的图式。

古希腊文化认为四是最完满的数，是自然的本源或根蒂，一切都是四元的（参见黑格尔，《哲学史讲演录》）。华夏族的祖先则特别推崇三，《史记·律书》说："数始于一，终于十，成于三。"老子《道德经》说："道生一，一生二，二生三，三生万物"。

怎么理解这个命题？先用纯思辨的办法来顿悟一下。我国著名学者庞朴先生是这样解释的：一切都是从一开始的，这个开始的"一"，要发展下去，创生出"多"来，必须具备一种动力，如果这个动力是从外面获得的，那么"一"便不成其为开始的一，因为另有一个外力先它而在或与它同在。如果这个动力是从内部获得的，那么"一"便不是一个单纯的一，它的内部是复杂的；在这种情况下，它又不会因其复杂而是"二"，因为"二"不可能谓之开始，开始只能是一。这样，纯一不可能开其始，"二"不可能是开始，那么只有具备有二于其身之中的一，才有可能实现其开始且真正成为开始，这就是"三"。（参见庞朴《说叁》）

2. 中国古文化崇三

再从中国文化角度看一下这个命题的内容。"三"，大写为"叁"。有五种意义：数量之三，数序上的第三和三次，倍数上的三，分数上的三分（之一），乃至动态的三（如参加、参与等），还有很多自然现象和雅俗文化都闪烁着三的神奇色彩。如日、月、星三而成光，天、地与人三而成德，事物始、壮、终三段律，三月而成季，三金为鑫，三木为森，三水为淼，三土为垚，三人为众，三日为晶，三思而行，三缄其口，"吾日三省吾身"等，这里面的三又有了数量多、体量大、能力强、程度高、时间久远的意义。在伦理关系中，"三"又被看作合乎礼仪、礼节的数字象征，如"退避三舍"、"一跪三叩首"、"三拜之礼"等。三有这么多的意义，所以刘歆在《三统历谱》中说"太极元气，函三为一。"

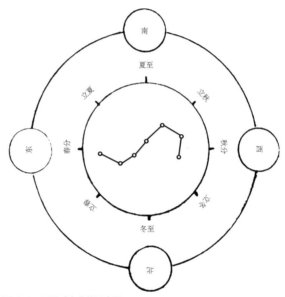

图 4-8　四季时空方位示意图

中国古代的一、三观念和尚三行为，是天体流程的轨迹，也是古代二辈制婚配生育规律之总结。

再上升一下成为数伦，即《史记·律书》曰"数成于三"，更抽象一步，成为哲学，《周易》上升为三极之道，以三为多，以三为礼等。

3. 崇三的社会意义

古人早就发现数始于一，而成于三和崇三的社会意义。

意义之一：它虽然是经验的凑集，却窥见了生命的本质，认识到天、地、人是宇宙的三才，三者的关系是天化地育人赞，即参与化育，生命是过程，是融进宇宙（天地）流程，不断提升的过程。用古人的话讲，例如《乾凿度》谈三画成卦时说："物有始有壮有究，故三画而成乾。"（作者注：这里的究有既是终，又是下一轮之始的含义）这个解释已很接近人的本质了。因为天地人是空间的三，而始、壮、究是时间的三。它基本上能表达出世界（人类）生生不息之道了。为了加深理解，再做一个形象的解释，如图4-8，冬至、夏至、冬至三个点，可看成三个数，1，2，3，如果以冬至1为起点，日子一天天往前，气候一天天暖和起来，进到夏至达高潮，过了夏至后又一天一天冷起来，到冬至了，为一年之终，又是下一轮的始点。在此，始点和终点是重合的，而极点"物极则反"的那个极点在对面，正好也是中点，这个圆，就是生命流程的轨迹。当然，这个圆圈不是静止、封闭的，而是螺旋上升的。

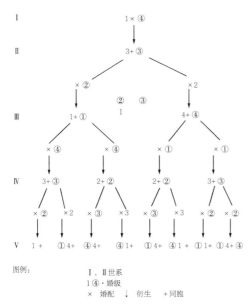

图例：
I、Ⅱ世系
1④·婚级
× 婚配 ↓ 衍生 ＋同胞

图 4-9 二辈制婚配、生育结构图式

崇三是昭穆制度社会实践的总结。

4. 崇三是昭穆制度社会实践的总结

中国古人的一、三观念和尚三行为，不仅是理性思维的结果，还是历史社会实践的总结。著名学者庞朴在其周礼昭穆制度探源中找到了根源，他认为昭穆源于母系社会二辈制族外群婚阶段，每个氏族内男女各有两个辈分，两个氏族的同辈异性，方可以通婚。子女的世系是按父母（母亲）的世系定的，父子属于不同氏族，这是昭穆制的秘密和根本意义。古人在群婚、对偶制向直系型家庭进化过程中，找到了这么一个规律：第一代的婚配关系，到第二代外化为异己的子女；子女在异于父母兄妹的唯一婚级中进行通婚；出生的第三代，又回归为本来的亦即其祖父母所属的婚级，当然在量上扩大了。第三代作为表兄妹或表姐弟，又得互相通婚；到第四代又复外化；第五代又复回归。这样，无论从男系或女系来看，一、三、五各奇数世系都属同一婚级，二、四、六各偶数世系，亦复如此。至此，我们可发现"三"的秘密：原来，在二辈制族外婚中，到了第三代便又回到了第一代，出现第一轮的完成。这一现象，为数论一、三律提供了佐证。这种制度，提高了人的体质，也是社会持续、稳定发展的良方。摩尔根在其名著《古代社会》一书中，向文明世界介绍了澳大利亚的卡米拉罗依人的一种比氏族更古老的区分成员制度，亦是母系社会二辈制族外婚，其一个家庭的世系图（图 4-9）。这个图式和就昭穆制结构形式上是相似的，具有很强的稳定性。我们也可以粗粗画出类似于这种单元的中国古代文明结构示意图。

5. 中国古代建筑中的尚三意象

在传统建筑特别是皇家建筑中，以"三"为象征。如孔庙、紫禁城内，前朝、内廷的主要建筑为三大宫殿，都是三段式的。以太和殿为主的三大殿之基座，分为上、中、下三层（称三台），而且每一层的台阶数，都与"三"有关。最高级别礼制建筑——天坛，祈年殿屋顶为三重檐形式，基座呈三层，圜丘也是三层，每一层的台阶数均为三的倍数。民居建筑中的三合院，左、中、右三路之形制，有些地方（如温州）有三山式屋顶、门台等。甚至于连上栋下宇的古民居形制，也都是"三"的启发下创造出来的。八卦文化中，三画而成乾（即天），天的象征符号为"—"，地的象征符号为"— —"，可写成"∧"。黄帝造宫室，为了人们免受风雨雷电之苦，他设想将天象和地象的关系倒过来，上面为栋（地），下面为宇（天），八卦图式为"⌂"，恰如人字坡顶民居建筑的侧面图。这样，代表天的卦卜符号在下，代表地的卦卜符号在上，人在中间，所以称房屋是"屋宇"、是小宇宙。

第五章

亲族聚居、血缘村落，是中国古村落的突出特征。公建优先、居住、崇祀、礼仪、文教建筑合一的村屋结构，村落的布局形态，以房为脉的发展图式，名门望族、世家大屋、累世同居共财合爨大屋、义门、台门都是宗族文化的产物。

宗族文化和村落形态

一、聚族而居，血缘村落

亲族聚居，是我国古代宗法制度下居住方式的主要特征。不过，在不同的历史时期其形态不同。

秦汉至隋唐，世族和士族大多住京都、郡城、县城、农村，他们的住宅形制基本上为多进多轴庭院之制。那些强宗大族的住宅形制是庄园制，也叫庄田、田庄、田园、园地、别业等。形态是用沟壑等把所占土地围圈起来，形成一种大院落式的田庄，里面造有楼台亭阁、豪宅等。由族人或外来流民为其耕种，收取租课和供服徭役。

东汉末年广泛形成了一种新的居住形式——家族坞堡，也称壁堡、坞壁。将住宅用高墙厚壁围起来，里面住的是累世同居共财合爨家庭的雏形。到魏晋，家族坞堡已遍布各地。

唐代好多军将、政府官员家族是跟着迁徙到任职地的，大庭院或坞堡也就随之各地开花了。这一历史时期的平民小族，一部分是庄园里的佃户或附属户口（荫庇户），大部是城镇居民或农村村民。

宋以降，宗族平民化，庄园制瓦解，佃户、荫庇户消亡，有些新兴的官僚宗族延续并改革了庄园制，孕化出累世同居共财合爨式大屋（福建叫庄寨），其中部分被朝廷敕表为义门；一部分新兴官僚宗族跟市民一起居住在城镇，而大部分离土不离乡，居住在农村，形成血缘村落。

"亲族聚居"是中国家族制度下居住文化的基本特征，而我们今天所看到的江南血缘村落，是宋代产生，经明、清发展逐渐形成的。它以家庭、家族、宗族、氏族、村落、郡望的生长方式，从血缘化走向地缘化，构成了以村落为单元，一村一姓或数姓，从村到乡、郡呈星座式的居住体系层次结构。

二、宗族文化是影响村落布局的重要因素

1. 各种类型的村落

传统村落形态有二义，一是从环境角度看村落，即村落的外部空间形态；二是指村落内部空间形态，即村落的布局、结构。

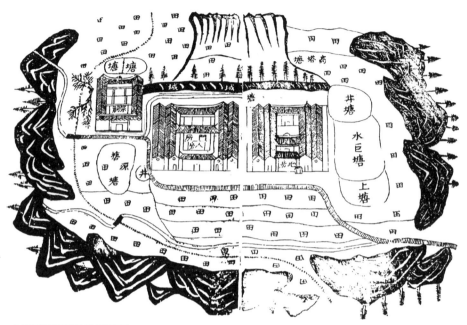

金华市磐安县榉溪村龙阳宅图

江山南坞里居图

永康芝英里居图

图 5-1 浙江传统村落"里居图"举例

传统村落聚族而居，血缘村落是我国农耕社会宗法制度下居住方式的突出特征，它和风水学结合，浙江丘陵、低山地区的传统村落，多选址在三面环山，一面开口的地形里。

传统村落外部空间形态，可分山地村落、平原村落、丘陵村落、海滨村落、海岛村落等类型。从一个村落的整体形象、该村和彼村关系角度讲，这些类型的村落可归纳成：团状村落、带状村落、环状村落、坡地型村落、集中连片型村落、节点走廊型村落、孤村、子母型村落等。

村落的生成机制，有生长式、选择式，村落内部空间形态，大体上讲有单心（核心）、双心、多心、偏心式、组团式、街坊式等（图 5-1）。

上述传统村落，都是农业型村落，当然也有因港口、码头、驿站，甚至以某种特产，如渔业捕捞业、林业开采、矿山开采、瓷陶制作业等而产生的村落，但是，这些都是农业社会生产方式背景中的村落（有些升为城镇），其环境或内部结构形态都不外乎上述式样。

2. 影响村落布局三要素

影响传统村落形态的因素是非常多的，但归根结底可归纳成农业生活方式（又主要表现为土地）、环境条件和宗族文化三要素。

农耕文化影响下的村落形态最大特征是"环农业特征"；环境意识影响下的最大特征是适形、和谐、生态智慧，当然，环境意识中还包含着隐士文化，因为不少始迁祖是为避乱或羡慕某地风水好，经占卜而迁居的；宗族文化影响下最大特征是聚族而居，其次是布局。佛寺道观的选址大多远离村落，官庙的选址则自由灵活，因其信仰本身就与人间烟火有着更为紧密的联系，是构成乡土环境的重要组成部分。堪舆书《雪心赋》说："坛庙必居水口"，宗族文化影响下的风水观念认为水口是村落关锁内气的重要场所，浙江许多村落的水口，都成为族人人文营造的重要载体。浙南的廊桥都具有官庙的功能，设有神龛，兼具交通、坐憩、祭祀三大功能。又如村落的规模，表面看是受约束于耕地资源和环境容量，但是，从历史发展角度看，它和家庭结构有重要关系，也可以说，耕地和环境因素是村落选址、布局、形态及审美的客体因素，血缘和宗法则是主体因素。按照古人的"观象制器"造物方法和以"道"统"器"造物原则，血缘与家族至上是统领因素。把人们的居住行为放到国际背景中去看，早期西方社会影响最深的是宗教信仰，而在中国农业社会里则是宗族和土地。费孝通先生说："血缘是稳定的力量，在稳定的社会中，地缘不过是血缘的投影……地域上的靠近可以说是血缘上亲疏的一种反映，……我们在方向上分出尊卑；左尊于右，南尊于北，这是血缘的坐标。"（费孝通，《乡土中国》）这种血缘的坐标，通过一系列宗族活动和潜在的营造法则，物化在聚落形态之中，反过来也濡染着当地居民的认识与意识（图 5-2）。

三、公建优先、百祠归宗的村屋结构

1. 公建优先、百祠归宗的村屋结构

宗祠的"宗"字由"宀"和"示"二部分构成，本义是祭祀祖先的房子。从这个字义说开，中国的聚族而居血缘村落，房屋的构成是由住宅、祠堂、庙宇、书院、牌坊等居住建筑、礼制建筑、崇祀建筑、文教建筑等构成的。祖先崇拜是宗法式家族团聚族人的精神纽带，宗子（或族长）率领族人岁时祀祖先，用以灌输亲族相爱的观念，使宗族牢固地纽结在一起，这叫作"尊祖、敬宗、收族"。古人相信，人死了，而精神（灵魂）是不死的，故流行厚葬，并用宗庙来供奉祖先的灵魂，由此而产生宗族的宗庙制度和族墓制度。宗庙的规制，依照宗子的身份分成不同的等级，有：天子七庙、诸侯五庙、大夫三庙、士一庙、庶人无庙而祭于寝的规定。庙的数目都是单数，除一个始祖庙外，凡七庙者必三昭庙三穆庙，五庙者必二昭庙二穆庙，三庙者必一昭庙一穆庙，庶人无庙，而在自己的住宅（即寝）内祭祀祖先。所以，我们可以从一个村宗庙的数量上看出该村家族的等级。不过帝王、诸侯，是西周、春秋时的事，浙江自然找不到这样的古村落，有些古村传说（或自说）是某某帝王的后裔改名换姓流落而来，因为是落难、避乱，或隐居，因此，祭祖的宗庙制也就难以执行了，况且这类家族时代久远，其建筑早已湮灭无存了。我们今天看到的古村落建筑，绝大多数是清代以后的，少数明朝的。据《礼记》和《左传》记载，祖先神灵所居曰庙，在世族人住宅曰寝。《尔雅·释宫》："有东西厢曰庙，无东西厢，有室曰寝。"这儿所谓东西厢，不是三合院之类东西厢房，而是环居正屋东西的夹室，用于祭祖。

一对夫妻的家庭，有了男孩后，在旧宅旁再建新宅，或把邻居住宅买来，这样几代后就形成以祖屋为核心的小房族组团，三代后祖屋升格为香火堂。明代嘉靖年间朝廷允许庶民建独立式祠堂之后，祭于寝的形式走上了祭于宗祠的形式。因此，凡是有祭于寝（也就是环厅式大屋）的村落时代就久远一些，家族的等级也高一些，也许家族制度执行严格一些。如永康芝英村、宁海前童村、临海桃渚城，均可见这种形制住宅之遗迹。

从这次调查来看，凡是稍大、稍有点历史的传统村落，都有宗祠，有的甚至很多。如永嘉屿北村约500户，有大宗祠1个，6个分祠。永嘉芙蓉村，用地14.3ha，800户，有宗祠9座。兰溪长乐村，全村现有2000人，鼎盛期有宗祠16座；兰溪诸葛村鼎盛时有祠堂40多座。缙云河阳村，历史上有宗祠20多座，今存15座。宁海前童村，1630余户，历史上有宗祠32座，书院12处，寺庙庵堂15处，廊亭4处。永康芝英村，用地

永嘉张溪林坑

图 5-2 村屋选址的适形、环农业特征

耕地、环境、宗族文化是影响传统村落的三要素。房族团居，不与农业争地、适形、就地取材，

成为传统村落形态的主要特征。

乐清黄檀垌

丽水市遂昌石练某宅

$2km^2$，历史上有应氏祠堂105座，今存73座。建德大慈岩李村，始建于唐代，南宋鼎盛，繁衍47代，有大小祠堂24座，保存下来的有14座。

2. 族产

除宗祠外，还有族产——族田（又称义田、祭田）、族山、族林，以及义庄、义塾、义仓，如永康芝英村，建德新叶村、缙云河阳村等，这类族产非常齐全，行走其村头街巷间，还不时能看到这类族产、巷屋。南浔小莲庄内的义仓是设在家人居住的多进庭院的后一进内的。遂昌焦川村的潘家粮仓，设在大屋旁边，为独立式小楼房，大门设在小巷上，二楼有边门直接通向山坡田野，据村人反映，此粮仓也有义仓行为，是我们课题调查中碰到的最独特的义仓。义庄、义仓等，是对清政府以社仓、义仓为乡村赈济仓廪系统的重要补充。

其他类型还有铺肆、码头、义渡等，有些地方绅衿开设的墟市，也往往是某些宗族的族产（图5-3）。

3. 社、祭社

大多数农村除祭祖以外还要祭社，"社"有二义：一是土地神、山神、猎神、龙神、水神等与农村民众日常生活息息相关的其他神灵；二是古代地域单位之一"社、里"之社，这个单位里面的人们以共同的物质生产活动为基础而相互联系着，类似于现代的社区，是一种区域性的社会组织，非行政概念。社的作用除了"禳灾、集福、驱除瘟疫"等功能外，对于乡间的公共活动、乡村结构、规模、变迁等都有一定的规范作用。

浙江农村所祭的社神，主要是土地神，也可以是一个先圣，如"后土"，即共工之子。《礼祀·祭法》曰："共工氏之霸九州也，其子曰后土，能平九州，故祀以为社。" 又如："炎帝作火，死而为竈，禹劳力天水，死而为社"（《王充·论衡·祭意篇》）。社，也可以是乡贤或一方英雄，如绍兴地区为近代民主革命家徐锡麟、秋瑾、陶成章立宗祠，各地称他们的祠堂为徐社、秋社、陶社。

我们走访各地农村，尤其是丽水地区，不少地方村口有土地庙或亭。也有的地方以一棵或几棵大树为"社"的标识，叫"社木"、"社丛"。如开化大溪边村七棵大树、龙游泽随村大樟树，就被村民封为"社"。有的则封土为坛，坛上植树或立木、立石。有的把社和水口建构筑联合起来建造。这仅仅是今天还能看到的。据地方资料记载，古代村庙众多几成系统，如泰顺《古洪溪口陶氏族谱》记载："在泰顺，凡通都大邑以及山居村落，莫不立庙，岁时伏腊奉神报塞，香火缭绕。" （图5-4）

"社"还孕化出其他一些相关建筑,如社学有学馆、社戏有室外戏台等。

以上是各地普遍有的祭社建筑、构筑或公共场所,除此外,各地还有祭祀国家或地方先贤的各种庙宇或祠堂,如太湖流域的"蚕神庙"、"蚕花殿"、"先蚕祠";杭州的曾子祠、三圣祠,越中三舜庙,浙中的胡公大帝庙,浙东的徐偃王庙,浙南的杨府庙、平水王庙、三官殿,浙西则普祭徐偃王,从祀毛令公(唐代张巡)。城隍庙、关帝庙、孔庙更是普遍建造祭祀。

成为地方神的,还有当地村落宗族的始迁祖或开基祖,如唐末五代的福建长溪县县令包全,绍兴籍谏议大夫吴畦,他们避乱隐居泰顺库村并为泰顺包、吴二姓的始迁祖,就被邑人奉作地方神,在村头水口建社庙祭之。

4. 文教、礼仪建筑

古代农村除有上述各种礼仪、祭祀建筑外,还有文教建筑文昌阁、魁星楼等,江山的廿八都镇是典型,反映了多姓村、商业村、地缘强于血缘聚邑人们精神生活之需求。

不少村落还有功德牌坊(如丽水西屏兄弟牌坊、遂昌独山存膺天庞牌坊)、孝子坊、贞节坊(景宁小佐)等。

还有一种特殊的牌坊式构筑或门楼,叫义门,它是乡人或政府对有义举、行善事人士的旌表牌坊、门楼,如富阳龙门村"义门",建于明嘉靖年间,该村孙潮为七县首富,有一年发生灾荒,他对乡亲慷慨相助,代缴全村的皇粮,又拿出一千多石谷米赈济大家,百姓感动而建此牌坊,县令题"义门"匾额,予以昭彰。还有一例是衢州云溪车塘村吴氏七世祖多次输粟以赈通州,而后皇上嘉奖,明景泰年间(公元1453年)敕建祠堂和牌坊,旌表为"尚义之门"。门楼式义门的典型是兰溪诸葛村大公堂门楼,上面挂着圣旨匾"敕旌尚义之门"。(图5-5)据《高隆诸葛氏宗谱》记载,原五公诸葛彦祥曾捐谷赈饥,明英宗于正统四年(公元1439年)降敕旌表:"国家施仁,养民为首,尔能出谷一千一百二十一石用助赈济,有司以闻,朕用嘉之。今遣人斋敕谕尔,劳以羊酒,旌为义民。仍免杂泛差役三年,尚允蹈忠厚,表励乡俗,用副褒嘉之意,钦哉。"

据史籍记载,明洪武帝提倡官员公仆作风,严格禁欲,每村都建"旌善亭",用于表彰做好事的邑人;建"申明亭",用于申斥恶人。

综上,古代农村建筑构成是立体式的,它不仅是居住场所,还是教育场所、娱乐场所、信仰场所,是一个把家庭和宗族、血缘和地缘、个人和国家、现在和过去都联系起来的社会网络认同体系。在这种体系和场所里的圣贤崇拜、英雄崇拜、行业鼻祖崇拜,和现代社会的影星、歌星崇拜相对比,具有经济、低耗、节能、面向基层、德被千载等优点。

丽水市缙云河阳村义田公所 2

永康芝英村大宗仓房

庆元大济村的族山、族林

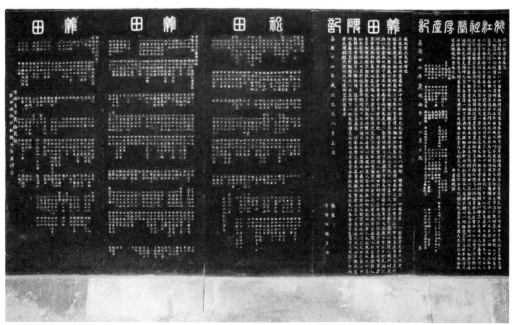

诸暨藏绿村族产、义田碑文

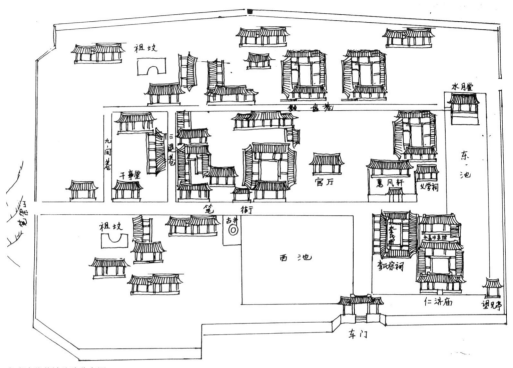

永嘉古代苍坡公建分布图

图5-3 传统村落中的族产和公益事业

宗族制度下的村屋构成有公建优先，百祠归宗的特点，除宗祠外，还有族山、族林、族田、义庄、义塾、义仓等为乡村赈济仓廪系统。

四、房派为脉、宗祠为轴的生长式发展图式

1. 房派为脉的生长式发展图式

现代一个新农村或城市居住小区的产生，首先要进行规划和建筑设计，有多少用地，造多少房子，道路交通怎么解决，发展方向在哪里等，事先都得由城乡规划师、建筑师根据国家的技术规范、技术政策规划设计好，一次性或分期施工好，交付使用。而古代血缘族聚村落，不需要规划设计图纸，一般都是开基者或始迁祖选择一个地址，盖一座或几座宅院。这以后，根据该家人口繁衍，按照家庭——家族——宗族这样的时序和人口结构，循序扩建，逐步形成，由家园到房族（组团），发展成村落。整个过程，可能要历时几代、几十年、几百年，不需要图纸，也不知道最终的结果是怎样的，都是自己动手营造的（虽然那些主要的技术工如木工、泥水匠是请师傅的）。总的来说，房屋的样式、规制及该屋和彼屋关系上等一系列问题，都是有乡规民约，是俗成和自觉的，可称作"俗成生长式"发展图式。

嵊州黄胜堂村环水亭

景宁大均浮伞祠

丽水莲都泄川村社屋

祭社，也是血缘村落的重要特征，社有二义，一是土地神、山神、水神等，二是一方英雄或先圣。社屋一般都置于村口、水口等关键位置，有集福、禳灾、驱押瘟疫等意义。

龙泉下樟村入口行宫社

龙泉上田村社屋

图 5-4　传统村落中的社屋布局

宁海许家山村四贤广场

　　传统村落俗成生长式发展图式的主体是房派，这种需求下的村屋增长、村落扩大有三个特点：一是目的性强，造新房目的就是使用，不是作为商品去卖或出租，所以就有效控制了房量，不存在空房存量问题。二是以家庭分户为周期的，村屋增长的速度缓慢而且有序，有节律，农人可以逐年育材、备料、培地基，避免了临时大面积砍伐建筑用材、挖山填水做地基等弊端，使村屋建设速度上、数量上都与自然节律合拍。三是都是自己动手营造，可用"惯常行程"这个概念来认识它的优点。"惯常行程"是恩格斯在论述人怎样利用自然界时提出的，它是自然规律发生作用的一种常出现的形式，这种行程要求的条件越低（如种子发芽、重物下落、气体扩散、水往低处流等）而内含的学问越深，操作却越简单。一个农人并不需要先把水稻生长机制、条件、耕作技术学会了再下田耕种，只要一把锄头、镰刀，从小孩起就可以跟大人一起下田了。造房做路也一样，只要抱着一个简单的目的，遵守通常做法、规定就行了。而这样的做法、规定，一个人在日常生活中就掌握了的，营造村落就是为了得到可居可交往的空间，满足各种需求。所以说，血缘村落的结构图式就是血亲家族的生活、生存方式。从这层意义上讲，血缘族居村落不是营造出来的，而是生活出来的。村落的空间结构，弄、巷、交通等发展节律是像一个人、一个家族的生命一样，融进宇宙的流程的。这样的村落充满了生态智慧和生命活力。

金华市东阳卢宅

衢州市龙游民居苑状元、丞相牌坊

花坦村乌府联芳

衢州车塘村义门牌坊

丽水市遂昌独山村牌坊

安徽歙县许村五马坊

图 5-5　传统村落中的牌坊

牌坊，包括功德牌、孝子坊、贞节坊等，是宗法社会下村屋
的重要组成部分。

丽水市景宁小佐村贞节坊（木牌坊）

2. 宗祠是血缘村落的发展轴

上述房支（家庭与房、血族分支）是中国血缘族居村落发展的动力，宗祠则是村落发展空间结构和形象面貌的轴线。不过，这里所谓"轴线"不是几何形态上的对称轴线或圆心，是广义的，是家族发展物化形态的时间之轴、精神之轴，族人居住活动之轴。其位置，可以在族房的当中核心位置，如永嘉蓬溪谢康乐祠；可以在村子的一旁，如永嘉屿北尚书祠；可以在村头、水口，如建德李村某祠、泰顺徐吞底吴祠、兰溪渡渎村章氏家庙；也可以在村外某一比较空旷的地方，如泰顺泗溪包宅包祠、兰溪上戴村戴氏宗祠、下孟塘上族祠、西姜村西姜祠堂、江山大陈村汪祠等。这是由建祠时的用地条件决定的，不管怎么说，总不会甲房族的宗祠造到乙房族房子中去的。很多著述说古村落"围绕一个中心空间组织建筑群"、"整个村落（族房）环绕宗祠组成，面对宗祠布置，呈向心内聚状态"。这个说法是以偏概全了，对于一个开基村、始迁祖或规划选择型村落（族房）是对的，但中国的大部分传统村落都是自然生长型的，很难形成轴对称、向心（宗祠）型团组结构，且村落的边界线都是不规则的，可以说找不到边界形状完全一致的两个传统村落。

要认识这个问题，首先得厘清先有族房还是先有族祠。对于这个问题，我们做过调查，讲宗祠在先、在后的都有。因为一地的宗祠、族房形成年代太久了，后人很难准确回答。宗祠是一族人纪念祖宗的场所，应该是先有房族后有宗祠。

"祠"的原义，《说文》中曰"春祭曰祠。……从示司声"。这是一个象形字，"司"指从事某种事务的专业人员，如古代官员的设置，有司徒、司马、司空、司农、司寇等。司徒职掌民事、户口、官司、籍田、财政；司马除掌军政外，还兼掌制赋、军旅等；司空主管城市建设、土木工程，等等。"示"字，《说文》曰："天垂象，见凶吉，所以示人也。示，从二，天地；三垂，日月星也。观乎天文，以察时变，示，神事也。""司"字，《说文》中说"司是臣司事于外者"。此时的"示"可看做是进行天地日月占卜的地方，上面的"二"也可看作摆放祭祀对象的"案台"，示字下面的"小"可看作跪拜的人。

可见，"祠"是指一位专职颂唱"祝文"或"祭词"的人在主持人们祭祀祖宗的活动，后来也将"祠"延伸指代进行此种活动的场所（建筑）。如此看来，若没有后人及后人的祭祖活动，又哪来活动的仪式及其场所——宗祠？

从理论上讲，民间"祠堂"是宋元以后逐渐兴起的，但功能上与宗庙一致，是家庙。独立式祠堂叫"宗祠"，是明嘉靖十五年（公元1536年）之后的事。因此，必定是先有房族，后有宗祠。

还有一个问题，宗祠用地是原先预留着的？还是利用空地、菜地、果园，抑或拆旧房的？答案是，这几种形式都有可能，但不是全部。笔者最近看过一些家谱，才弄明白它是在房族的发育过程中，由房屋逐步演变、置换过来的。一个家庭，有了男孩，便在旧宅旁建新宅，或买进邻居的住宅，这样几代后就形成以祖屋为核心的小组团。三代后祖屋升格为香火堂，五代后随着新房族的产生，香火堂升格为支祠，之后再升格为分祠、宗祠。彼时，根据需要和可能对祖屋进行改扩建、拆建或换地新建，也有族人捐地而建的。如衢州市衢江区李宅村李氏大宗祠，就是该村明代进士、监察御史李庠倡议并捐基地建造的。

金华蒲塘村是宗族文化主导下又一个生动的实例。这是个王姓血缘村落，始祖来自山西历史重镇蒲州，山西自古有蒲县、蒲川、蒲河，更有传说中的舜都蒲畈。水是该王氏重要的宗族意象，世世代代灌注着以水为脉、循序渐进的不断追求。南迁祖王彦超为北宋开国大将，迁居义乌凤林。其四代孙王世宗是儒商，为避水患行商卜居金华栗山。这是一个三面环山、前面一水穿流的风水宝地，出于宗族强烈的理水意识，村名取为"蒲塘"。始迁村位于一个靠山的叫"蒲塘沿"的水塘旁，山脚还有不少水井。该村 800 多年来，鼎盛期有一祠、一阁、四寺、四庙、十堂楼，至今存有优秀古建筑面积 1.8 万平方米，不少重要大屋前都有水塘，成为村落独特的风貌特色。村里的王氏宗祠是后来造的，始建于明嘉靖丁亥年（公元 1527 年），它和文昌阁及前面大水塘成为村民室外活动中心。从凤林王氏分迁图中可知，该家族人口增长快，分房裂地迁徙活动频繁，但不管怎么迁徙，和祖居地蒲塘都保持密切联系（图 5-6）。

3. 浙江古村落地裂式网络空间图式

生长式发展的传统村落，空间形态最大特征可称为"网络式空间图式"（图 5-7）。地裂式的路网，跟着地形走的边界线和形状，对应的巷弄不直接贯通，村内有大量的短轴线，家家户户可以最短捷的路线互助串门、和外村及农田联系，同时也保持对祠堂等公共建筑之间的交通便捷和相互可达性。村民对阳光、空间、道路的享受具有均好性。

这种图式还有个优点是不须大尺度地改造地形地貌，可充分利用小尺度、零碎的用地条件，可创造出高低错落、朝向不同、立面丰富、屋脊和山峦协调多韵的村貌。古诗词用"簇簇村落"描述之，这样的图式，看似无序，却像最接地气的灌木丛一样，具有生长规律，活力四射。

蒲塘沿 1

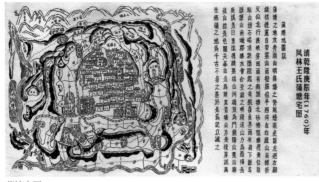

蒲塘宅图

图 5-6　金华蒲塘村建村史迹（建村过程）
该图呈现了蒲塘王氏以水为脉循序渐进的建村过程，始迁村以一个山脚下叫"蒲塘沿"的小池塘为原点，不断地进行治水理水，各房派多环水发展，成就了今日以大面积水面和雄伟宗祠为特色的村貌。该家族分房裂地迁徙活动频繁，每次迁徙都和郡望蒲河保持密切联系。

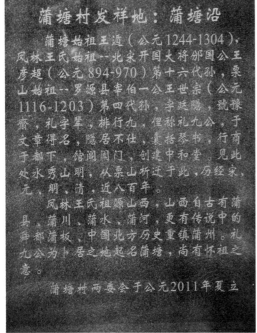

发祥地字碑

蒲塘沿 2

傍水大屋

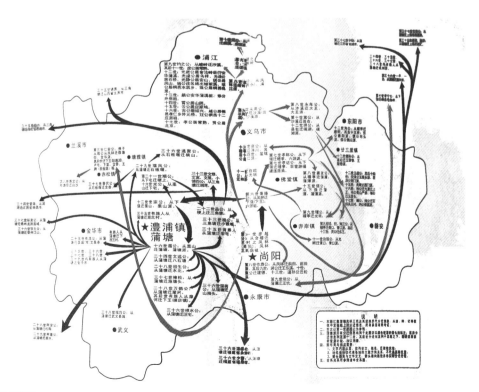

凤林王氏分迁图

蒲塘村王氏宗祠

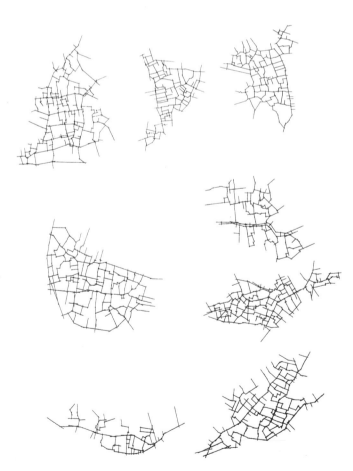

图 5-7　我国传统村落生长式空间形态，地裂式
路网（采自王浩峰 叶珉 2005 年海峡两岸传统民
居学术研讨会《宗族组织和村落空间形态》）

五、宗祠主导村落风貌和空间布局

1. 宗祠是古代村落标志性建筑

《新安民居》某家谱上有这么一段话："人谓新安在万峰中，不知实在万派上，故人多高风峻节，俗多尊祖敬宗。名家巨族，无不以宗祠为急务者，……"借它阐述浙江古村"宗祠主导村落风貌和空间布局"特征也是十分贴切的。车行浙江山水间，遥望数点江南古村隐约树梢尖，凡五里、十里，粉墙矗矗，鸳瓦粼粼；渐近，马头（墙）峥嵘，鸱吻耸拔。凡到一村，撩拨你视觉的总是宗祠。即使那些石库门、一字墙外表和普通村屋没有什么差异的祠堂，一进去，也多是肥梁胖柱，或牛腿、雀替精美异常，或柱础、额枋古拙质朴……一般第一进是戏台，檐角飞扬，两旁厢廊矮胖，当中天井摇光。穿过幽古的大厅，后进是建在起码一米多高的台基上的享堂。祠堂前部的这种形制、装饰、格局，既能满足视觉上的凝重感，后部的高差、幽暗更能表达子孙对慎终追远的虔诚。因此，凡到一村，能记住它的风貌特征的，除了特殊的山水环境外，就是宗祠了（图5-8）。

2. 宗祠是族房发展的核心

宗祠主导下的传统村落结构特征，反映在村落的形态上，常常表现为以宗祠为核心而形成一种节点状向心聚合形式。较大、历史较悠久的村落，大的宗族往往派生出若干支系，有总祠、分祠、支祠。在浙西用大厅、二厅、小厅名之，浙南则以总祠、二房宗祠、三房宗祠、四房宗祠等名之。有的地方还有称"柱"的，如兰溪某村近年新修的一个宗祠名为"第史柱"，这是房下面一个分支，支祠下面的一个级别。反映在村落形态上，则会出现若干组团，各支系除了受总祠统领外，又以支祠作为副中心，形成圈层结构。需说明的是，这里所谓组团，院屋交错，巷弄形便，并没有明显的边界，但都有领域特征。构成领域特征的主要建筑物是宗祠，各房宗祠虽然形制接近，但门屋各异，况且各有堂号。宗祠前都有广场，伴随广场的，或湖塘潭池，或门楼牌坊，或井台古树，或旗杆石、抱鼓石，有的宗祠前还有明堂（特殊地形之旷野）、远山、远峰，凡此种种，各自书写着各房族的历史故事。如建德乌石岗村主要宗祠"紫微第"，诉述着徐国后裔唐朝神龙年间山河节度使徐富之子徐绍从兰溪迁到该地，历经800年，开创出具有"乌岗八景"的文化名村，明朝出过四进士、一兵

宁海龙宫村陈氏宗祠

嵊州华堂王氏宗祠

兰溪三泉村"世德堂"

兰溪长乐村金氏宗祠

永嘉花坦敦睦祠

泰顺贝谷徐氏宗祠

图5-8 浙江传统村落宗祠举例

宗祠,是古村落的最重要标志,"堂构
森严种子孙,孙支繁衍焕宗方。"各地
农村,最重宗祠建设,或鸱吻耸拔、檐
角飞扬,或门面平淡、内部古拙森严,
表达了子孙们虔诚的祭祖尊祖慎终追远
的家族精神。

遂昌塘岭头傅正有公祠

诸暨藏绿村周氏宗祠

永康厚吴吴氏宗祠

金华市蒲塘王氏宗祠

江山南坞村杨氏内祠

江山张村黄氏宗祠

龙泉龙井菇神庙

永嘉屿北村尚书祠

建德乌石岗村徐氏宗祠

宁波许家山四贤广场宗祠戏台

兰溪宋宅村宋濂祠堂

图 5-9　宗祠为传统村落风貌主导因素

一般来说，浙江农村宗祠，或以显要的位置，或以巍丽的外貌，主导村落风貌和空间布局。

部尚书的故事。而宁波许家山叶、张、王、胡四姓先贤在僻远的山地共建了著名的石头村，后代用集合式宗祠、广场、戏台显现了先祖共建家园的美德（图5-9）。

3. 宗祠主导村落风貌的实例

应该说，并不是所有的总祠都是最好的，要是有一房功名成就、人丁兴旺、有势有钱，就会使这一支祠聚居地不断向外扩展，其支祠就可能在规模上、配置上超过总祠，导致村落形态结构变化。建德新叶村就是这类的典型例子。

新叶的始迁祖南宋叶坤生二子，大儿子一房住祖屋旁边，叫"里宅"，里宅派在祖屋附近建造了雍睦堂，这一派渐渐衰落，到十九世时已无子嗣，仅存一个雍睦堂。小儿子搬村外，叫"外宅"。外宅派繁衍得快，建了新叶叶氏祖庙西山堂，和小房总祠堂"有序堂"，并在有序堂前挖了大池塘，后来成为村落的中心。至明宣德年间，外宅派已发展成十一个支派，百十户人家，六百余人口，于是接踵建厅、分祠，以有序堂为核心，分布在左右和后方。每个房派的住屋均造在本房派宗祠的周围，后代又分支时，再在外围造更低一级的宗祠，这些宗祠的两侧仍是本派成员的住宅。整个村，历史上宗祠数量近30座之多，今存大小祠堂13座。较大的有崇仁堂、崇义堂、崇礼堂、崇智堂、崇信堂、崇德堂、永锡堂等，分布在有序堂左、右、后面，各房派住宅簇拥在本派分祠的周围，这时期形成的村落结构、布局，一直为后代遵守。

明成化年间，是新叶村的鼎盛期，他们修缮了祠堂，建造了文峰塔、水口亭，重建了祖庙和有序堂。清光绪六年（公元1880年），重建了全村最高大宏敞的崇仁堂（图5-10）。

六、族房制和住宅布局模式

1. 族房制

这里所说族房制和房派、房份是两个不同的概念，房派、房份是一个家族的人际、辈分关系，而族房制是家族制度。

我们调查发现有的村实行"族"与"房（份）"两级利益责任机制制度。这是浙江，

抟云塔、文昌阁

新叶村远眺

有序堂

图 5-10 建德新叶村，宗祠、庙宇和文教建筑（构筑）共同构成村貌特色。

尤其是宁波地区较早实行的比较先进的家族制度。它的基本要点是：

第一，子嗣结婚后就必须分房立户，标以新的"房名"，成为"独立门户"的家庭。新的房名和房份多具有关联性。如平阳顺溪陈氏老屋、老大份大屋、第二份大屋、新大份大屋、第三份大屋、第四份大屋、第七份大屋、新七份大屋以及陈氏宗祠共九座大屋，都是始迁祖陈嘉询及后代各房的庭院式大屋。也有以其他方式命名的，如庆元大济村的"泽德堂"、"聿新堂"、"别驾第"、"善继堂"、"慎德堂"、"慎修堂"。

第二，每个"房份"不承担家族的经济义务；家族的公共经费来源于"公堂田"、"祭祀田"和公产房的租金、租谷。但是每个房份都对家族承担公共责任，如消防、治安、修缮道路桥梁、节日活动、祭圣祭祖等。

2. 族房制和村屋布局模式

"房份"是宗族村落结构的基本单元，对村落形态产生重大影响。房份群落基本布局模式以宗祠为中心，同族中的各房院落沿弄堂街巷展开，各房份繁衍之后再分出宗支，由此逐渐形成可见或不可见的组团。小户人家采用一字形披屋，大户为多进院落，由高密度自由式路网联系各户。有的地方，如松阳横樟、石仓，云和桑岭根等，各房份连成一块，各厢弄对接、相连，房份之间联系不靠巷弄，而靠房屋内部的厢弄。当地人把这种形制叫作"一字路横堂屋"。与之相反，如宁波奉化岩头村溪西街毛氏家族内部，不同房份的院落是纵向串联的。各进之间的交通有两种方式：一是通过中轴线，将各房份的"堂前"打通，成为穿堂前后贯通。二是使前一进的正厢房之间的穿弄与后一进的厢房的轩廊相通。由于前后进之间有山墙相隔，因此往往在穿弄与轩廊之间形成与外界相连的巷道，在山墙上开有卷洞门或传统的墙门，门套门、廊连廊、柱排柱，加深了视觉空间的进深感。整个家族的屋宅连绵成片。

3. 墙门屋、大屋街

浙江大部分古村落住宅都采用环宗祠的布局形式，形成街巷—院落—房屋三级空间格局。宁波某些农村还出现了一种较为特殊的街—巷—墙门—排屋的空间形式。如：鄞州区蜜岩村的"乾八房"里外堂沿，是典型实例。其平面布局为：南北两面为对称的长排联立式住宅，当中为院落，两端设门（墙门），一个家族居住里面，所有房前有廊，每间隔五、六间设置一堵大墙，用来加固结构，同时有防火作用。每个宅门都设有一个堂沿，作为最

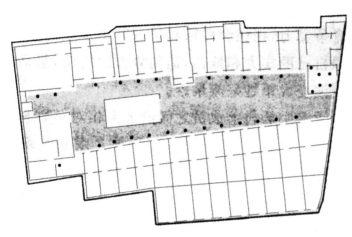

图 5-11　宁波蜜岩村"乾八房"墙门平面示意图

低一级的祭祖准宗祠。

这种墙门有别于四合院，没有明显的三面围合，入口有仪门，仪门上有砖雕、文字彩绘等。比较考究的墙门、大墙上有彩绘和镂空的花墙、石雕漏窗。各宅间有安全通道联系起来，门前有挑檐走廊，四廊互通。二排房子之间空地据中位置设一堂沿，是墙门中族人婚嫁、丧殡场所。该村即使没有墙门的，也多为长排住宅，如："长大屋街"，两旁房子也是呈一字排开朝着街道，家家门前设廊（图 5-11）。

七、五服制宗亲法对传统村落和建筑的影响

1. 服制亲等制

宗法社会村落、人群交往结合的方式不外乎血缘、地缘和职缘。血缘是人类居住最早最自然的纽带。以婚姻和血缘关系结成的同财共居的社会基本单位叫家族，把与自己有较近的血统关系或婚姻关系的人叫作亲属，范围包括血亲、配偶、血亲的配偶（如伯母、婶婶、嫂子）和配偶的血亲（如岳父母、妻子的兄弟姐妹）。亲属也就是今天人们称呼的亲戚，是人们因血缘关系交往最多、利益往来的人群，衡量亲属亲疏远近的尺度叫亲等。亲等的计算有两种办法：①世代亲等制，即以代数（世）为单位，一（世）代为一亲等。②服制亲等制，我国采用此法，即五服亲等法。《礼记·丧服传》以丧服的轻重和丧期的长短来标示生人与

死者的亲疏关系，丧服和服丧期分为五等，按轻重递次为斩衰（三年）、齐衰（一年、五月、三月不等）、大功（九月）、小功（五月）、缌麻（三月）。这五种丧服之外，就不再是亲属了。五服中最重的是斩衰服，子为父、父为长子、嗣子为嗣父，都服斩衰。妻妾为夫、未嫁的女子为父，除斩衰外还有丧髻，居丧期是三年。五服中最轻的是缌麻丧服，丧期三个月。边缘亲属之间持缌麻服，丧期三个月。

五服制度对我国宗法制度和宗族文化起着重大作用，包含两个层面：一是作为法律制度起着巩固国家政权作用，二是作为人们行为规范起着安定社会作用。

自晋朝开始，政府将丧葬礼的五服制度引入法律，所谓"准五服以制罪"，令宗亲范围内的两造同罪而异罚，即五服制内不同位序上的人犯了同样的罪行而有不同的处罚。比如，子孙殴打父祖，不论轻重一律重罚，甚至凌迟处死，至于父、祖殴打子孙，是施行教养的权利，不予论罪。法律还实行"父为子隐"、"子为父隐"的原则，家中有人犯案，可以互相包庇，更不允许子孙告发父祖，不会像现今法律处以包庇罪。至于政治上犯罪则有连坐法，以致"株连九族"、"满门抄斩"。

五服制度对稳定村落人员结构和空间构成也起着一定作用。五服制度约束下的家族有个不成文的做法，如有人要出售田地房产，必须先向族人出卖，没有人买，才可以卖给外姓人。这就是"卖产先尽亲邻"法则。

2. 五服图

把五服制亲等法以血缘的远近排成一定的关系图式，称"五服图"。五服图以自己为中心，直系亲属上至高祖父母，下至玄孙、玄孙媳共九代（九族），也叫九族五服图。五服亲等制规范了国人二重社会生活：第一重是家庭生活，并以家族为社会生活的重心；亲戚邻里朋友等关系是第二重社会生活。五服图有四个特征，一是有核心，二是有轴线，三是放射形，四是对称性。一个家族成员的行为与之一一对应，这样的家族是个体自由又是相亲、有序、互谐、稳定的。

五服图中，关系最密切的是父、己、子直系三代，他们组成了中国古代最小的社会单位——主干家庭。他们天天住在一起，同吃同劳动、共财，包括祖、父、己、伯叔及其子女者，称作共祖家庭。五服以内的成员称为"家族"，五服以外的共祖族人称为"宗族"（图5-12）。

3. 差序格局

整个丧服系统是以亲亲为准则的，但也斟酌尊尊和相投的原则。五服图标示了一个

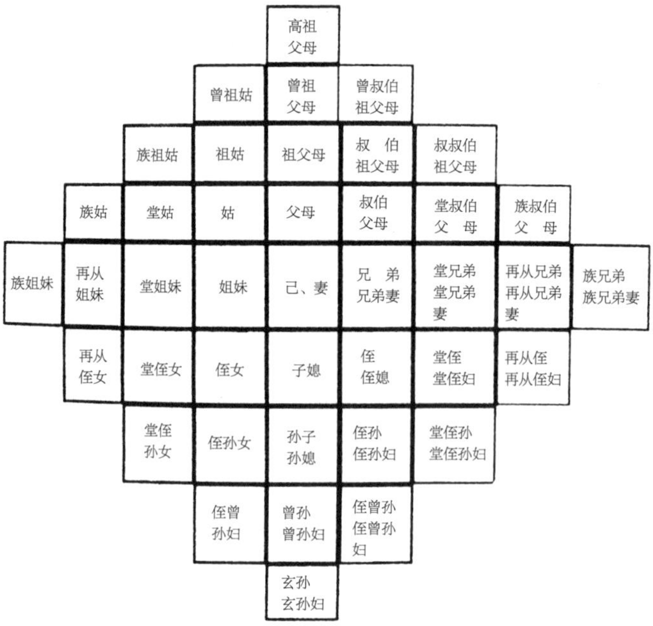

			高祖父母				
		曾祖姑	曾祖父母	曾叔伯祖父母			
	族祖姑	祖姑	祖父母	叔伯祖父母	叔叔伯祖父母		
族姑	堂姑	姑	父母	叔伯父母	堂叔伯父母	族叔伯父母	
族姐妹	再从姐妹	堂姐妹	姐妹	己、妻	兄弟兄弟妻	堂兄弟兄弟妻	再从兄弟再从弟妻	族兄弟族兄弟妻
再从侄女	堂侄女	侄女	子媳	侄侄媳	堂侄堂侄妇	再从侄再从妇	
	堂侄孙女	侄孙女	孙子孙媳	侄孙侄孙妇	堂侄孙堂侄孙妇		
		侄曾孙妇	曾孙曾孙妇	侄曾孙侄曾孙妇			
			玄孙玄孙妇				

图 5-12　五服图

五服制规范了一个九世家族的（差序格局）——即人际关系和行为模式，成为我国古村落和古代建筑空间布局的指导思想和原则。

九世家族的人文位序和亲疏远近的人际格局，规范了一个人的社交活动和出行图式。著名社会学家费孝通先生解读五服图时指出："我们的格局不是一捆一捆扎清楚的柴，……而是以自己为中心，像石子一般投入水中，和别人所联系的社会关系。不像团体中的分子一般，大家站在一个平面上，而是像水的波纹一般，一圈圈推出去，愈推愈远，也愈推愈浅，每个人都是他社会影响所推出圈子的中心，被圈子的波纹推及的就发生联系，每个人在某一时间某一地点所动用的圈子是不一定相同的。"（费孝通，《乡土中国》）。费先生将五服制孕化出来的社会秩序称为"差序格局"。中国乡土社会的基层结构是一个由一根根私人联系所编织成的网络，这网络的每一个结点都附着一种道德要素、亲疏远近的人际关系，亲缘、地缘关系也都呈现在里面，它的作用在于把一种原本是血统的、基因上的现象变成一种传袭的、文化上的现象，也就是把基因上的共同类型，整合成文化上的共同模式，达成家族和民族的完善结合。五服图是中国乡土社会人际关系图式，它以自己为中心，这个中心不是固定点，每个人都是中心点，都构成一幅五服图，无数幅五服图一轮一轮互相关联，构成人际和谐稳定的网络结构。每一个家族都是社会网络中的一环，环环相扣，互相牵引，每个人又都是这个环中的分子，有预设的运行轨道和行为准则，孕化出乡土中国人际对立成分轻、人际和谐成分重的民族品质。它也孕化出中国古代"屈法以伸情"的法律特征。关于此，不禁使人想起明太祖制定法律时，皇太孙（后来的建文帝）跟他说，用刑法治罪人，也是为了教化，所以凡是与五伦相关涉的，要以情为重，感化犯者。明太祖接受了这一建议，对原定的73条法律进行了修改，使得五服制及宗法精神渗透在法律的名例、户婚、斗讼各类律文中，不仅明代，各个朝代的法律都实行"准五服以制罪"原则。

4. 五服制对传统村落和建筑的影响

差序格局对村落空间的影响，可以看作多进落庭院的空间格局和人文位序是五服制的物化、五服图的放大。五服图中轴线上的人际关系最密切，从中心点起越向前的人辈分越高。合院式建筑中轴线上的空间是祭祖空间、长辈空间、厅堂空间，由门厅、轿厅、正厅、女厅、高堂逐渐提升，二者的性质是同构的。从村落的总平面布局看，也是如此，越接近中心点的人际关系越亲，村落中一幢幢房子屋主的血缘关系也是渐疏渐远的。从一乡、一镇、一个地域的村邑布局看，也能找到差序格局的影子。在农耕社会，人们生产日升而出，日落而归。村人姻亲之间的距离，也基本遵循这一规律，一个人到岳父母家、到舅舅外婆家，少则几刻钟，多则一天，基本上都能到达。这一规律，通过文化转换，或多或少会影响到村庄密度、大小，及形态、风格。

八、宗族制度和城乡体系

浙江各地的乡村和城市，分布有疏有密，规模有大有小，面貌统一又有差异。形成原因有自然气候、地形地貌、土地制度等主要原因，本质是"人"。

海德格尔认为，人的本质就是存在于四大要素（天、地、神、人）之间的"定居"；定居是人类存在的基本特征，建筑、村落、城镇的本质是让人安居下来，它是通过分割空间再将各部分有机结合起来以达到这个目标的。

西方社会组织，以个人为单位，以个人组成企业、社团，是社会本位之社会；中国以家庭为单位，以家庭组成家族，以家族组成宗族，是伦理本位之社会。

中国宗族制度就结构形式讲，具有以家庭为圆心，逐次向外扩大的同心圆式层累性结构。以家庭→家族→宗族→氏族→村落→郡望的生长方式，从血缘化走向地域化。就是这种宗族结构，造成了我国居民分布以村落为单位，一村一姓（或几姓）、星座式的居民点层次结构。

欧洲土地私有，为领主、武士、僧侣掌握。人们过着集团式生活，平民多数为农奴，少数为自由民。庄园为社会基层生活单位，形成庄园与宗教（教堂）结合，平民住宅环绕着庄园和教堂的居住图式。

中国宗法制度下的村人生存方式是农业的，是不流动的，其消费需求也基本上自给自足或家族、邻居间互相帮助来解决，这种给食方式和生存方式，反映在村落的规模上，必须和该村的环境、资源相适应，从而派生出一个地域村落规模、空间形态，和该地域的农田、水系同构现象。

宗法制度还把农民牢牢地束缚在土地上，很少流动，使社会呈封闭、僵化的状态，成为中国封建社会长期停滞不前的原因之一，并严重影响传统村落形态。在土地资源充分开发后，家庭结构和规模、村落的大小和边界就很少变动，村落体系布局和形态都处于协调、胶着状态，很少变化。

九、名门望族、世家大屋

今天，我们尚能看到的浙江优秀古民居，多是名门望族、世家大族留下来的。从时间上讲，唐代以前的民居已经没有了，只有典籍、文化遗址、出土明器、汉画像石、画像砖中记载着有关信息。宋元的民居也几乎绝迹，只是具有宋、元风格或者构件的还能找出一些。留传至今的名门望族、世家大屋多是明清的，而且以清代的为主。

1. 世家大屋

"世家"概念有二：一是司马迁《史记》中的世家，是指有世代不迁之庙的诸侯、卿大夫之家。这种家庭、家族早已退出历史舞台，其住宅不可能传承下来。二是世禄之家，泛指世代显贵的家庭或家族，即家族的历史悠久、家族人口多、经济好、政治强，能够延续一段相当长的时间（一般三世以上）。简单说，那些地位尊崇、世代绵延、泽被后代的家庭，方为世家。

大量野外调查告诉我们，大屋要传承下来，光有政治、经济条件还不行，还必须有文化，而且文化还是主要条件，是"文化世家"。所谓文化世家必须符合三个标准，即要世代当官、世代登科、世代科举入仕，还要有家学渊源、家学传世。除此外，还应具备如下特征：一、家族成员具有强烈的文化意识，具有相当的文化积累，并有一定的文献储存，家族内部进行着广泛的文化交流，并对地方文化形成积极的影响。二、重视科举仕官，科举人才的多少反映一个家族素质的高下，同时是社会地位的标志，也为家族的绵延发展起到重要作用。三、有严格的礼法家风、伦理规范，家长族长具有绝对的权力，才能稳定。以"孝"为代表的家庭哲学，是传统中国人格中最为稳固的一部分，以血缘宗族关系为基础的中国古代社会，"孝"是家庭和睦的基础。而尊古祭祖，又是孝的延伸，只有这样，才能把祖业视作生命，代代相传。以上三点，正如很多大屋的门联所说："忠孝持家远，读书处世长。"最后，作为文化世家，还要有家学（包括家训、家规）渊源，家学传世。

2. 名门望族大屋

当然，也不是所有优秀古民居都是文化世家留下的，有的地方虽没有特别好的大房子，但整体上比较好，尤其是宗祠非常好，或者一条街、水口非常优秀。这些村落往往是"望族"居住的地方，本村或本族出过有名望的门第，高贵有特权的家族，也或出过历史人物或对家族有长远影响的重大事件。这里所谓"望族"，是指历史悠久声望很高的家族，把它和曾经的历史背景关联起来，又叫名门望族。和文化世家不同的是，这些名门或历史人物本身已离开本村，甚至已不复存在，在本村没有留下房子，有的甚至不是本村人，而是他们的后裔移居到此地，他们作为该族的一个文化符号，起着收族、义励作用。春秋战国时代的晋国六卿（赵氏、韩氏、魏氏、智氏、范氏、中行氏），隋唐时的五姓七望（陇西李氏、赵郡李氏、清河崔氏、博陵崔氏、范阳卢氏、荥阳郑氏、太原王氏，其中李氏与崔氏各有两个郡望）是中国历史上最显赫的名门望族。另有一说，陇西李氏、赵郡李氏、弘农杨氏、太原王氏、琅琊王氏、陈郡谢氏、清河崔氏、荥阳郑氏、范阳卢氏、太原温氏，是汉唐时期十大名门望族。

为了使读者对古代名门、世家田地房屋之大有一个具体概念，现摘录几个史书记载的实例：汉代刘邦，尚称节俭，但对"列侯食邑者皆佩之印，赐大第"。汉武帝，开始大奢纵，到后汉，"外戚、贵幸之家及中官公族，造起馆舍，凡有万数，楼阁连接，丹青素垩，雕刻之饰，不可单言"（参见吕思勉·《秦汉书》）。东汉末政论家仲长统概括：当时豪强巨富"馆舍布于州郡，田亩连于方国"，"豪人之室，连栋数百，膏田满野，奴婢千群，徒附万计"。以上是北方平原地区大户人家概况，江南秦汉时大户人家不多，晋室南渡，中原大家族前来落户，大家庭开始增多，如王导在建康附近的赐田，就有八十余顷；谢安在会稽、吴郡、琅琊三地广置田宅，到谢混时有田业十几处，僮仆上千人。到了南朝刘宋时，会稽大族孔灵符"于永兴（今萧山）立墅，周回三十三里，水陆地二百六十五顷，含带二山，又有果园九处"。（《宋书·孔季恭传附孔灵符传》）。

明清二代，朱元璋即位之初，就开始核实田亩，编制了"鱼鳞图册"，加强了土地管理，接着又出台了"土地永佃权"政策，把土地的耕作权和所有权分离，这就从政策上限止了"庄园式"大户型的出现，名门望族世家大户住宅朝着精细化方向发展，出现了多进落庭院。但是，形制和名称各地不同，杭嘉湖一带为多进（多轴线）落宅第、园林宅第；宁绍一带为大墙门、台门屋；浙中称十三间头、廿四间头、环厅式大屋、套屋；浙西为对合式、三进二明堂；台丽温叫十八楼、三进九明堂、一字路、横堂屋、一字形长屋、多院落式长屋。具体名字，有的按主人名字叫，有的按堂号叫，有的按主人官名、职位称呼。我们这次调查看到比较典型的世家宅第有宁波慈城的甲第世家、半浦的中书第，湖州南浔的小莲庄，金华永康厚吴的司马第，杭州市区的梁宅（下城区七龙潭3号）、吴宅（下城区岳官巷4号），绍兴市区的吕府，东阳紫微山尚书第，天台城关的张文郁故居，庆元大济的聿新堂、慎修堂、善继堂，等等。

宋代宗族制度平民化以后，世家、门第的身份不再有继承性，但不少望族的后代都能恪守荣耀继承祖业，或在士宦上，或在商贾上都继续了强大势头，致使一村一族住宅都比较好。如唐末上柱国、越国公汪华的后裔村永嘉屿北村、江山大陈村、开化霞山村，前二个为单姓村，后面一个为双姓村，整个村落房屋都比较大，保存得非常好。其中，永嘉屿北村用地9公顷，800人，今存大片优秀古民居、7座宗祠、具有堂号的大屋17座，整个古村落皆为传统风貌。江山大陈村，古建筑依山就势、鳞次栉比，历史环境要素保护得很好，今存明清古建筑55座，青砖、石板巷弄长达3000米。开化霞山村更是大屋连片、祠堂生辉。

名门望族对传统民居的影响，不只是一族一村孤立起作用的，它还影响四邻，起到地域互动作用。如，浙中的优秀古民居主要分布在东阳，东阳的优秀古民居又主要集中在金衢盆地的东端——东阳江北盆地上，主要原因是一些名门望族互动的结果。该盆地面积256平方公里，近30万人，有70个姓、150族。今存古民居最多、气势最大的古村有蔡宅、厦程里、巍山、白坦、李宅、卢宅等村。就是大族卢氏、蔡氏、沈氏、程氏的居住地，也是这些大族互动相继结出的果实。

浙江今存古代大屋，还有不少是富商的。明代，中国涌现十大商帮，浙江就占了二个半（宁波帮、龙游帮以及太湖流域的香山帮）。当然，这些商人除了有钱以外，更重要的还是有文化，他们或是儒商，或者是家族中出现科举中仕者。

这些大屋还有一个特点，往往是互相带动、连片建造。比较典型的大宅有平湖的莫氏庄园，常山球川的"三十六天井"，温州平阳顺溪的陈氏十一幢大屋，苍南桥墩"广昌号"，绍兴诸暨的斯宅、藏绿村周宅，江山的廿八都，松阳的石仓村诸大屋等。温州楠溪江流域是理想的耕读之地、南宋全国科举最盛的地方，冠带代承、簪缨继出，还出现了不少理学家，留下整片整片的宋式遗构。如芙蓉村的将军屋、溪口村的理学家戴蒙故居、蓬溪村的谢恩泽宅，最大的是梅坦村的谷曲仙宅，共有120间。

和永嘉相比，浙中金华市遗留下来的名门望族宅第更多一些，这里是北方世家大族南下定居的密集区。史籍记载的名门宅第，汉晋有斯敦宅、许孜宅、陈安居宅，唐代的东阳门外的腾家楼、冯家楼，宋室南渡有"三大宅"、"四名家"、"五府"，明清时期卢宅的牌坊、李宅的祠堂、巍山的厅堂享誉天下。据不完全统计，仅东阳县历史上就有大宅第如卢宅、九如堂、一经堂、务本堂、永贞堂、前村七台、四本堂、位育堂等80多幢。义乌有黄山八面厅、佛堂长新里"留耕堂"、廿三里镇外大岭村蓉竹公厅、陶店村"慎修堂"、佛堂镇倍磊四村后草院、柳村本立堂等30多幢。这些大屋规模之大、气势之恢宏令人叹为观止，如东阳门外的腾家楼、冯家楼，民间有"高楼画槛照人目，其下步廊几半里"之称。

3. 浙江名门望族、世家大屋实例

下面列举几例，看看名门望族、世家或富商大屋的具体形象。

（1）东阳卢宅

位于东阳市郊，是一个村落式大家族住宅群，始迁祖南宋初年从河北迁来，八百年来，该家族人口一度达5000人以上。住宅群总图呈双臂环抱的准壶腔结构，四周为街道、河渠，内部园林、菜地一应俱全。卢宅古建筑群占地面积26800平方米，建筑面积16900平方米。有厅堂宅第30余幢、74厅、84堂，有7条轴线。

肃雍堂主轴线是现存国内民居建筑保存最完整、纵深最长的一条建筑轴线，纵深320米，115间，2200余楹，占地6470多平方米，气势恢宏。从大照壁开始，甬道三转二折，过牌坊群后，依次是捷报门、国光门、肃雍堂、肃雍后堂、乐寿堂、世雍门楼、世雍堂、世雍中堂、世雍后楼，院落达九进之多。是中国明代"十二大民居"之一。

卢宅建造于明景泰丙子（公元1456年）至天顺壬午（公元1462年），是文化世家，从明永乐十九年（公元 1421 年）卢睿成进士起，到清代中叶科第不绝、名冠一时，中进士八人，中举人二十八人。

（2）桐庐新合乡引坑村钟氏大屋

这是浙江今存最大古民居之一，钟氏渊源可追溯到东汉颍川（今河南许昌）籍重臣钟繇、钟会，三国时避祸南迁到江苏丹阳，南宋时迁到此地。大屋由五列平行的二层楼组成，通面阔 67 米，通进深 97 米，占地 6000 余平方米，房间 200 余间，主轴线上五个厅堂、四个院落，两旁四条轴线上八个庭院，环环相套，井然有序，整座大屋俨然一个氏族村邑。主轴为祭祖、礼仪空间，第二进为花厅，花厅明间为戏台，前后厅堂、走廊可供全村人看戏。屋主告诉我们，光绪十五年（公元 1889 年），钟氏族人连出三名贡生。引坑村位于富阳、浦江、桐庐三县交界，位置偏僻，盗匪猖獗，该家族千多年来始终抱团而居。在大屋的南侧，沿溪布置有一些辅助建筑，分别是猪、牛圈，茅房等。从而把生活起居和畜、储区分开来。

（3）斯宅

诸暨东白山西麓的斯宅村、螽斯畈村、上泉村三村紧邻，皆为斯姓，称"三斯"，或斯宅。该村至今保存着 14 幢大型清代民居。其中，斯盛居（又名千柱屋、新屋），宽 108.5 米，深 63.10 米，10 个院落，36 个天井，共有房间 121 间，1322 根柱子。华国公别墅，占地 2800m²，前有泮池，当中为家庙，西旁有私塾，是一座住宅兼书院、集教育、祭祀为一体的纪念性建筑。盟前畈台门，由三幢台门屋、五个台门、5 条轴线组成，内有 12 个四合院、10 个大天井、三条马弄，建筑面积 12500 平方米。

斯宅的始迁祖为一书生，游历至此被招为上门女婿，后来历代做生意，也偶出儒士。该村的特点是只有一个宗祠和一个书院，起轴心作用的是大屋和书院。

（4）义乌黄山八面厅

位于上溪镇黄山五村，由 8 个厅堂 6 个院落组成。建于清代乾隆年间。其布局独特、空间高敞、用料硕大、气势恢宏。主轴线厅堂上几乎所有的木构件上都布满精丽的雕刻，内容有耕读渔樵、神话故事、吉祥图案，其中历史戏剧故事就有三十六出（图 5-13）。

浙江规模宏大、三雕精美的大屋还有很多，如缙云松岩百廿间、道门将军府、壶镇九进厅，宁波慈城的甲第世家、冯宅、半浦的中书第，永康厚吴的司马第，建德李村连三进大屋，文成下庄郑育初宅，平阳睦源村池氏大屋，遂昌黄纱腰的李宅，松阳黄家大院，泰顺周湾底大厝、张十一故居等，都是宗法家族制度下的名门望族、文化世家（图 5-14）。

内院

梁架

檩条与梁架

精美木雕

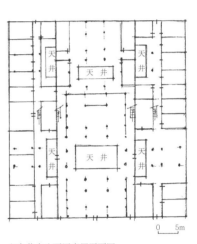

义乌黄山八面厅底层平面图

0   5m

方形石柱、木雕牛腿

木雕窗

木雕窗

方形石柱、木雕牛腿

图 5-13　义乌黄山八面厅

古代名门望族住宅，不仅仅房子大，而且布满具有强烈人文精神的建筑三雕，用历史人物故事、祺祥图案等教育后人。

中国古代家族制度孕育出一批名门望族世家大屋，是为宗族社会的珍贵遗产和当今乡村旅游的重要资源。

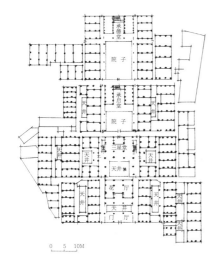

桐庐新合乡引坑村钟氏大屋平面

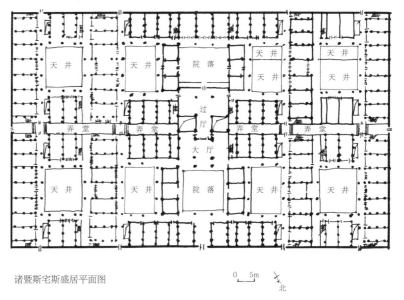

诸暨斯宅斯盛居平面图

0 5m 北

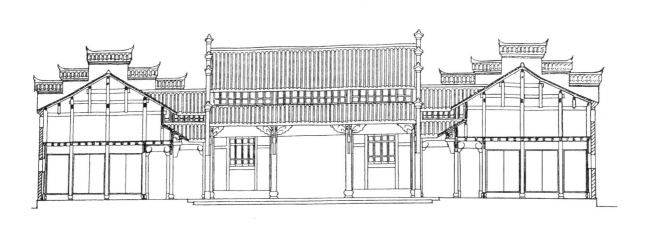

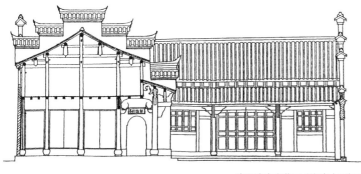

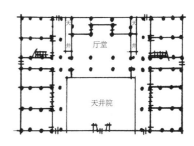

东阳史家庄花厅（浙中十三间头）

泰顺洲岭吴家大院

诸暨斯宅斯盛居鸟瞰图

图 5-14　浙江大型民居实例

浙江今存古代（明清）名门望族、文化世家累世同居共财合爨大屋的典型实例。

十、累世同居共财合爨大屋、义门、台门

1. 累世同居共财合爨大屋

历史上有一种叫累世同居共财、同爨合食的大家庭，是宋以后形成的近代封建家族制度的一重要形式，而且是宋代十分普遍的家庭模式。它由一个男性祖先的子孙，几代甚至十几代，同居一个屋檐下，同吃一锅饭，共同财产，平均消费，一家大小事务，全由家长一人指挥。岁迁子弟，分任家事，凡田畴、租税、出内、庖爨、宾客之事，各有主持、家长管理和监督全家的生产消费，包办子侄的婚配，代表全家同官府和社会发生关系，对外联系时家长说了算，无须征求被代表者的意见，家里出了什么事，除了当事者个人负责以外，也一律唯家长是问。如逋逃赋役、脱漏户口，法律一般只追究家长的责任，家长有权随意惩戒家人。这种家庭是用祠堂、家谱和族田联结起来的，时间延绵宋、元、明、清四朝。今天，在江南已很难看到它的遗存了，见于史籍的不少。

被称为"天下第一家族"的是江西省江州德安县车桥镇义门陈氏大家庭，历唐末、南唐、北宋三个朝代，累世同居共财 332 余年。到北宋仁宗嘉祐八年（公元 1063 年）分居前，历十五代，繁衍子孙 3900 多人，一直坚持和谐共处不分家，乃至家中喂养的百只犬也是同槽而食，共眠一处。这个大家族集居地形态实为一个村，只是不分财产，共财合爨，过的是家族式公社聚族合炊的生活。村内有街坊市井、茶楼酒肆，还有御书楼、秋千院、嬉戏亭、育婴室、医院、佛寺、道观、刑杖厅，创办了两级学校，还有我国最早的养老院"寿安堂"。陈氏义门制定了我国第一部完整的家法，家法的基本精神是"推功任能，惩恶劝善"，大家过着"人无间言而守义范"的生活。该家族唐宋时出了 3 名宰相、18 位朝官、29 位京官、58 位进士、403 个举人；近现代更是涌现了许多影响历史的政治人物和学者专家。

这类影响较大的"义门大家庭"，浙江也先后出现过，如：

宋代：一、会稽裘氏（裘承询），十九世同居共财不分爨。二、浦江郑氏（郑文嗣，郑文融），南宋建炎年间迁来，历宋、元、明三朝达 330 年，十五代同居共财合爨，鼎盛期 3300 多人。

元代：鄞县薛氏（薛观），同居合食 400 余口。

明代：一、族众千指，五世同居共食的黄岩蔡氏（蔡智楗）。二、一门六百指，七世同居共食的建德何氏（何永敬）。三、家众千指食爨，五世不析产的浦江张氏（张礼），等等。

清代：浙江除了明代就兴起的一些大家庭还在继续发展外，又出现了内外食指逾千的

杭州姚氏（姚湘）。

以上仅仅是从宋、元、明三史和《清史稿》的"孝义传"中得到的例子。这些年作者在浙江古村民居田野调查中，看到不少"五世同堂"、"六世同堂"匾额，而松阳大岭头村79号厅堂竟挂着"九世同居"匾额。

这种大家庭在全国家庭总数中的比例，虽然不大，但绝对数却是相当可观的。如四川省万县在清乾隆四十九年（公元1784年）的统计，当时全县五世同居的有32家。又据光绪初年湖南一省的统计，五世以上的1362家。福建永泰县，这种家庭居住的大屋，自唐朝开始至晚清竟有2000座，今存152座，当地人称之为"庄寨"。

这是在宋以后新的历史条件下形成的居家模式，这种宅制产生于魏晋南北朝及至隋唐代，但两者有性质上的不同。首先，宋以后的大家庭是庶族地主、平民百姓的大家庭，即所谓"闾巷刺草之民"的大家庭，甚至于还是平民大家庭；而魏晋南北朝至唐代的大家庭，都是豪门著姓、门阀士族，并非一般的庶民。其次，宋以后的大家庭作为近代家族制度的一种产物，已同封建政权基本分离，它们中有的虽然控制都保、里甲等基础政权，但没有获得更大的政治特权。魏晋至唐代的大家庭，由于都是世家大族，世代控制着中央和州、郡的政权。三是魏晋隋唐那些士族、官僚大家庭，往往跟随为官的家长居于任所，其中不少军将和朝廷命官多率整个家族转战和迁任，把这种型制传播到南方。第四个差别是宋以后的大家庭规模更大，同居代数更多，延续时间更长。

累世同居共财大家庭的结构形态特征是用祠堂、家谱和族田联结起来的，除有宽阔的家庭宅院外，还必须有严密的家庭组织系统、严格的家庭生活管理、严格的封建家长制统治、有效的封建道德教育以及合理的分配措施等。

其居住场所，多为一个庞大严密的宅院，如宋元时衢州袁氏大屋，"宽阔的宅院，绕以高墙，设置复壁夹道，打更巡逻，进行防卫"（袁采，《袁氏世范》，载《知不足斋丛书》）。其平面和福建永泰一带的庄寨（如爱荆寨平面）相似，内有多进院落、厅堂、天井、房间，庭院多，人文位序强，还有果园、菜地、水井、沟渠系统，四周再复以厚壁夹道，居住、防卫兼备。还有一幢是浦江郑宅镇"江南第一家"。这二幢是史书明确记载的同居合爨式义门大屋。另外如诸暨五泄藏绿村周宅，为多轴线庭院式大屋，七条轴线，中轴线两旁各三条轴线，廊式交通，廊弄间为天井（庭院）。规模大，主从凝聚性强，但不见同居合爨之记载，依附于主轴线两旁一个个带有小天井的院屋，是有独立厨房的小家庭。

明代南海霍氏的合爨图（取自《中国人的居家文化》下册）（图5-15），为一近似于方形建筑群，用高墙围护。宅院正中为宗祠，三进二天井，分别是大门前厅、中堂、寝堂。宗祠旁为二条纵巷，巷旁各三排平行的独立住宅，每套前后两间，中隔小天井，一夫

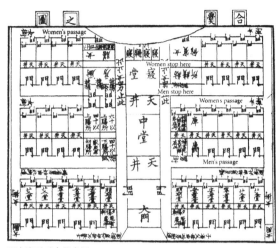

明南海霍氏合爨之图　　　　　　　　　　江西德安陈氏大屋百犬同槽图

图 5-15　我国古代累世同居共财同爨合食的大屋
我国宋代以后形成一种叫累世同居共财同爨合食的大家庭，过着家族式公社聚族合炊的生活。

一妻及其未成婚的子女各住一套。靠近宗祠部分为厨房、膳所、纺织所、公仓公库，宅院前两角为女厕。内部的交通联系分男街、女街，父母姑舅通道都有明确区分。男人由正门内侧的小路出入，但不能越过厨房，妇女从后门进入各自的住处。宅院后部两侧有专用的环路，通到前角的女厕所。这些分隔开的小巷通过二条纵巷和中堂联系，这两条通道也同样男女分开。饭厅、纺织房、女士客厅也都是隔离的，对于已出嫁的女儿还有二条特别通道，她们从女街的一个单独入口进入大院，并可以在指定的房间内与娘家人相见。食堂老、中、少分开，除每月初一、十五到膳所会膳外，平时就在自己宅内私爨。

　　该家族的霍韬是明中叶朝廷高官，"大礼仪"之争中嘉靖皇帝的支持者，也是 16 世纪珠江三角洲祠堂改革的重要人物。宅院正中的宗祠是霍韬于 1525 年建造的。

2. 义门

　　同居共财合爨大家庭是适应加强封建专制主义中央集权的社会基础，适应地主阶级保持世代荣华的需要而产生的，因此它刚一萌生，就立即受到朝廷、官府的赞扬和大力扶助。一是法律上进行保护，二是物质上予以奖励，三是精神上给予旌表。精神上的旌表，就是对于有影响的家族，或者累世同居的家庭，由皇帝或官府发布诏令，为它们请诰封、立牌坊，或赐为"义门"。物质上的奖励和支持，主要是赐给粟帛和免除赋役。从宋以后"正史"的"孝义传"和地方志中，我们可以看到这种被旌表的家族数以千计，位于江南的著名义门有江西"义门陈"、安徽桃花潭万村"万氏义门"、浙江浦江"郑义门"等。江西德安县车桥镇的陈氏义门，始于唐代，历经十五代，332 年未分家，聚族而居者多达 3900 余人，史称"江州义门陈，天下第一家"。浙江浦江郑义门则被朱元璋赐为"江南第一家"。

3. 郑氏义门

郑氏义门，位于浦江县郑宅镇东明村，始祖为春秋郑桓公第 60 代孙郑绮，自南宋起，历宋、元、明三代，经历了 330 年的同居共财合爨，全盛时期有 3300 多人，15 代同堂，共有食堂 16 个，是一个超大住宅群。核心建筑建于元代，环厅式宅院，也称"郑氏宗祠"，四进七院，宽 30 米，深 80 米，中轴线上为家庙，厅堂第一进师俭厅，第二进有序堂，第三进孝友堂，第四进寝室（祖先牌位），两旁有厢房 26 间，内有二个庭院，四个天井，二、三进之间的天井院里有宋濂手植古柏树。整个村落至今还保留着当年的空间形态，以郑氏宗祠为中心，白麟溪为轴线，四周分布着孝感泉、九世同居牌亭、东明书院、崇义桥、老佛灶、圣谕楼、易七公祠、垂裕堂、尚书第、十轿九闸、建文井、元鹿山房、九座牌坊群等文物古迹 50 余处。

郑家是儒学治家典范、忠义孝悌的楷模。元代 1331 年，被朝廷旌表为"孝义门"，1355 年再次旌表为"孝义陈氏之门"。明洪武十八年（公元 1385 年）被朱元璋赐封为"江南第一家"，清乾隆皇帝赐匾"江南第一家"（图 5-16）。

这类家族生活方式有二种，一种是自耕自食，一种是食租食利，郑氏义门是食租食利的典型代表。郑氏拥有大量的田产和商店，其中专做祭祀用的田有 150 亩，留作婚嫁用的 1500 亩。家里设有羞服长，专管人衣着，每年四月、九月发放，根据年龄婚嫁等情况配发。采取集体进餐办法，共有食堂 16 个，钟鸣鼎食，男在同心堂，女在贞人堂，60 岁以上单独照顾，唯有病人及妇女坐月子准许自炊。

郑氏义门文融（太和）主持家政时，制定族规 58 条，流传于世。30 岁以下男子不许喝酒，在学的未冠青年不许吃肉，以便养成吃苦习惯。个人来了亲友，内膳堂备饭。生活日用品由公堂备发，不允许个人有私财，亲友赠品要交公，回赠也由公堂备办。清晨听到钟声起床，在《夙兴簿》上签到，然后办应做的事情。子弟对尊长用正式称呼，不得直呼姓名，未冠青年只能用名，不得用字号。子侄到 60 岁才可以同伯叔坐在一起，尊长有权责备卑幼，即使不合事实，也不得申辩。会见客人不许用市井语汇，不得与屠竖小人、戏子往来。对女子，唯要求做家务，不许干预外部事务。女孩子长到八岁后，不得到外婆家。男子不许纳妾，40 岁还没有儿子的，可以纳妾一人。

郑家深得朝廷信任。明初丞相胡惟庸谋反案发生，牵连到郑家，郑濂、郑湜兄弟相继入狱，明太祖获知后说，如此仁让的家族，哪里会出叛逆，下令把他们无罪开释，还任用郑湜做左参议，随后任命郑济为辅佐太子的春坊左庶子，郑沂为礼部尚书，郑幹为御史，郑棠为翰林院检讨。

入宋以后的累世同居共爨家族多数为平民身份，官僚家族较少。朝廷非常看重他们在民间的榜样作用，对他们的鼓励政策也常年甚至跨朝代不变。如北宋朝廷表彰的会稽十九世同居共爨的裘承询家族，豁免其课调，过了236年已分居异灶了，仍继续享受原来的优待。这种家庭甚至于有不许子弟中榜出仕的规定，社会上也认为这种家族比乍兴乍衰的显宦家族好。我们在田野调查时，不时能看到朝廷、官府、名流的题词匾额，如"乐善好施"、"孝义家"、"皇渥流光"、"聚德门"等等，都是这一历史背景下的产物。

4. 台门

浙江最早被朝廷赐为义门的绍兴裘氏义门，原位于会稽云门镇，始祖裘睿是西晋大司马（国家最高军事长官），于晋建兴四年（公元316年）跟随司马睿南渡，落户婺州。晋义熙年间（公元405-418年）裘氏举族从婺州迁居会稽云门，该家族600多年来，凡十九代，历十三朝，聚族六百，人不异居，家不分炊。宋大中祥符四年（公元1011年），真宗敕彰裘氏为义门。宋熙宁年间（公元1068年）裘氏21世裘永昂（左宣教郎，从八品）因爱剡水之美从绍兴分迁嵊西，成为崇仁裘氏始迁祖。其子千十三公派成为上裘"敦睦堂"之祖，千十四公为下裘"敦叙堂"之祖。自宋至清数百年间，有敕命敕书、诰命等三十余道，至民国二十五年，光敦叙堂一脉就出仕官132人，计宋代贡进士2人，明清两代进士4人，举人37人，秀才476人。

崇仁裘氏系朝廷敕彰的"义门"后裔，他们虽然不再同灶吃饭了，但还是继承了祖先居住模式的某些特征，把围以高墙，设置复壁夹道式的同居共财合爨式大宅院演变成了互相庇连、跨街楼贯的台门。

崇仁原名杏花村，唐代就有张、黄、李、段、白五大姓在此聚居。裘永昂从绍兴云门迁来之后，成为这里最强大的氏族。他们奉祖宗之法，崇尚仁义为本，因此村名更改为"崇仁"，并于宋嘉定年间（公元1208-1244年），设崇仁乡。宅随族移，并且影响他姓住宅，至今崇仁有遗存的古台门154处，其中裘氏台门位居第一。

绍兴人把官宦人家的宅院称作台门，那些大型住宅也叫台门。台，是旧时对高级别官吏的尊称，如抚台、藩台、府台、学台等等。之后，又延伸为一种敬称，如兄台、台端。崇仁的台门平面规整，以纵向展开的院落式组合为特色，进了大门——台门后，依次是天井、堂屋、侧厢、座楼。同一姓的台门则多用小巷弄或跨街楼贯通。

浙东把有戏台的祠堂的门楼也叫作"台门"。这种门楼一般为五开间，其稍间常为倒座，门楼有廊轩，门楼后连歇山顶的戏台，戏台的藻井甚为华丽，和廊檐等处精美的雕饰内外互相辉映，台门前有照壁、旗杆、高大的抱鼓石等。这一系列大尺度的朱金木雕连同戏台藻井，同样映现了古代义门的非凡气度。

掀起崇仁台门屋建设高潮的是千十四公即"下裘"的后代玉山公裘佩锡，清乾隆时贡生，敕赠儒林郎。他带着五房妻子五个儿子亦官亦商致富后，在家乡建起了五联台门，五座大屋各自独立成院，一门一世界，然后各个台门又都是相通的，连成了有机整体，把这些血脉相连的兄弟连在一起。每幢底层的边门户户相通，两幢之间，用跨街小楼连接起来，称之为跨街楼，各家楼上楼下，无论晴雨，均可以足不出户互相到达。五联台门以老台门为原点，以敬承书房为中心，大夫弟台门、老屋台门、樵溪台门、翰平台门、云和台门环列四周，并与裘氏大宗祠——玉山公祠相邻，组成了庞大的古民居建筑群，最大的台门面阔达80.47米，进深97.9米，总面积6600平方米。裘氏除五联台门以外，还陆续建造了恒济台门、朝北台门、云亭台门、旗杆台门、百乐台门等。和浦江义门比较，裘氏义门属官宦型，人丁官脉双旺盛，同样受到朝廷重视和表彰，宋朝大书法家米芾曾为裘氏题过祖赞像，朱熹经常来崇仁讲学，曾为万廿二公与千十三公父子题像赞，清同治年间褒奖封赠"五世同堂"匾额（图5-16）。

浦江郑氏义门

崇仁义门裘氏及相关介绍

郑义门门屋、家训

崇仁义门裘氏家庙

图5-16 义门

浙江最早被朝廷敕赐为"义门"的典型实例之一。它后来衍化出互相庇连，跨街楼贯的"台门"。

十一、宅随族移，第其房望

1. 宅随族移

"宅随族移"是指一个家族由于人口繁衍、土地资源紧缺、仕途升迁、风水相宅、婚姻入赘等原因而引起的分支迁徙活动，新居地的始迁祖会把原籍的住宅形制、营造技术等带过去，或入乡随俗，但多少会保留一些原来的建筑技术、建筑风格，以及民居民俗。

2. 第其房望

汉唐时期，世家大族成了历史的重心之后，家族的社会地位迅速提高，人们办事、升迁、婚姻等活动，首先要看是哪个家族、何姓；同一姓氏的，又要攀比是哪个门第和郡望。在一族之内，由于财富、地位的升降变化，又形成了差别，所以同姓、同族之中也要比较高低。如民间嫁娶的名帖上要写上郡望，如果姓王，则必写明是"琅琊王氏"还是"太原王氏"。有些隔代客籍官员，或寄居久远者，自己的郡望搞不清了，如姓李的，必称"陇西李氏"，姓朱则称"沛国朱氏"等。这样的历史背景下，产生了"第其房望"这个成语，它的延伸义是讲一个家族之内再分为若干房或望，由于血缘关系的亲疏不同，各房的身份地位也不同。如东晋居住在建康（今南京）的琅琊王氏，马尘巷诸王贵而乌衣巷诸王贱（《新唐书》卷九五《高士廉传》）。

这一观念，还派生出一个现象：某家族虽裂分他地，哪怕是分到遥远的地方，或几经辗转分居到很多地方，但他们在精神上总是凝聚在一起的，把家族尤其是姓氏的荣誉感放在高于一切的位置。通过"通谱"、"认族"、"谒谱"（写新支家谱时派人到原籍查阅老谱）等活动保持联系，使异地同姓村的房屋建设、民俗活动互动攀比或产生某种联系。更为有效的联宗活动是已经裂地分居的族人，各建祠堂以祀其祖，如龙游儒大门、新宅、下店三个村，系太原王氏元初迁龙游志棠乡，后又先后裂分出去的三个村。每个村的布局都有大水池，环（或旁）水池建宗祠；三个宗祠都叫"三槐堂"，宗祠的形制、大木作风格相似。有些望族还往往联合全县甚至跨省的同远祖的族人，在最早定居点建立总祠，以祭祀共同的祖先。如泰顺县仙居村的徐氏大宗祠，就是联合以泰顺为中心的周围徐氏族人共同修建的。徐氏为徐偃王的后裔，以元泊公为过江始祖，所祭的祖先以暹公为仙居始祖，他的后代迁往各地的，除各自有分祠祭祀外，都数典认祖参加仙居的祭祀活动。另外，还

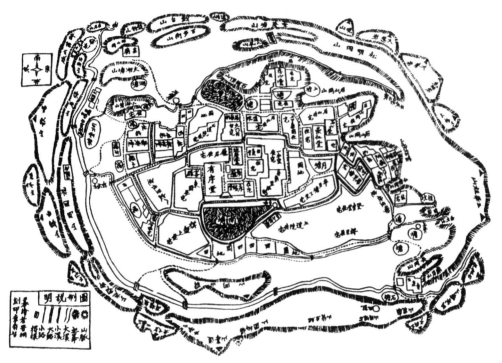

建德新叶村叶氏里居图（采自叶氏宗谱）

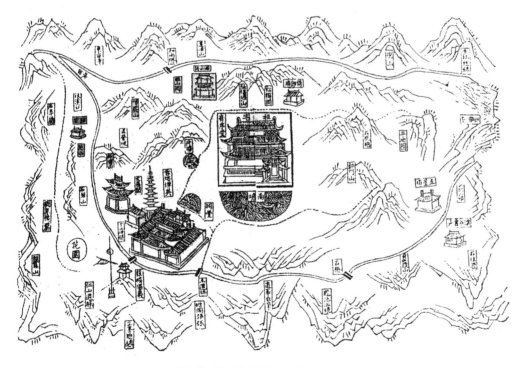

尹文《江南祠堂》江苏扬州玉华叶氏住宅图

图 5-17　玉华叶氏住宅图
建德新叶村叶氏里居图、江苏扬州玉华叶氏住宅图。都有"有序堂"、塘前都有大水面的南塘，拟是
宅随族移、第其房望活动的结果。

通过相同的族规、家训（廉政之训、父子之训、兄弟之训、朋友之训、妯娌之训、安分之训、务本之训、勤俭之训等）培育族人的素质。实例如建德新叶村，明成化年间的族长叶一清，亲自到徽州，和黟县南屏叶氏谒谱联宗，并带去当地工匠为南屏叶氏建造祠堂，带回了徽州的二层楼天井式住宅型制、马头墙和其他装饰手法，促进了新叶村住宅的变化。又如兰溪长乐村，龙游三门源、叶村，金华雅畈镇和建德新叶村，同出南阳郡浙江松阳派叶俭一脉，这五个地方都是单姓村或叶氏为主姓，每个地方都有"楼上厅"形制的住宅，而且一些大屋的堂号都有关联。这里有一幅采自尹文《江南祠堂》江苏扬州玉华村叶氏住宅图，村邑核心有序堂、祠前南塘及祖山玉华山、文昌阁和塔，与建德新叶村如出一辙。我们虽没有到过扬州玉华村，不知这二个村的渊源关系，但可以肯定地说是典型的宅随族移、第其房望现象（图5-17）。

日本著名学者牧野研究中国传统村落发现，这种观念活动产生的另一种具体效果表现在，"当人们在邻近地区有一个强大的同族村时，即使本村内同族居于少数，他也能不受轻视而安稳地生活；与此相反，虽然一村之内聚集了很多同族成员，如果该族在更大范围内不是望族，那它在社会上也得不到相应的尊重。"于是，促进了跨越若干村落的大范围的合族结合。

还有一种情况是，要是某家族出了达官贵人尤其是皇妃皇后的话，乡人就会把他（她）作为榜样，他（她）的人品和居室，就会长时间影响族人并扩大到一个地域。典型实例是衢州市饭甑山下全旺镇，这里风景优美，地灵人杰，谓为"三元之地"。先后出了三位历史文化名人：一位是宋代武状元徐徽言（公元1093-1129年）；另一位是宋代文状元毛自知（公元1177-1212年），他的故乡毛家村建有状元坊；第三位是明代孝贞皇后王钟英（公元1450-1518年），后人称其故乡为"皇后故里楼山后村"。村中今存皇帝赐建的"娘娘厅"，该厅的门楼式大门为衢州各地广泛仿效（见图6-7）。还有一个例子是金华汤溪寺平村的"五间花轩"宅，是该村银娘故居，明宪宗年间她入选坤宁宫，该住宅的风格一直为村人保护、仿效。实例之三是安徽宣城伏岭村出了个皇太后——明嘉靖帝的亲祖母邵世贞，明宪宗的贵妃。这一事件使宣城的民居风格影响到接界的浙江桐庐一带，当地有"王气在山，灵气在水，商气在道，文气在闾"的说法。

3. 实例

我们在传统村落调查中，发现不少村落都有"第其房望"互动现象，现举下列3个实例：

（1）泰顺库村、庆元举水大济、龙泉龙岩、仙居厚仁、仙居高迁、永康厚吴等吴氏村落

①迁徙

这六个村吴氏源出周朝，周太王（古公亶父）的长子泰伯、二子仲雍奔吴，在今无锡梅里建立了吴国。泰伯、仲雍二兄弟及他们的后代同样发生过王位相让事件，世人称之为"三让世家"。周武王克商后，赐居住在延陵（今常州武进区）的仲雍后代季札吴姓，世称这支吴姓为"延陵望族"。发展至唐代，延陵吴姓成为枝叶繁茂的大族，遍布濮阳郡、渤海郡、陈留郡、吴兴郡、汝南郡、武昌郡等地。唐代，渤海郡的吴舜禹为山阴令，后落籍山阴，开创了吴氏山阴派。

唐末，山阴籍进士、河南节度使、谏议大臣、润州刺史吴畦，告老还乡时，同乡人董昌藩镇割据，邀请他为幕僚，他坚决拒绝，携父母、弟弟举家迁徙一路南下，先迁括苍芝田白岩村，再徙永嘉，又徙今瑞安卓家庄，最终落脚于今泰顺库村。

唐天复四年（公元904年），其二弟吴祎（唐代进士），从库村卜居今庆元举水墩头上仓，是为吴氏松源派始祖。

北宋真宗景德元年（公元1004年），松源派吴祎的五世孙崇熙徙居庆元大济村，是为大济派始迁祖。

吴氏松源派种植香菇有方，吴祎的五世孙迁居三江源（今闽江、瓯江、福安江流域），至十三代后裔遍布四川、贵州、广西等地，仅云南省就有十九个分支。其中十三世孙吴昱（排行三，称吴三公）居龙泉市龙岩村，创香菇栽培砍花法和惊蕈术，世称"菇神"。

吴氏大济派一支于南宋中后期因官卜居落籍仙居县厚仁村。厚仁村这支后来又有一支因官占卜落籍在今永康厚吴村。

②互联互动

吴畦、吴祎二兄弟自泰顺库村分开后，"虽分两地，尚同一家，谷米粟帛，未尝异用，传家诗礼，世世相承。"其后代，多有科第中举者和文化世家。颇为有趣的是，2015年，笔者在撰写清华大学陈志华教授发起编纂的《中国古村落大系》丛书中的《浙江卷》时，先选了25个传统村落，其中有库村、大济、厚吴、高迁四个村，在写的过程中陆续发现都源自库村吴畦、吴祎二兄弟。是家族的荣誉感使这二支吴氏后裔不仅在血统上，而且在精神上始终凝聚在一起，通过"联谱"、"共祭"，实行相同的"家规"、"族规"、"家训"、"宗范"，以及民间日常来往，乡绅间互相沟通等手段，保持互相联系，互相促进。该吴氏还有一个特点是各地都注重办家学，通过教育，培养一代一代子女们的家族精神。如库村自唐至明清一直建馆办学，其中有3所书院（侯林书院、中村书院、石境书院）闻名全县。该村还办了私塾、义塾、书社等4所，迁徙外地的吴姓子弟也多有来授业解惑、诗书育才的，遂使各地吴氏代有人才和文化世家出现。

③科名

笔者所知，库村吴姓，仅宋朝年间就出十九位进士。庆元大济吴姓自开村起至明永乐年间出进士 26 人。而仙居厚仁这一支也是人才辈出，主要有北宋龙图阁直学士吴芾，南宋左丞相吴坚，明末左都御史吴时来。高迁吴姓历史上一共出进士 60 余名。永康厚吴也是科名迭出，"丹桂联芳"，村中有一条街叫"进士街"，记载了历史之盛。

④治村、定宅

在村落的选址、布局上，这六个村都是由"卜居"定下的，"实用风水"特别好。住宅形制也显现出"宅随族移"现象，有些构件做法相近，风格相似，互相间存在渊源关系。至今，库村、大济、龙岩、厚仁、高迁、厚吴各村都留有众多官宦世家的厅堂，有的厅堂堂名、匾额互相间有关联。尤为明显的是，各村都建有高规格的宗祠，这些宗祠，虽然其形制、梁架、内外装修各异，但其"慎终追远"的精神是一致的。

⑤营造风格

就祠堂而言，庆元大济村、仙居厚仁村、永康厚吴村、龙泉龙岩村这四个吴姓村的始祖祠堂——庆元月山村松源派始迁祖"吴文简祠堂"，外墙上用浓墨赫然书写着八个大字"延陵望族"、"三让世家"，向世人宣扬该派系吴氏的发祥地和显赫家世，告诫族人不忘先祖。该祠堂始建于明万历三十四年（公元 1606 年），清康熙五年（公元 1666 年）重建，规模不大，三进门楼式，但三进建筑间间都有特色。门楼的"平棋"（即天花）用"万"字形装饰性斗拱，和该村的圣旨门、宋代廊桥如龙桥等斗拱相映，显示了这一带木构建筑的古远历史和高超技艺。吴义简祠的第二进享堂明间用独特的偷柱造，第三进是祭殿，外部形状和月山村的木拱廊桥外形酷似。祠堂正堂悬挂着"务本堂"的堂号，祠内张贴着先祖的史绩和吴氏谱训。

我们几次参观大济村的"务本堂"，十分惊讶大济吴氏的科名成就。阅读大济村、库村等村族谱，我们找到这些地方吴氏后裔们慎终追远的精神支柱，互联互动的力量源泉，赞叹该系吴姓木作技艺之精湛，联想起位于庆元县西洋村松源溪畔的"菇神庙"（又名西洋殿），其气势张扬，装饰华丽，里面还有精美的戏台、戏房、中亭，这是和被祭祀者吴三公父子毕生研究培植香菇并将其推向世界的精神一致的。永康厚吴村宗祠众多，梁架硕大，大木作装饰精丽，和邻县东阳民居风格一致，其中用材之大和庆元吴氏同出一门。仙居高迁村的 13 座明清时期横向布局、气势非凡的大院，连续有韵的六叶五头马头墙、四开檐大天井、石板墙裙、石刻漏明窗，都使观者与庆元月山村的木作技艺产生联想。

另外，库村吴氏及其在泰顺县的分支或同姓如筱村镇吴氏祠堂、徐岙村吴氏支祠、洲岭村吴祠等，大都遵循《鲁班经》上所说的形制，规模小、风格古朴，多为三开间，二进或三进，分门屋、享堂、寝室、东西园。享堂多在第二进，进深较其他各进大，梁架也高大一些，全柱间多为五架。宗祠的门屋往往有宋式遗构，如逐挑偷心栱和昂、假昂等，都似可认作是宅随族移、第其房望现象（图5-18）。

还有义乌大元村吴氏，是义乌吴姓的一个大支，人才辈出，支脉繁茂，曾出过一状元三尚书，村名是北宋皇帝宋哲宗敕封的。该村历史上有一府、一厅、八院之说，还有众多古牌坊。宋代著名理学家杨时曾为其中一大屋题书"枢密院史"四字。南宋名臣真德秀赞扬这里"世家渊懿，仪礼醇词，史才翰学冠当时，退修祖德盛世称奇，希贤治范，四方似之。"大元村吴姓和库村、大济村等吴姓虽不属一个郡望，但是帝王、名人的赐名、题字等，为各地树立了标杆，这对于同姓村落的"第其房望"行为，是强大的推力。

（2）建德里叶、新叶、松阳卯山、遂昌独山、龙游三门源、叶村等叶姓村落

①族源

关于叶氏渊源有几种说法，本书所说叶氏姓出河南南阳叶邑，脉发建德大慈岩里叶和松阳卯山。据兰溪长乐村《南阳叶氏宗谱》记载，该叶氏为周武王舅舅季载的后裔，为楚国高官，食邑于叶，其子孙因以为氏。因救楚王有功，受封于河南南阳。东汉末年，叶氏的一支叶望举家迁徙到江苏当阳句容。东晋元帝建武元年（公元317年）叶俭为折冲将军、苍梧太守，卸任后卜居缙云。其十七世孙叶法善为唐代道士领袖，居松阳卯山，先后协助唐玄宗李隆基二次铲除韦氏和太平公主集团，为拯救李唐王朝立了大功，被唐玄宗封为一品官、国师、越国公。叶法善的后裔之一叶梦得，为宋绍圣二年（公元1095年）进士，历官翰林学士、尚书、左丞相。叶梦得的曾孙叶峦从卯山迁居遂昌独山，叶梦得的另一支后裔先迁徙兰溪叶店垅，为兰溪始祖，到南宋嘉定元年（公元1208年）再迁到兰溪长乐。

叶梦得的五世孙于宋咸淳六年，从松阳卯山迁居龙游三门源，叶的另一支七世孙于宋咸淳二年（公元1266年）从乌程（湖州）迁徙龙游叶村，为"慎五堂"始祖。

另据《兰溪里叶村家谱》：宋真宗景德年间（公元1004-1007年），叶氏二兄弟迁入建德大慈岩里叶村，分成里叶、外叶二村，外叶即兰溪长乐村。里叶的叶坤于宋宁宗嘉定年间（公元1208-1225年）迁到玉华山下，称"白下里叶"，1949年后改名新叶。"白下里叶"之名是对应里叶而取的，以郡望为名，是中原人常用之法，有不忘原籍之意。1949年以前，过年时，约定里叶挂红灯，白下里叶挂蓝灯，以为一族之亲。

②治村、定宅

上述几个村的叶氏，均为南阳郡、松阳派叶俭的后裔，其中叶法善后裔十几代为道，是中国历史上唯一可与道教创始人张道陵比肩的道教家族。由于家学的缘故，每一个村的始迁祖，都是羡慕名山名水而卜居的。为了保持血统之亲和家族荣誉，虽然分居各地，互

庆元月山村吴文简祠

图 5-18　浙江各地吴姓村落宗祠、住宅建筑

古代社会家族、家谱、族范、族规、姓氏、郡望、堂号等是传递信息、交流技术，建设家园的最好渠道之一，在它的作用下，形成了传统村落宅随族移，第其房望，和而不同，整体和谐的面貌。

永康厚吴衍庆堂梁架

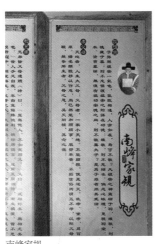

南峰家规

庆元举水月山村圣旨门柱栱

相间还是有联系的，办法之一是用族谱和堂号数典认祖。他们的总堂号是《南阳堂》——东汉南下始祖叶钧堂号，《崇信堂》——松阳派叶梦得堂号。龙游三门源宗祠则取堂号"崇智堂"，建德新叶有崇仁堂、崇义堂、崇礼堂、崇智堂、崇信堂等。除了用堂号来维系家族记忆和互动外，还用内容相同的家规族范保持家族的传统和荣誉。《南阳郡叶氏》的十条家规是：尊朝廷，敦孝悌，务正业，守国法，戒非为，教子孙，敬师长，崇节俭，乐善事，和乡邻。家训是：耕读报国。各分支的家训家规基本如此。

这几个地方的房屋相同之处在于，每个村落都成为当地的望族，都有大面积成片优秀古民居，宗祠都放在村落的核心位置，宗祠前都有广场，成为村民主要的室外公共活动空间，对整个村屋有组织和整合作用。

松阳派叶氏为松阳县第一大姓，遍布全县，有"无叶不成村"之称。这些叶姓大都"惟知稼穑"、"力食躬耕"，每个村的宗祠不算恢宏但都很得体。还有一个显著的特点是每个村的地址都选得很好，具有很好的"生存风水"。比较著名的村落有大岭头、大岭脚、吴弄、后畲、小竹溪等，大多为单姓村，也有双姓或多姓村。

宁波市宁海县许家山村，始迁祖叶大卿，南宋末年从宁海东仓避乱迁来，和张、胡三姓一起，繁衍成一个300多户的石头村，整个村子几乎看不到砖，都是青灰色的玄武岩砌筑，石屋、石巷、石院、石墙、石路、石篱笆、石水沟、石板桥。满眼石头，在阳光和雨水的长期作用下，变成青铜色，当地人称为"铜板石"。该村的寺庙、书院、戏台位于村口一台地上，戏台也极具特色。

该村叶氏祖先温裕，为宁海盖苍始祖，唐昭宗殿中侍御史，后升吏部尚书，唐末朱温时弃官归隐，迁居宁海东仓，后裔叶梦鼎为南宋末年度宗的右丞相。

（3）温州屿北、江山大陈、开化霞山、淳安汪家桥等汪姓村落

①族源

据《江山大陈宗谱》，汪氏乃周武王弟弟周公旦之子，鲁公伯禽之后。东汉献帝建安二年（公元197年），中原大乱，龙骧将军汪文和为会稽令，因官渡江举家迁徙江南，遂为江南汪氏之祖。至隋唐，汪文和13世孙汪华在平定隋末地方割据，保歙、宣、杭、婺、睦、饶六州功大，封越国公。

唐太宗贞观年间（公元639年）汪嵩公迁徙到开化霞山定居。

汪华的第37世孙汪应辰，出生于江西玉山小叶村，南宋高宗绍兴五年（公元1135年）状元，官至吏部尚书，因言事忤秦桧，乃黄冠野服，隐居永嘉县屿北村，是为屿北汪氏第一世祖。

汪华的第59世孙汪韶，宋赐进士，历官吏部尚书、集贤殿学士，从江西婺源大坂迁

常山半坑村，是为汪氏三衢始祖。74世孙汪普贤于明朝永乐年间再从常山迁到江山大陈，是为大陈始迁祖。

上述四村，前二村均为汪华后裔，后二村是否汪华后裔无考，但可肯定说他们是笼罩在汪华的光芒里生活的。

汪氏为皖南四大姓之首。贞观十三年（公元649年）汪华卒于长安，谥号"忠烈王"，归葬歙县，朝廷许汪氏后裔可立庙祭祀。汪华九个儿子，皆为衣食紫禄的朝廷命官。该家族兴旺发达，遍布皖南、浙西及周边地区。宋人邓名世说："今黔、歙之人，十姓九汪，皆华后也。"汪华被奉为徽州最负盛名的地方神，俗称"汪公大帝"。徽州一府六县，到处都有尊奉汪华的庙宇。其中，休宁县万安镇古城岩上汪华驻兵处的汪华宫、歙县郑村的并肩而立的三座忠烈祠坊（明代石坊），每座四柱三间五楼式，最具震撼力。

②牌坊门式宗祠

和其他姓氏村落第其房望的动力、形式不同，汪华及汪华纪念牌坊就是徽州、浙西汪姓村落宗祠建设的标杆。

和其他姓氏村落不同，徽州六县及浙西汪姓村，把祖先汪华既当祖祭，又当神祭。

近数百年来，徽州六县及附近民间尊奉汪华为"太阳菩萨"，每年有"游太阳"的祭神活动，他们通过民俗中频繁而有秩序的迎神赛会——"嬉菩萨"，造就出一个个以寺庙为中心、以社屋为关系纽带的村族社区共同体，以及共同体内各村社的相互认同与共存意识。

对于汪姓村落的人们来说，他们既把汪华当作神又当作祖来祭祀，在荣宗耀祖强大思想的支配下，"越国流芳"堂额和汪华纪念牌坊就成了各地汪姓村落宗祠建设的标杆。我们在调查中发现，这一带汪姓家祠形制和外貌相像，气势都十分恢宏，原因在此。

大陈汪氏宗祠，建于清康熙五十三年（公元1714年），占地1500平方米，宽22米，深50米，三进二天井，石阶、石础、石磉硕大，牛腿雀替镏金错彩，匾额"越国流芳"四字金光闪闪。尤其是门楼，美轮美奂，犹如琼楼玉宇屹立在村口，门楼式门，六柱七楼，三雕精美。宗祠左边是文昌阁，二进一天井，建于清代晚期。

开化霞山村汪氏宗祠，堂号"槐里堂"。"槐里堂"三字为于右任所书，始建于元代，面积1200平方米，建筑木雕细腻精繁，架子式雕花门楼，有戏台、大厅、后堂三进。尤其是戏台，让人叹为观止，牌楼式重檐歇山顶，檐角雕刻诗仙李白、诗圣杜甫饮酒赋诗图，李白之酒脱狂放，杜甫之忧悒持重，二种性格表现得细腻鲜明。骑门梁上雕的戏剧人物，生、旦、净、丑，说、唱、坐、打，十分传神，洗炼、流畅。整座戏台的楼檐层层叠叠，全是雕饰图案，极尽华丽。正厅檐柱上一对硕大的镂空整雕牛腿，三层，底座是威武的狮

江山大陈汪氏宗祠

开化霞山汪氏宗祠

图 5-19　各地汪氏宗祠举例

淳安汾口汪家桥汪氏宗祠

开化霞山汪氏祠堂内戏台

图 5-19　各地汪氏宗祠举例
隋末汪华保护一方水土平安有方，汪华及汪华纪念牌坊成为徽州、浙西汪姓村落宗祠建设的标杆。

子戏球，上层是花卉图案及戏剧人物，和戏台上雕刻的戏剧故事遥相呼应。这种题材和风格的建筑木雕，使得整座宗祠雄浑霸气，大气伟岸。

霞山村还存留不少唐代历史环境要素，北村口有八块"唐石"（特大鹅卵石），传说李世民、秦叔宝、尉迟恭、薛仁贵等八将曾在此歇坐。这里还存留大片明清古民居，有的门前有旗杆石，显示当年中举、为官的荣耀。还有表现三国东吴水战的古民居，某屋四个牛腿上刻的是：战船水兵、旌旗号角、风吹浪涌、激战正酣。

淳安汾口汪家桥村汪氏家厅，五凤楼式牌楼，门厅七柱五间，稍间为八字墙，重檐歇山顶，翼角起翘，气势轩昂，柱头及转角处都有斗栱装饰。该厅始建于明崇祯十六年（公元 1643年），为纪念邑人明末将领、青州知府、兵部左侍郎汪乔年而建，内存明朝廷诰封圣旨（图 5-19）。

永嘉屿北村尚书祠，原本是南宋状元汪应辰、中书舍人汪涓、刑部侍郎汪大猷三人联名奏请，宋徽宗追封他们的祖先——大唐越国公汪华第七子汪爽为忠德侯而建庙赐祭的，始建于南宋淳熙丙午年，清代重修，并演变成尚书祠的。该祠虽不及大陈、霞山汪氏宗祠那么恢宏张扬，但形制古拙，规模大，品位高，月字形合院式，由敕门、照壁、前厅、中厅、两厢轩、享堂组成。门屋五柱三间三山式，断阶造，门前 8根旗杆石向世人展示着家祠的远古和它的规模。敕门是奉皇帝旨意建造的，不论高官、贵客到敕门前必须下马或落轿，以示尊重。敕门悬"越国流芳"匾额，越国是指越国公汪华（图 5-19）。

以上几个汪姓村落，除宗祠门面非常相像外，其住宅的营造技术、厅堂的布置、堂号等方面，也有相似之处，记印着人口迁徙、宅随族移、第其房望信息（图 5-20）。

4. 联宗睦族宗亲活动

近年，在新的形势下，我国宗族文化下的宅随族移、第其房望现象，发生了一些新的变化，悄然出现了联宗睦族宗亲活动，下列几个实例：一、如开化霞山、淳安汾口汪家桥、江山大陈、龙游团石汪、永嘉屿北、茶园坑、开化霞山等村，他们都在修谱，有的还跑到徽州或江西玉山小叶村谒谱。其中几个村谱，都有汪华、汪应辰的业绩或文章，用以激励后裔。二、松阳县横樟村，是包拯后裔聚居地，每年正月初五或初六，都有几百名来自丽水、温州、衢州的包氏后人来此祭祖。三、以衢州为中心的徐氏宗亲活动尤为频繁，活动范围遍及全国甚至海外，作者曾参观过泰顺仙居村徐氏联宗活动场景，该村每隔几年就会邀请全国各地徐姓后裔免费来祭祖聚餐。四、如新华社杭州 2017 年 2 月 5 日电：绍兴嵊州下王镇石舍村，春节期间散居在北京、上海、新疆、台湾等地 500 名同宗后裔赶回来"认祖归宗"（图 5-21）。

衢州市开化霞山村

江山大陈村巷

大陈村汪遂古宅

开化霞山村民居

大陈村汪氏宗祠梁架

图 5-20 汪姓村落民居

浙西汪姓村落住宅的营造技术、厅堂布置、堂号等，也有相似之处，记印着人口迁徙、宅随族移、第其房望信息。

浙江徐偃王文化研究会

江山茅榜村徐氏宗祠

泰顺仙居徐氏宗亲活动

图 5-21　宗亲活动

宗法制度虽然不复存在了，但宗族文化犹在，近年，各地掀起了修宗祠、写族谱祭祖等宗亲活动和认祖归宗活动热。

十二、浙西南农村"丁字巷"现象

　　行走浙西、浙南山区农村，发现其巷弄多是"丁"字交叉的。起初，我们认为这是宗族房派制度下生长式发展模式派生出来的特征。2016 年，笔者调查松阳县古村落时，曾和该县文联主席鲁晓敏先生聊起这个问题，他说明末清初，三藩兵乱引起地方土匪不断扰民，乡民为防止被土匪追赶、射杀，特地把巷弄做成丁字路。此话不无道理，周代规定的"里巷"都是方格网、井字形的，这种路网对房屋布局、给排水系统布置、道路交通、通风采光、防灾疏散等都比丁字路简洁方便。村人何必舍简求繁呢？为此，我们专门阅读了一些地方史，得知明代抗倭长达两个多世纪。洪武年间，台州方国珍余部和日本浪人勾结，嘉靖年间又有不少来自福建、安徽的移民族群勾结日本浪人作乱。其次，浙南山区是明代国家的主要产银区，沿海岛屿是海上私人贸易之处，因此明清时期的浙南海岛和山区是海盗、矿徒二十游民群啸聚最活跃的地带，明景泰年间，温、处一带曾发生矿徒作乱。再者，为抗倭寇，明初就开始实行"军户制"和"民壮制"，卫所军户与地方民户有着明显的界限，无法形成血缘和地缘的交流。清初一改明制，实行迁界和复界，卫所之民和滨海奸匪之民共同迁往内地，以同样的身份定居于溪山河谷，这样的迁界，也产生巨大的破坏性。如孙延钊《明季温州抗清事纂》记载："徙民人众，界内屋少，贫而无亲者，凡庙宇及人家内外皆设灶榻，男号女哭，四境相闻，其中黠悍者，倡率民所在抢夺殷户积谷。"不少地方宗谱，屡屡提及迁界的痛楚。

　　上述明清几百年的海匪和矿匪，加之清初的三藩之乱，清中晚期的太平天国兵祸，浙南、浙西、浙中是这四次祸乱的重灾区，村人在建设家园时把逃生、避乱作为重要因素，故出现了丁字巷弄、大屋连幢、交错互通现象。如缙云河阳村答樵路，七、八幢大屋横向搭接，门巷交错，不要说外人，就是住家一时也难于旋转出去。做得尤其好的如永康舟山村，村人用过街楼、屋底水道，天上、地下二道防线将成群大屋、主要街坊联成一个防御整体。如图 5-22，站在对外巷弄的过街楼上，能瞭望外来动静，成为抗击来匪的路头堡，撤退时能在大屋群楼自如旋转防范，还能通过地下水道转到村外。还有一个例子是象山儒雅洋村，处于丘陵谷地中的交通要道上，为防强盗抢劫和兵乱，何氏宗族于义和团时期在村街东北头建团练屋 15 间，并在村口设碉楼，组织村民武装抵抗外乱，平时则将团练屋作慈善义庄。

　　这是一个跨界跨代的系统工程，有运筹策划、施工技术、利益平衡、发展维修、运营管理等诸多问题，都是由族长、乡约、乡贤和村里的长辈等力量共同完成的。

永康舟山二村水渠兼逃生通道　　　　　永康舟山二村过街楼上的瞭望窗

永康舟山二村二居　　　　　　　　舟山二村屋宇内部多互相毗连

图 5-22　永康舟山二村的防御系统
明代 200 多年的倭寇之乱、清初三藩之乱，清代中晚期太平天国兵祸等历史背景下，乡贤士绅
指导村落建设，出现浙西南农村"丁字巷"现象。

十三、家庭、家族的合理结构与规模对浙江古村落分布形态的影响

1. 家庭结构与规模是一个社会问题

家庭是我国古代社会经济、生产、生活的基本单位，一个家庭，由家长负责，享受国家权利，承担国民义务。这就提出了家庭以怎样的结构和规模，才能适应当时的土地形态、生产工具和社会关系等问题。

我国古代家庭的合理结构、规模的形成，大致经历了两个阶段。

第一阶段为核心家庭模式，即由一夫一妻加上未成年的子女家庭模式。这种模式的家庭问题在于：当时的生产力、生产条件下，一夫一妻作为一个社会的基本生产单位，很难单独谋生，需要依靠整个氏族的力量来维持。因此，这样的家庭模式是不成熟的，不是合

理的社会基本单位。

第二阶段为五服制家庭模式，即由父子两代两对或两对以上夫妻构成的独立、直接生产并能依靠家族的力量存续的社会单位（即主干家庭），这时的家庭就不仅仅靠血缘关系联结，而且要有财产关系联结，即同居、共财的家庭模式。《仪礼·丧服传》对这样的家庭做出具体界定：凡同居或共财的称为"家庭"，同居共财的范围最大到"大功"。五服之内的成员称为"家族"，五服以外的共祖族人称为"宗族"。上述家庭模式称为"五服制"家庭模式，以丧服的轻重和丧期的长短表示家庭成员的亲疏关系，并且以自己为中心，构成五服图。

2. 中国家庭合理的结构与规模探索之路

中国家庭的合理结构与规模，自古就开始探索。周代，实行"井田制"，"一夫挟百亩以养五口"；秦代，商鞅变法"民有两男以上不分异者，倍其赋"、"令民父子兄弟同室内，息者为禁"。为什么要这样变化？根本原因是废井田制为私有制了，必须变大家庭为小家庭，才能适应土地制度和形态，于是完成了以核心家庭为基础的社会变革。这是秦能灭六国一统天下的主要原因。汉代基本上为父子兄弟分居别财的核心家庭。魏晋隋唐代家庭规模变大，为祖孙三代合籍、同居共财的"主干家庭"。两宋以降的家庭结构大抵是汉型家庭和唐型家庭的折中。从人口角度讲，汉型家庭平均每家五口上下，唐型家庭最多，平均每家八口之多。而二千年来全国户口总平均数大约五人。史籍上通常说"五口之家"，是汉代摸索形成的。

汉代为什么摸索、定型为五口之家？这是由当时的生存环境和适应能力造成的。汉朝的核心地中原，基本的耕作条件是黄河流域厚黄土层。秦汉两代，国家人口主要由下列三部分构成：一是世家大族，他们主要住在坞堡、庄园内，由家奴耕作。二是编户齐民人口，即庶民、平民百姓，他们是耕作国土的主体，所谓户型构成主要是指这些人。三是荒蛮未入国家名册的人口。

汉代，我国耕作技术和生产工具远优于同时代西方的罗马帝国。已有了带弧形犁壁的犁铧，有可以按行播种的耧车，有稻谷脱壳的风车，有了高低起落经纬穿梭的斜织式织布机，有了纺车和提花机。汉朝时全国人口约七千万，实行把田地分到户给平民耕种政策。出土的汉代简牍上《二年律令》记载，每户百姓分到田100亩，合现代的31亩，土地形态是一块一块隔开来的，有水井系统用于灌溉。这样的土地分配和耕作技术，不是一个劳力单干能适应的，且况古代还有"使民以时"的共识和政策，即农作物耕耘收割一定要跟上气节时令，不能拖拉。因此，一个家庭要有二至三个子女共五个人左右才能适应。近年河南省内黄县三杨庄清理出 4 处汉代庭院遗址，真实地再现了二千年前黄河岸边小康之家的生活场景：4 组庭院，风格相同，各有自己的水井，庭院之间互不相连，四周由农田相隔。农舍四周有树木环绕，农人使用的生产与生活用具，有石臼、石磨、石碌，以及陶水槽、碗、甑、盆、罐、豆、瓮、轮盘等陶器，铁犁、斧、刀等铁器，展现出自给自足的自然经济富足景象。房子是三间为单元，组合成合院式，有一处院落还清理出带有"益寿万岁"的瓦当。以上是汉代中州常见的村落形态。

我国家庭结构与规模经周代历秦汉六朝隋唐近 1300 多年的摸索与实践，最后定格在"五口之家"，又采用五服亲等法孕化出社会秩序的"差序格局"，这是适应人地关系的最好选择。这里的"人地关系"是指：自耕自足的农耕社会下，有多少地，养多少人（户），需要多少劳力。我们在古籍中常可以看到用"烟火"二字来描述一个地方的大小。据梁方仲等人研究，浙江从明朝中期到清末约 400 来年，耕地在 4600 万亩上下波动，人口在 2000 多万中摆动，户数则在 400~500 百万间。这也符合有些学者关于浙江古村落总量和面貌在明中叶就基本形成的观点。

3. 浙江人口、村落分布"珊瑚树"图式

宗族制度下家庭与家族的合理结构和规模，是影响村落布局和规模的重要因素。这是因为，农村的基本生活方式是农耕种植业，而基本的生产资料是耕地。浙江的耕地特征大小不一，零星分散，受人均土地资源和每个劳动力生产率相近的约束，不可能出现大型、连片的村落。又因受水源供给、日常商品供应和子女教育，农忙季节抢收抢种劳动协作条件之需求，不允许出现一家一村的微型村。上述家庭与家族结构和规模，是长期探索和反馈的结果，它具有极强的地形、水源、商品供应条件适应性。因此，形成的村落形态必须是跟山走、跟水走、跟地走，是适形的、大小不一的。换句话说，村落的分布与大小，和国土面积无关，但受耕地面积制约，在相同的耕地面积上有相同数量的人口和村落，这可叫中国农耕种植生产方式下村落分布和规模的"天人合一"现象。村落的分布形态和耕地分布形态是同构的。浙江是一个以山地为主的省，山系决定了水系，水系决定了田地系统。浙江的水系是叶脉状、集束式的，它像蚕丝一样渗透在山脉间，汇成干流后都向东、向北流向海洋，形成内陆支脉状、沿海根块状田地系统，状如珊瑚。而家庭、家族、人、村的分布与之同构，这可叫家族文化影响下浙江人口、村落分布的"珊瑚树"图式。

十四、风水和传统村落

1. 风水和宗族文化

中国文明的开山鼻祖，也即黄河流域的华夏族群，在与生存环境搏斗点点滴滴的体验中，领悟出"环境"与"人类"密不可分的关系，养成了人和的宇宙整体有机关联的思维方式和价值观，并且将两者结合，认定家族繁衍和山水形胜有伦理般的传承关系，经过长期积累，产生了"风水学"，对住宅和村落选址、布局等产生重大影响。

风水理念的核心内容是：自然界上各种地形环境都有一种磁场、气场，风水师将之描述为地脉（龙脉），并且和家族、祖先精神联系起来。它和人会产生感应、纠缠，对人有"精神暗示"作用。一个家族相宅、堪地、择吉而居，找到龙穴宝地，辟成住宅（阳宅），或作为祖坟所在地（阴宅），就能荫庇富贵，并使后代子孙财丁兴旺。相宅的主要手段是"观形识气"，风水师们将各种山形分类归纳成"山局图"，也称"风水图"。并认为其中最理想的风水图为"壶腔结构"，具有母胎象征性（意义）。这样又把风水宝地和人的生殖繁衍联系起来，产生隐喻、移情、自励作用。

2. 风水和浙江传统村落

浙江山多但不险，水多且纤细，这种小体量的山水环境，自然组合出千千万万符合风水理论的理想村落用地。况且，风水学上还有"高一寸为山，矮一寸为水"的说法，众多的山水环境中，稍加组合就成了"壶腔结构"、"攻位于汭"、"蓬莱图式"。可以说浙江文脉深厚、人才辈出的乡镇村邑，都有风水的印记。翻阅地方图志，所有图志都反映山山水水环绕回护的格局。查阅民间宗谱，每个村的族谱村基图上，都有"喝形"、"观势"、"相土"、"度地"等风水活动的记载。

以家族为单位、以风水为目标的乡村开发模式意义非凡，它实现了国土资源开发利用的生态性、有序性和均衡性。

所谓生态性是：风水理念指导下的村落，如某古籍上所述"自古贤人之迁，必相其阴阳向背，察其山川形势，巧用八大聚落宜用地"（盆地、攻位于汭之地、河阶台地、二河交汇处、冲积扇平原、滩头绿洲、山坑、山坞山旮），这种理念和态度指导下的村落，和这八种地形环境、生物群落组成了一个和谐、协调的生活圈，是能生生不息、永续发展的。

所谓有序性是：风水理念指导下的村落选址，某一地域的开发先后顺序，是符合用地发展的规律和大自然的流程的。如松阳县杨坑埠头的 8 个自然村（垟坑埠头、腾省、青石坝、双坑口、坳里、小明源、顶头炉、新田岗），是根据两岸宜居用地发展顺序，正确处理缓水与激水、岸左与岸右、凸岸与凹岸等的关系，或依山而居，扼山麓、山坞、山隘之咽喉；或傍水而居，抱河曲、渡口、汊流之要冲先后建成的——简言之，是以水为脉循序渐进建成各村的。

所谓均衡性，是指浙江大地凡有阳光、水可到达的地方，都得到了开发，没有出现某些国土因山高林深而荒芜，或因傍水田肥而过度开发。这也使得浙江的村落分布，从国土空间角度看，是疏密不等的，而从耕地面积看，却是大致均衡的，即相同的耕地上有大致相等的人口和村落。

古人还把"治田"、"定宅"、"养村"活动和风水及和风水理论有关联的"阴阳五行"、"尚象制器"，以及宋代周敦颐的太极图说、张载的气说，朱熹理学的"格物致知"理念结合起来，营造出文脉深厚的村落，如：兰溪诸葛"八卦村"、武义俞源等"星象村"，永嘉屿北"莲花村"、永嘉苍坡"文房四宝"村、永嘉芙蓉"七星八斗"村、缙云河阳"五龙抢珠"村，松阳山下阳"阴阳五行"村等。浙江这些风水意象深厚的村落，多是人丁旺盛、六畜兴旺、经济富裕、文风鼎盛、盛产人才的地方。这些村能成为科名甲第鹊起蝉联、云蒸霞蔚的进士村，或文武簪缨、丛桂齐芳的官员村，也或握算持筹、居室宏敞的商业村，"风水"具有环境、生态、适应、精神暗示等积极意义。

3. 风水学是一门实用科学

现代科学研究越来越清楚地表明，风水学不是迷信，而是一门自然与人文科学结合的空间环境学问。学者李卫、费凯把上述现象归纳为"现象界中实物质（空间）的虚物质能量"现象。科学确认，世界上的一切都是互相关联的，一定的地形中蕴藏着"气场"，宇宙中存在着暗物质、暗能量。量子力学认为，所有物质之间都会产生量子纠缠。所以，那些人才辈出的村落，除了人的"努力因素外"，就只有"环境气场"能做出合理的解释。这也是《宅经》所谓"地沃，苗茂盛。宅吉，人兴隆"的原因。

根据现代科学研究及越来越多的资料显示：人体组成和生长的大地间，存在相当高的"一致性"，自然环境稍一改变，人体就会立刻受到影响。关于这一现象，可由以下两点看出：

（1）羊水和海水：根据海克尔研究，人类精子与卵子初结合成"受精卵"时，就着床于母体子宫上，子宫外围则被"羊水"包围，其模样，就像地球最早出现的生物——原核细胞浮游于31亿年前的原始海洋一样。不可思议的是，近代科学化验表明，人类母体的羊水成分，竟和原始海水的成分几近相同。

（2）血液和土壤：1979年英国化学家哈密尔顿，进行地球环境分析时发现，地壳上基本元素的含量，和人体组织（如血液、五脏六腑、尿液、大脑、肌肉等）微量元素与营养素含量，在比例上呈现惊人的"相似性"。

（3）几乎所有的宗谱里，都把宗族的兴旺归因于当地的风水，这是"精神暗示"在起作用。它预设了家族美好的目标和图景，激发起人们的主观能动性，同时预设了一个自律机制，促使族人不断检查调整自己的行为，时时事事向着这个目标努力。

（4）还有一个作用机制是，在自给自足的农耕社会里，宗族的团结是宗族生存发展的重要条件。风水具有强烈的领域特征，容易造成宗族成员的归属感；风水又利用龙脉理念将地形地貌和祖先精神、宗族繁衍联系起来，产生自然崇拜和祖先崇拜，成了团结、鞭策宗族的有力因素。

此外，比如"八字门"、"厅堂地面一进比一进高"、"门的朝向"、"正大门和外大门不能对冲"等等，有"大门八字开，财气滚滚来"、"步步高"、"连升三级"、"避煞"等风水寓意，虽没有多少科学性，主要起精神暗示作用，但对建筑风貌营造则有重大意义（图5-23）。

温州市顺泰泗溪廊桥

温州市永嘉张溪乡林坑村水口

杭州市淳安芹川村水口

温州市三垟张严冯村村口水莲宫

图 5-23　水口营建
风水学认为家族繁衍和山水形胜有伦理般的传承关系，所以古村落都十分重视"水口"建设

第六章

宗祠，是明清以来我国农村最主要的祭祖建筑，是族众的议会厅、教化的平台、惩戒的公堂、庆岁娱乐的场所，是家族的象征，村落的标志。

宗祠和传统村落

一、宗庙、祠堂、宗祠名字解读

通过大量的农村调查，我们得知宗族制度派生出来的宗祠、族田、族山、族林、义庄、义仓、义塾、家庙、香火堂等，基本上都已不复存在了，只有宗祠还在，而且被广大村人喜爱和利用，并有升温之势。然而，民间关于这些建筑的称呼，有祠堂、宗祠、家庙、祖庙、祠庙、宗庙、香火堂、厅等一系列不同而又相近的名字，故首先要厘清各自的功能和相互关系。

1. 宗庙

宗庙是对具有祭祖功能建筑的概称。"宗"，清代段玉裁在《说文解字注》中的解释是："宗，尊也，凡尊者谓之宗。"《说文》说"庙"是"尊先祖貌也"。"宗庙"的初义是指在有祖先画像、容貌、神灵的场所进行祭拜仪式或举行启示神明的活动。后来此名词延伸，用来指代进行此类祭祀仪式的活动场所——建筑。

"太庙"是指帝王的宗庙。

"家庙"意指品官按照宗庙制度所建立的宗庙，这种祭祀形式是隋唐时才较为广泛使用的。

2. 祠堂、宗祠

"祠堂"，祭祀祖宗或先贤的处所。"宗祠"，同族子孙祭祀、供奉祖先的处所。

"祠堂"一词是宋元以后在民间逐渐兴起的，其在功能上与宗庙一致，但仪式有别。祠，由"示"和"司"二部分组成，"司"是指专门从事某种事务的人，如司徒、司马、司空等。"示"，上面的"二"初义为摆放祖先牌位的桌子，"小"为跪拜的人。"祠"字的初义是子孙们跪在摆放着祖先牌位的桌子前，由专职人员带领颂唱"祝文、祷词"进行祭祀活动。后来将"祠"延伸为进行此种活动的场所（建筑）。清赵翼解读"祠堂"一词，汉代为墓坛、墓祠，到了南宋以后，随着朱熹设计的依附于住宅的祠堂建筑的推广，此后祠堂的名称逐渐被理解与运用，指代民间宗族的宗庙。到了元明以后，随着宗族的壮大与所祭世数的增远，在"祠堂"的基础上，逐渐有了"宗祠"之名。不过各地称呼不一，有些地方仍叫"祠堂"，有的地方叫"祠庙"、"家庙"，还有叫"祖厝"、"斋祠"的，浙中、浙西一带，把大宗祠称作祠堂，支派、房派的小宗祠称为"厅"，房派以下的宗祠称"私己厅"，再下面是"香火堂"。

可见，宗庙、太庙、家庙、祠堂、宗祠等名字初义相同但略有差异，本义都是指祭祖活动，延伸义才是进行这种活动的场所。"太庙"、"家庙"是官方制度下的称谓，而"祠堂"、"宗祠"是品官、庶人在民间的一种俗称。

二、古代帝王宗庙形制及演变

《墨子·明鬼篇·下》："昔者虞、夏、商、周三代之圣王。其始建国营都，必择国之正坛，置以为宗庙。"《礼记·祭法》："夏后氏亦禘黄帝，而郊鲧，祖颛顼而宗禹。"可见，帝王宗庙，从夏朝到清朝一直都有的，仅形制、规模变化而已。

夏代的"世室"是一幢单体建筑，是办公、居住、祭祀三合一的，亦叫宫室。汉代郑玄认为，夏代的"世室"仍是宗庙，也就是说，我国最初的帝王祭祀是放在住和办公合一的宫室里的。清代学者万斯同在其《庙制图考》中说，孔子曾讲过，天子七庙自虞至周不变，据此他推测夏制七庙。

商代已有藏主祭祀合一的建筑，但不是一幢，而是一种散落的群组建筑。《考工记·下》曰"殷人重屋"，指的就是那时的宗庙。

周代：宗庙建筑已规范化、制度化、等级化了，"天子七庙、诸侯五庙、大夫三庙、士一庙、庶人祭于寝"。宗庙建筑是集群式的，而且藏主的排位有了昭穆制度。

清·万斯同绘夏制七庙图　　清·万斯同绘殷商宗庙形制图　　清·万斯同绘秦庙制图　　清·万斯同绘西汉高庙图

图6-1 中国古代帝王宗庙形制

我国历代帝王宗庙形制——集群式、昭穆之制。

秦汉：宗庙式微，确立了墓旁立庙制度，并打破了集群式形制，采用单体式形制。同堂异室（即厅堂内搁置一些神龛），多祖合祭，一祖一庙。

三国、魏晋、南北朝、隋唐代：单体式庙制。

宋、元、明、清：组合式庙制，将祭祀与藏主功能分开，主殿后增建寝殿，藏主功能移到寝殿，明代又在寝殿后增加了祧殿（图6-1）。

三、士庶家庙形制及演变

1. 祭于寝

汉代以前，庶人是不允许建庙的，祭于寝（即居住和祭祖合一）。汉代，随着帝王墓祠的出现，品官、庶人也在墓旁建造墓祠，形制为同堂异室的单体式，唐代达到高潮。到了宋代，严禁士庶家庙制度，民间出现了士庶依附住宅建造独立、自成一体的祠堂之风，其形制多仿造住宅式样。尤其是明嘉靖后，士庶扩大祭祖世数的做法为朝廷默认许可。从今存明清时期的宗祠家庙来看，其形制的主要特征是前堂后寝的组合式形制。

2. 从"庶人祭于寝"到祭于家祠、宗祠

士庶在家中设庙（家祠）祭祖起于春秋，到汉代已成为常态。汉代的大宅一般分为前厅后堂两个区域，前厅对外，为主人宴请宾客和起居之处，后堂为子女、长辈及眷属居住。厅堂兼作祭祖行礼用，祭祀时在厅堂置神主牌位，结束后撤掉。这种方式一直沿用到隋初。隋唐代，把厅堂改为私庙（家庙），厅堂的主要功能由起居退让给祭祖活动。厅堂（家庙）的间数有严格规定，如"三品家庙形制面阔五间，中间三间为祭室，进深九架，用歇山顶，檐下四周环廊。"

宋代士庶家庙制度要求十分苛刻，规定只有朝廷重臣而且要皇帝批准才能建立独立式家庙。有宋一代皇帝只批准了十三个大臣建立独立式家庙，又规定承袭爵位每代降低一等，死后不能祔庙，即某大臣批准立庙了，如若子孙无高官的话，其家庙仅仅在自己这代适用，以后便废止了。这样严格的制度，自然不能满足广大品官和士庶祭祖要求，于是祭于住宅厅堂的家祭向祠堂形制转变。国家规定品官立庙的位置在私宅的大门内的左侧，如果空间

狭隘，可在宅第比邻的侧旁立庙，实在没有可立庙的地方，才允许另寻适宜的地方建庙。家庙的规模由允许祭祀世数决定，能祭几世就建几开间的庙。

宋代士庶多在正厅置祖先牌位祭祖，若是富家及士人，置一影堂（即家祭的祠堂）也可，影堂必须朝东。

3. 朱子《家礼》祠堂制式

南宋，大理学家朱熹在《家礼》中设计了供奉高、曾、祖、祢四世的士庶祠堂具体图式。《家礼》祠堂制式有下列 8 个要点：

（1）祠堂位于住宅正寝的东侧，有院墙有院门，或有厨库等。

（2）祠堂建筑面阔三间，在后墙处设神龛，并在面对龛内的桌上自左向右摆放神主。

（3）祠堂前有一块供祭祀用的空地。祭祀时可在空地上搭临时建筑，和神龛或前朝后寝关联。

（4）根据用地大小可做三间式祠堂或一间式祠堂。

（5）没有空地建造傍屋祠堂的话，可把住宅厅堂的东室当作祠堂。

（6）一些配套的祭品库、神厨等附属用房也可视场地大小做改变。

（7）名称有影堂、家祠堂、祭堂、家祠等多种称呼，实质是模仿周礼和唐代"家庙"制度的家庭祭祖祠堂，并且显现出合院式特点，不同于隋唐墙垣环绕主体建筑的单体式院落格局。

（8）家祠形制具有与住宅相似的特点。空间序列为前堂（供祭祀者用）后寝（神龛），基本上为中轴对称格局，品级高的家祠还会有前后多进院落，有些较大的院落前后建筑甚至于采用工字殿做法。

4. 独立式宗祠

南宋，出于"合族"、"复国"二个主要原因，民间一些宗族开始兴建具有宗祠性质的祠堂。

对于汉族社会来说，元朝是荒疏礼制的时代，政府不立家庙制度，但汉唐流行的墓祠一直在沿用，并影响家祠向宗祠变化，宗族祠堂形成并在民间得到了长足发展。宗族祠堂形制也有了变化，一些士庶将祖屋或名人专祠改成宗祠，那些需要新建家祠的氏族，因祠堂规模变大，而要择地新建，祠堂形制也就变成独立式宗祠。

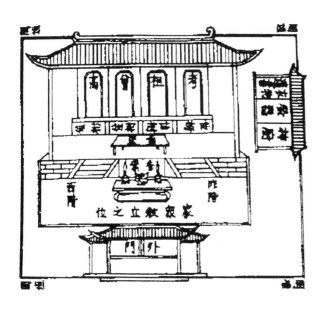

朱熹祠堂三间图

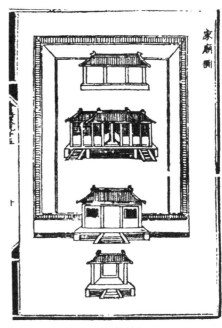

明代家庙图

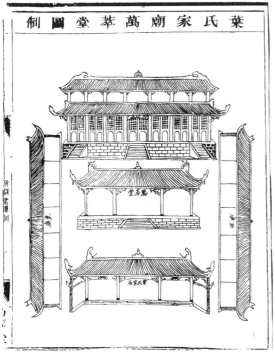

建德新叶村叶氏家庙

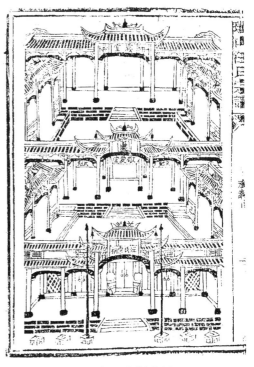

大陈汪氏族谱中的宗祠

图6-2　我国古代士庶宗庙家庙制：从祭于寝到祭于家祠、宗祠。

明代，家祠沿袭元代传统，继续向宗祠变化。嘉靖十五年（公元 1536 年），明世宗批准了礼部尚书夏言的奏章，许"民间皆得联宗立庙"，于是天下普遍造独立式宗祠，到清代达到高潮。

5. 香火堂、神龛、香火堂后置式等

由于宗族祠堂的出现，庶人祭于寝的格局也发生了变化，那些依附于住宅的家祠逐渐消退，庶人普遍在厅堂的正壁下摆置长几，上放"木主"，是为香火堂，也有些地区是在厅堂正壁上置神龛的。

还有一种 H 型民居的格式是在后院靠壁建一座三面临空的亭子，为藏主祭祀之处，如丽水遂昌县长廉村某宅，松阳县下田朱村某宅，笔者将之称为香火堂后置式。这种制式或许就是"明楼茶亭"的延伸，《鲁班经》中有"厅后明楼茶亭，亭后即寝堂"之记载。"明楼"或"茶亭"并不是品茶休闲之处，可能是祭祀时向祖先敬茶敬酒、献酒献贡行礼之处，其形式如亭，因而名谓"茶亭"。

浙西龙游、兰溪、建德一带明代出现了一种叫"楼上厅"的民居，把客厅、"祖堂"设在对合式第二进的楼上。这样的格局，在浙南泰顺一带也偶尔出现（图 6-2）。

四、祠堂的形制和类型

1. 有关专家述著中的分类

根据实地调查和国内学者对现存明清宗祠的研究，对祠堂的分类主要有下列几种观点：

（1）丁宏伟在《中国古代建筑史，第四卷·明、清建筑》中按祠堂兴建的方式，分为以朱子家礼为蓝本的祠堂、由居室演变而来的祠堂、独立于居室之外的大型祠堂和祭祖于家的家堂、香火堂四类型制。这些种类的祠堂要在始迁祖地位较高、文脉继承较好的村落中方能看到。如永康芝英村，主姓应氏系周武王的一个儿子分封于应国，遂以应为姓，应国延续了三百年后亡于楚，有一支后裔漂泊至此，历史上有各种祠堂 81 处，今存 52 处。

（2）清华大学单德启教授把安徽徽州祠堂按平面构成分为有无前序院落、祠堂内天井两侧有无廊庑、二进天井的形制变异三种类型。

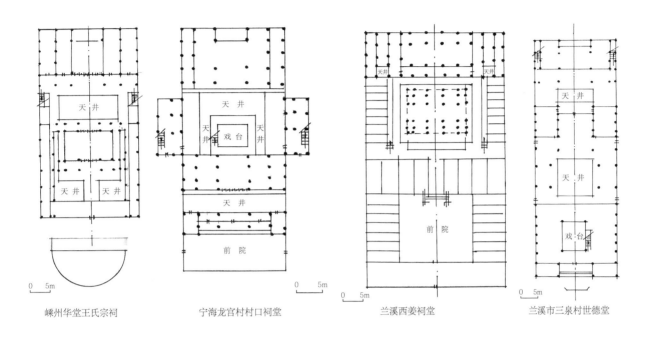

嵊州华堂王氏宗祠　　　　宁海龙宫村村口祠堂　　　　兰溪西姜祠堂　　　　兰溪市三泉村世德堂

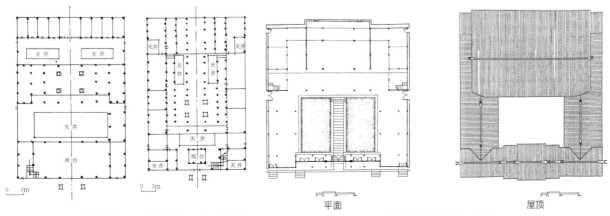

开化县大溪边乡大宗伯第　　常山东岸乡·底角王氏宗祠　　　　永嘉花坦敦睦祠平面、屋顶

图6-3　浙江传统村落宗祠平面举例

（3）丁俊清、杨新平在《浙江民居》中，从建筑形式出发，将浙江宗祠分为独立正厅式、纵向合院式、门屋式、浅院式与前廊轩后天井式五类。

（4）王鹤鸣、汪澄在《中国祠堂通论》中按祠堂的规模，分为一进单厅式、一井两进式、两井三进式、三井三进式四类。

图6-3是我们这次调查时步测手绘的各类宗祠平面图，形状各异。探其原因是在统一的规制下，各地根据自己的用地和财力决定的，其装饰风格则受等级和"第其房望"等影响。

2. 兰溪市博物馆的分类

以上列举，仅是各家学者站在各自角度而言，似有以偏概全之嫌疑。其实浙江宗祠，每个地区各有特色，即便同一个县的，也异彩纷呈，如兰溪市博物馆把该县宗祠分为：回字形宗祠、三进二明堂宗祠、对合式（即二进一明堂）宗祠、两进两明堂、两进一明堂带一享堂及两进带一穿堂等。不管怎么分，都应该看其所表现的建筑形式与建筑制度之间的关系，及建筑形式与建筑功能之间关系的特征。据此，明清以来流行于民间的宗祠家庙的建筑形制大致可分为两类：第一类是单进院落式"堂寝合一"的单体式祠堂，此类多是早期从祖居中改建而成的，其形制和当地的传统民居几乎一致，或是依照朱子《家礼》中的祠堂形制建造的。第二类是两进院落式的"前堂后寝"式宗祠，这类多为明中晚期以后建的宗祠，其脱离了与住宅建筑的依附关系，体量、规模较大。

五、宗祠的功能

1. 祭祀的载体

尊祖是宗法制度的首要原则，《礼记·大传》曰："尊祖故敬宗，敬宗故收族，收族故宗严"。所以古人认为："举宗大事，莫最于祠，无祠则无宗，无宗则无祖"。人们通过在宗祠里对祖先的祭拜，重温了祖宗的品德和教诲，鞭策了自己，强化了血缘，增强了族众的凝聚力。

祠堂还有祭神作用。《礼记》曰"君祭于社，公祭于庙，民祭于宅"。祀社是流行的民俗，祠是血缘关系的载体，社是地缘关系的载体。如：浙西邻近徽州一带以及各地汪姓，都有纪念隋末徽州郡守汪华的活动，汪华为保境安民，归顺唐朝，使得徽州及附近一带免遭兵火之灾，民间奉其为"汪公大帝"、"太阳菩萨"，不少地方为他建祠庙。又如浙南的"平水王庙"，是纪念晋代平阳人周凯，在京城放弃做官的机会，回家乡带领大家治理瓯江、飞云江、鳌江，温州民间造祠纪念他。又如永康方岩的胡公大帝庙，是纪念北宋永康人胡则一生为官清廉，被浙中、浙南人民甚至毛泽东主席点赞。

2. 教化的平台

宗祠祭祖时，在仪式开始前，族长或指派专人先进行读谱，回忆祖先艰苦创业史，宣读家法族规，宣讲劝诫训勉之辞和先贤语录，灌输宗法思想和家族观念、伦理道德、纲常名教，指导族人做事做人之道。

3. 族众的议会厅

族中遇有重大兴革、关系全族利害之事，如推选族长、兴建祠堂、续修家谱、购置族田等，族长便召集全体成年人在祠堂开会决定。

4. 惩戒的公堂

宗祠还是家族的法庭，如果族人违反族规家法，即被执于祠堂中，受到长辈的训斥和族人的谴责，执以家法。挞而不改者，革出祠堂，在支丁簿上除名。如，遂昌长廉村郑祠宗祠对面就设有一处准审判台，上书"公正"二字。

5. 娱乐、庆岁、奖励的场所

祭祖与娱神结合，是我国宗族文化的一个特点。这种活动，原始形态是在一块高台或平地上搭台进行，汉晋南朝转至厅堂殿院中观演，隋唐五代出现了公共的"戏场"或"看棚"与"看楼"；宋元舞戏在神庙中与祭祀活动结合，由殿宇廊庑建筑构成了具有观戏功能的戏台，后又发展成有顶的"舞亭"。有的甚至依附于商业操作而发展成了城市的游艺场所，宋代称作瓦舍勾栏。明清时期，开始在宗祠第一进明间建戏台，戏台前为天井、正厅，天井两旁为二层厢廊，俗称"走马廊"，构成四围建筑，中间大天井的宗祠图式。稍大一点的村落，每年都要请戏班演戏，届时各家都会请亲戚来看戏，邻近村人也会赶来观看。

除演戏外，每年春节，阖族支丁都要先到宗祠里庆岁、谒祖、团拜，领"元宝"、"馒头"、"寿仓"，正月初七晚，在社屋举行"春祈"、灯会、吃暖灯酒。宗族中凡族人的家庭大事，一般也要到祠堂进行仪式，婚丧嫁娶、红白喜事自不用说。科考中举，无疑也要到祠堂进行庆贺，举办奖励活动（图6-4）。

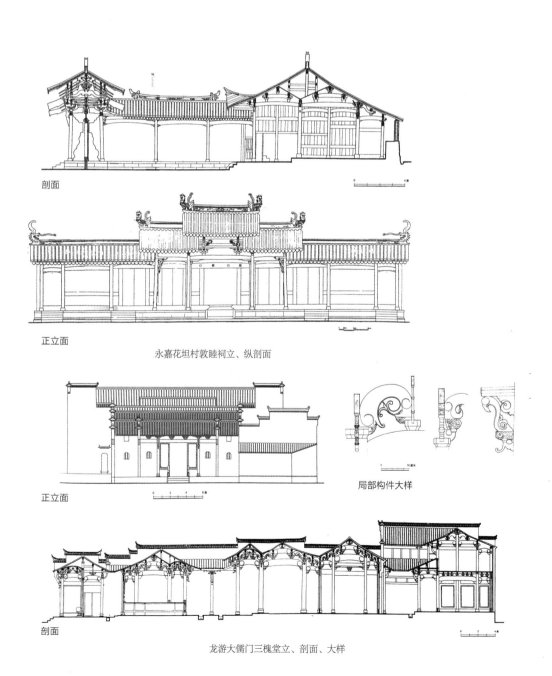

剖面

正立面

永嘉花坦村敦睦祠立、纵剖面

正立面

局部构件大样

剖面

龙游大儒门三槐堂立、剖面、大样

建于明万历年间，是村中的王氏宗祠。三槐堂建造规模较高，坐北朝南，前后五进，占地面积 842 平方。用材较大，建造质量较高。

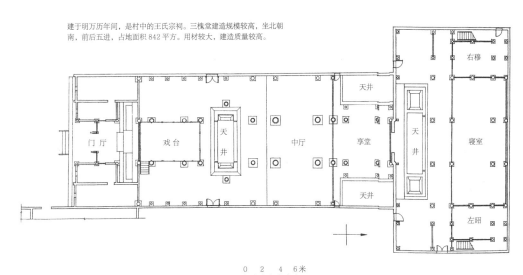

0　2　4　6米

龙游大儒门三槐堂平面

富阳龙门祭祖活动

开化大溪边乡大宗伯第中厅

苍南碗窑宗祠和露天戏台

开化大溪边乡墩南村爱日堂戏台

永嘉某宗祠戏台

图 6-4 宗祠的功能作用

宗祠有支丁庆岁、谒祖、团拜、修谱、祭祖、议事、摆祭等功能，是宗族的代名词和标志物。

遂昌长濂郑氏宗祠前空间

遂昌长濂郑氏宗祠

六、宗祠的选址、布局

通过大量的实地调查并阅读了不少家谱、典籍，得知祠堂的选址、布局，是受宗族房份生成裂解和传统风水文化两个主要因素决定的。常见的宗祠布局有下列五种形式，因而产生不同的村落空间形态。

1. 集中与分散布置

这是由宗族的房份决定的，规模小的单姓村，形成以宗祠为核心的单中心结构，全村可能只有一个宗祠，村屋环绕宗祠发展。双姓村则形成双中心空间形态，实例如龙游三门源村。规模大、房份多（或多姓村）的村落以房支祠堂为中心组织各自的空间领域，形成以总祠为中心，以支祠为核的多中心村落空间形态，典型实例如建德新叶村。

2. 设于水口

这种布局，多由于风水地形而成。水口的概念，风水典籍《山龙语类》中曰："水口者，水既过堂，与龙虎案山内诸水相会合，流出之处也"，一般将之理解为村口。水口也有在村尾的，有些村有多支水流进来，流到村尾集中出村，该集中处也叫水口。一般平原村落的水口以河口的形式存在，山区村落的水口多是山口或水流出口。水口还赋予古人哲学思维，古人云："人，水也。男女精气合，而水流形"。"水者何也，万物之本质也，诸生之宗室也，美恶、贤不肖、愚俊之所产也。"宗祠设于水口的，往往和桥梁、寺庙、大树一块设置，典型实例如：江山大陈村、泰顺攸村徐呑底、永嘉张溪林坑、武义凡岭脚村、松阳横岗村、丽水碧莲西溪村、磐安双溪村等。水口在村尾的，实例如泰顺洲岭。有水口或宗祠设于水口的村落，村屋因地形而异，可能是沿溪涧带状的，也可能是环着"Y"状溪水成团状的。不管怎样，水口一定成为该村的室外公共活动中心，也是村落风貌最好的地方。

3. 沿古道、古商业街连点设置

这种布局往往发生在州县等不同行政区域交界，或大山脉的出口，或通向重要码头、渡口处。这种地形中的聚落，商业、服务业成为它的发展动力，形成一条街式（商业街）

布局形态。实例如金华兰溪游埠镇、遂昌县的石练村、松阳县界首村、景宁的大漈村、龙游县的大公殿村等。这些村（镇）的宗祠都布局在沿溪、沿路的商业街上，成为村落的中心。

4. 沿村落边界布置

这种设置方式不多见，典型实例如永嘉屿北古村，这是一个单姓村，村落位于四周有山、村前有溪的一个较大谷口里，村人用周敦颐的"爱莲说"理念进行布局，七个宗祠分散布置于村落周边。为什么这样布置，可能和六个房份、六个方向的农田，以及山峰有关。永嘉芙蓉村宗祠布局也有类似特征。

5. 设在风景山、山水林及风水观念的特定部位和村落对耦布置

中国的宗法思想和宗族组织是在山脉、丛林、平原等环境中形成的，山形水势、地脉观念，对村落及宗祠选址的影响很大。古人营建住宅，必顺天时、察地势、审土宜，先请风水师卜宅、相宅。因此，那些特殊的位置，风水学中叫"明堂"，多为宗祠选用。所谓"明堂"，是指案山前水流交汇的地方，前面有一片空地（田野），远处有吉祥动物或文房四宝形象的案山（如龙虎山、莲花山、砚山、笔架山等），宗祠或与之遥相呼应，也或就造在明堂的那端，与村落相对呼应。这类例子不少，如龙游志棠村的东陵侯厅，永嘉的苍坡村，丽水龙泉市的上田村，泰顺的瑞岭村，江山清漾村、金华蒲塘村等（图6-5）。

6. 和村落公共活动中心结合布置

浙江稍大的村落，都有一个公共活动中心，往往是宗祠和广场、大水池、桥头、水口、牌坊、大树结合布局，成为村民室内外公共活动中心。

7. 和牌坊结合布置

牌坊是明清以来朝廷嘉奖一些贞烈之士或功勋人士敕造的，这样，就把宗族和国家联系起来了。史书记载明万历、崇祯年间，绍兴城中的"官街旧址"均有牌坊，每坊四柱，中二柱在街心，外二柱跨街傍屋。兰溪长乐村，不但有上述要素，还有一个"龙亭"（朱元璋在该村驻过军）。也有的村落把敕造牌坊造在村口的，连接牌坊的是驿道、商业街，

泰顺贝谷村徐氏宗祠（村口独立式）

永嘉花坦敦睦祠（居中）

泰顺泗溪包氏宗祠（村山林中独立式）

泰顺筱村徐岙底宗祠（村口独立式）

永嘉埭头某家祠（据村中最好位置）

图 6-5　古代农村宗祠的布局由房
族、风水因素决定，不同的布局产生
不同的村落空间形态。

宗祠布置在商业街另一头，和牌坊形成对景，实例如遂昌县独山村。有些村虽然没有牌坊，但宗祠大门采用牌坊式样，可谓宗祠牌坊融为一体，实例如江山大陈村汪氏宗祠、开化霞山汪氏宗祠、大溪边大宗伯第、淳安汪家桥汪氏宗祠、赤川口余氏宗祠等。有的宗祠则是和寺庙、园林组合布置的，成为园林式公共建筑，实例如永嘉苍坡村。

七、宗祠的文化意义

宗祠，作为一种器物文化具有物质功能外，还有精神功能，包括审美、认识、祭祀、崇拜等方面，这种功能需要通过人的作用进行文化转换，进行文化体验，使建筑物经由文化的再排列而构成一种有意义的文化存在（文化肌理）方能实现。据此，宗祠有下列5点文化意义：

1. 宗祠是村落的核心、房派支系生长的原点

宗祠既是村落的核心、房派支系生长的原点，也是族人的精神原点和核心。自古以来，人类就追求一种具有向心内聚状态的居住空间。以宗祠为核心，是为了借助血缘的力量来获得整体上的优势，并具有美学上的择中之美和心理上的安全格局，是浙江古村落的常见形态。如三国时东吴大帝孙权的故里富阳龙门古镇，今有2600多户，90%姓孙，历史上原有60多座厅堂，现存30座，均以"厅堂"为中心，环以本房成员住宅，再筑以高墙，形成一房房群组院落。厅堂之间、宅居之间或以门廊相通，或以卵石小巷联结，一如孙氏宗谱上写道："孙氏千有余家，各房聚住皆有厅以供闺房之香火。"孙氏总祠是整个村落的结构中心，十几个支族分祠（厅堂）簇团环列，记载着孙氏家族的"天下观"和一段显赫的历史（图6-6）。

2. 宗祠是村落的标志物

宗祠是村落的标志性建筑，中心象征图式，具有领域特征、风土特色。实例如衢州全旺镇楼山后村"骏惠堂"，是衢州市境唯一一座由皇家赐造的祭祀性宗祠。明天顺七年（公元1463年），该村王钟英入宫，次年册立为皇后。明成化年（公元1466年）赐建骏惠堂，又名"娘娘厅"。祠堂北依青山，南临绿水，现存建筑面积500平方米。厅前有一道高耸的砖雕坊门

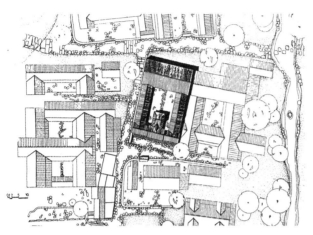

永嘉蓬溪康乐公祠平面（村中心）   遂昌独山村叶氏宗祠（驿路旁商业通道上）

图 6-6   浙江村落宗祠布局举例

宗祠是村落的核心，房派支系生长的原点，是村落的标志性建筑，中心象征

图式具有奉宗继祖，厚风睦论等意义，规范了村落发展的秩序。

牌楼，进坊门后便是宽广的仪场，青砖鹅卵石铺筑。正门为三山式辕门，层层雕有龙凤百鸟图案，九卯穿梁结构，四周有七门进出，圆柱粗梁，紫红油漆，堂眉正中挂着明世宗钦赐的"骏惠堂"堂匾，皇后及四个宫女的塑像在堂匾下方。整个门楼气势宏伟，仪态安详，它和附近的著名风景名胜区——饭甑山一道，成为一方水土的地标和地标建筑（图6-7）。

3. 宗祠规范了村落发展的几何、礼仪、秩序

一般都是先有村，后有祠，宗祠的产生营造是生长式的，不须对原有建筑大拆大建。引领村落以血缘为脉循序渐进，规范了村落发展的几何秩序、礼仪秩序。实例如金华蒲塘村、兰溪长乐村、景宁小佐村。

4. 宗祠是本教科书

宗祠是本教科书，记印着历史信息，让后代了解那些已经消失了的传统生活方式，记住乡愁，激发大家的社会责任感，尊传统、奉本宗、敬祖联业、厚风睦伦。

5. 宗祠是家族的象征，族人生命的延伸

宗祠是家族的象征，具有启示激励作用，能使人心胸拓宽，生命拉长。古代农人观

念中，百亩之田，五口之家，产业可传百世。五口中，"上有父母，下有子女，骨肉蝉联……血统贯注，我生即父母生，子女之生亦即我生。小生命分五口，大生命属一脉，……中国人言身，必兼及家。一家之生命无异我一人之生命，而祖孙三世相嬗，至少当在百年之上，或可超百五十年。更有七口九口之家，上及祖、下及孙，则为五世同堂。自我上接高曾，即为五世。下逮玄曾，又五世，前后共九世，此非易得。然自心生活（精神生活）言，虽未目睹，口耳相传，高曾祖之为人为生，亦在我心中。一人之生命，可以上通五世，亦可下通五世，前后可达三百年之久。祠堂庙宇即此生命相传。古人居宅在右，祠堂庙宇在左，死生同居一宅。自我玄孙至我高祖，上下三百年，成为一家之大生命。"（钱穆《晚学盲言》）

总之，祠堂是宗族的代名词和标志物，是族人生命的象征和延伸。1985年4月19日，祖籍江苏盐城、出生于江西、后随父亲去台湾的美籍华人王赣骏和他的同事一道进入太空，事前台北王氏宗亲会要求他携带该会标志"三槐堂"锦旗遨游太空，他照办了，并引以为荣，说"这是身为王氏子孙极有面子的事"，回来后，乡亲们以开宗祠大门这最隆重的仪式欢迎他。由此可见，宗族这面中国历史上曾经的战旗，在当代华人宗亲团体社会生活中，具有极高的荣誉和标识意义，同时它还与人类最先进的科学事业联系在一起了。

衢州楼山后村骏惠堂坊门牌楼

槐里傅芳匾额

衢州楼山后村骏惠堂门楼木雕

饭甑山

楼山后村骏惠堂门楼

图6-7 衢州楼山后村"娘娘厅"

浙江好山好水孕育出好儿女，衢州楼山后村娘娘厅和著名风景名胜区——饭甑山一道，
成为一方水土的地标和地标建筑。

第七章

宗法社会平民化以后，清代农村里出现了绅衿这一特殊的阶层，和衙役、"乡约"三者互为监督，共同管理村落。绅衿主要从事村落的文化事务，兴学、修祠堂、写宗谱、修路、修水利等。

宗族文化和乡村治理

一、皇权、族权双重管理

古代传统体制下的乡村，是由皇权（政权）、族权双重管理的。皇权只管收税、征用劳役和刑事案件三项，其他都由族权管理。其管理的形式、人员的构成，因时代而不同。早期，代表宗族方面的有族长、三老、里老、里正、里父老、乡正、耆正、村正等等称谓，到了明清代，产生了绅衿这么一个特有的阶层。关于此，著名社会学家费孝通先生曾论及，乡村的行政、法律职能是由衙门里派来的差人、地方上充当代表和媒介人物保长及地方士绅三种人物互为监督、共同管理的。

中央派遣的官员到县级为止，代表皇帝，被称为"父母官"。县衙门只派差役到乡村，负责收税赋、征劳役。衙役是最容易滥用权力的岗位，为防范他们权力膨胀，国家把他们置于最低的阶层之中，他们的子孙不得参加科举考试，国家的政令也不用他们下达，而由县衙门直接下达给"乡约"（由族长等组成的地方自治团体）和士绅。士绅的文化素质高，政治、经济地位都比差役高，他们是看不起差役的，用他们参与农村事务，但又不是官。所以，古代乡村的领导权由这三者掌握，像游戏"剪刀、石头、布"一样，互相发挥长处、约束短处，用以保证国家政策的正确执行，实现社会稳定发展。

本书所谓宗族文化和乡村治理，重点是绅衿和乡村治理。

二、绅衿和乡村治理

1. 绅衿的基本概念

绅衿，是指士族和乡绅的结合体，是中国封建社会明清时期主持宗族事务的一种特有的阶层。绅衿包含两种身份地位的人：绅，又称缙绅，主要指退休回乡或长期赋闲居乡养老待亲、亲故守丧的官吏；衿，泛指有功名的读书人，包括未仕的进士、举人、贡生和秀才。很多书籍和实际生活中，都把绅衿叫作"乡贤"。明清时，有贡生以上功名的读书人都可以做官，只是官缺有限，不少人有了功名后要在家乡候补一段时间。士绅的基本特征一是有一定的经济地位，二是有背景，三是文化素质高，四是有威望、得民心，"其耳目好尚，衣冠奢俭，恒足以树齐民之望而转移其风俗"。

枫溪居十景

乌岗八景

图 7-1　古代村落中的"十景村"、"八景村"等，都是科举卓著绅衿辈出之村。

绅衿在政治上享有免除徭役、不受刑法、减税等特权；近似于官而不是官，近似于民又在民之上，是"四民"之首，又是"民"的代言人。绅士与州县地方官是不能也不敢往来的，两者是互相制约、互相监督的。

2. 历史上绅衿在乡村建设中的作用

绅衿是宗法社会发展到一定阶段的产物。宋代，宗族文化下移趋向平民化，逐步形成了以族田、宗祠、族谱、族规为特征的宗族制度。宋以前读书人少，少量读书人出来后都去做官、吏、职员了。宋代刻书、印刷业发达，读书普及，士人大大增加，为基层社会积蓄了大量人才。村落由原来的里甲、耆老管理的社会变成了由士绅领导的社会。士绅既是知识精英，也是政治精英，主要从事村落的文化事务，带头或领导农村兴学、办私塾、修祠堂、修宗谱、教化民风，从事民间诉讼、调解、断案，以及修村路、修水利等公益事业。

可以说，今天我们尚能看到的那些公建配套比较好的村落，多是古时候绅衿较强的村。至于那些宗谱上有记载的所谓"十景村"、"八景村"，以及那些规模宏大、井然有序、风物良多的名村、大村，则要几代绅衿相继努力才能形成（图 7-1）。

3. 绅衿受人民尊敬和纪念

鉴于绅衿这样高的人品，对乡村建设起了这么大的作用，很多地方都为他们树碑、立传、建纪念场馆，或在祠堂里着重纪念。如宁波许家山的"四贤广场"、杭州西湖的"三圣祠"、永康方岩派溪村的"乡贤祠"、永康芝英众多的"祠坊"等。它不是宗祠，但起着与宗祠同样的作用，凝聚宗族的力量，唤起宗族荣誉和归属感。实例如兰溪夏李村明末清初乡贤李渔，一生都在民间从事文化传播工作，在家乡建造了农田水利工程李渔坝，过路凉亭（名"且停亭"），引领乡人创造保存了大宗祠、晏公庙、文昌阁、十三厅等，深受乡亲爱戴和怀念。近年建有李渔牌坊、谪仙亭、李渔石像、乡民休闲公园、李渔广场，召开李渔国际戏剧音乐会等。兰溪市区有李渔生前的"芥子园"为主要景点的芥子园大型公园，金华市则命名了李渔街（图7-2）。

4. 绅衿引领乡村建设的实例

（1）永嘉岩头村霞峰公、桂林公等

宋朝推行"耕读政策"，鼓励农家子弟亦耕亦读，并成为取士的重点。永嘉楠溪江流域环境优美，山清水秀，是潜心耕读的好地方，培育了一大批士人。这些人在外当官、经商，发财后不忘家乡建设，不少绅衿请了国师李时日和一批风水师进行村镇建设规划。其中岩头村是典型实例之一，该村始建于南宋初年，二世祖金日新首先进行了水利建设，"府君相地宜，顺水性，浚两渠"入邑，盘活了村落。

到了明代嘉靖年间，在二位士绅的引领下，岩头村进行了重大建设。一位是嘉靖乙丑科进士金昭（霞峰公），官至大理寺左寺、右寺副，迁瑞州知府，返乡后对村正门北入口进行了重点建设，建"仁道门"（纪念始迁祖刘进之）、金氏大宗、贞节坊（后人又建了金昭牌坊），成为岩头的礼仪中心。除此外，还建造了上花园、下花园。

另一位是桂林公（公元1494—1569年），他的功劳是建设了村南丽水街、塔湖庙公园及浚水街、大宅院。宗谱记载桂林公"屡试不中，转而习青囊，相宅卜地"，进行村屋、水利规划，"开凿长河一带，以备蓄泄，开筑高埠，培闸风水，建亭造塔于其上，垂成，归之大宗，为通族公业。"塔湖庙公园是楠溪江流域农村最好的公园之一，坝上有丽水街、接官亭。汤山上建文峰塔，山前建塔湖庙，庙右建书斋森秀轩。庙对面有露天戏台，戏台建琴屿上，汤山北面建大书院，书院以北为进士街、浚水街等3条街，沿街建了一批三进二院大宅院（图7-3）。

清光绪版县志记载   遂昌县志上记   栱门
载的为乡贤立
的尚书坊

族谱县志中有关纪念乡贤的记载

李渔祖居

兰溪渡渎村某宅崇儒匾

李渔像

广西灵渠四贤祠

李渔牌坊（村口）

图7-2 传统村落乡贤纪念祠、坊举例

乡贤把毕生精力和人格都注进了家乡建设，受到乡人的尊敬。

丽水街河岸（摄影：晨波）

塔湖庙、戏台、广场

塔湖庙对岸

丽水街街口凉亭

接官亭

图 7-3 永嘉岩头村民活动中心（公园）
该公园是明代乡贤霞峰公、桂林公带领乡人毕生经营的结晶

凉亭、接官亭

（2）建德新叶村叶克诚、叶震、叶天祥、叶一清等

国家级历史文化名村建德新叶村，可以说是乡贤一手规划、建设出来的。以叶克诚、叶震、叶天祥、叶一清四人为代表的乡贤，主要抓了书院、族学和文化建筑，带动了整个村的经济发展和住宅建设。

新叶村叶姓始迁祖叶坤于南宋嘉定年间（公元1208年）入赘玉华（新叶村原村名）夏氏，后来叶氏逐渐发展成村里的主要姓氏。小儿子派搬到村外，叫外宅派，该派三世祖叶克诚自幼就潜心读书，但"所学未获显用"，直到晚年才被任婺州路判官，但他没有就任，县里赠予"乡贤"称号。他的儿子四世祖叶震是新叶村第一个科举入仕者，父子俩为村里主要办了四件大事：一是创办书院，敦聘著名理学家吕祖谦、金履祥等任教讲学；二是进行村落发展规划；三是开凿水渠，引双溪水入村；四是建造祖庙西山祠堂和小房派总祠有序堂，该堂后来成为村落中心。

为鼓励读书进阶，叶氏家族给予学有成就的族人各种奖励，如赶考发给盘费，考中功名分级奖赏，并记入宗谱等。宗谱记载："文武童生县试，给盘费银二钱五分，府试给盘费银二钱五分，院试给盘费银三钱正。""举人每年给谷六石，副拔岁贡每年给四石，进士每年给八石。"除此之外，还要在功名人所属支堂前设立"抱鼓石"、"上下马石"、"旗杆石"。每逢喜庆日，还要挂长幛于祠堂内，上面记录着中试人的姓名、等第和官职，以激励族中子弟。每次大祭后会馂时，读书有成就的子弟受到特殊的优待。

明成化年间是新叶村的鼎盛期，外宅派的十世祖叶天祥和十一世祖叶一清，又是热心家乡建设的士绅乡贤。他们两人共同主持了新叶村又一轮重要建设，修缮祠堂，请风水师规划村落，修建整顿入村水系、道路、桥梁，建造了村落地标建筑文峰塔和水口亭。叶一清曾就读于王阳明门下，继承了叶天祥执掌宗族大权后又重修了祖庙和有序堂，亲自到皖南和徽州叶氏谒谱联宗，并带去一些工匠帮助徽州南屏村叶氏造宗祠，带回了徽州的两层楼天井式住宅型制、封火墙和装饰艺术，促成新叶村的又一轮变化（图7-4）。

（3）平阳绅衿萧振建义渡——萧江渡

北宋哲宗年间，平阳县凤林乡古院里出了个萧振，他幼时勤勉好学，就读于玉兔山白云书塾（今萧江桔坡山公园白云寺），后就学温州府学，二十岁后入汴京太学，曾被推为"太学三贤"之首。宋徽宗八年（公元1108年）高中进士，为朝廷重用。

他为官清廉，执法不阿，官至右丞相、兵部侍郎、敷文阁大学士。

萧振也是一个孝子、乡贤，十分关心乡亲疾苦，教育乡人和宗睦邻，协助家乡正风澄俗，还一直关注、敦促家乡的公益事业建设。他家住桔坡山山脚边，在今104国道建成前，

新叶村有序堂

叶克诚夫妇画像

图 7-4　叶克诚、叶震、叶天祥、叶一清等乡贤主持营造的新叶村有序堂。

历史上这里一直是南下北上交通干道的主要渡口。该渡口江面宽、往来人多，萧振小时候看到家乡渡口渡江的人很拥挤，但渡船少又小，过往渡客经常被困，甚至于常发生因争渡失水溺死事件。他为官后自己出钱整治了渡口、修造大船，并出钱雇船夫免费为过渡人摆渡，给南来北往的人们带来很大的方便。乡人为了纪念他关爱乡亲、惠及一方的功劳和美德，把村名"古院里"改为"萧家渡"。1931 年后，一因"家"和"江"方言同音，二为简化，逐渐演化简称为"萧江"，该渡口也就称为"萧江渡"。

5. 明清乡村绅衿功成名就后的学祭活动

门阀、门第、世族、世家、望族，属士绅范畴，他们是传统村落巨室的投资主体，也是村落公共建筑、公益事业的主要出资者或发起人。明清时，凡中举人、进士、探花、榜眼、状元者及封官晋爵的，都要进行学祭——即向祖先报捷祭奠的礼仪活动，族人庆祝以后到祠堂祭祖，有的则修宗祠，在宗祠前竖立文武旗杆石，以光宗耀祖。"旗杆石"是功名、荣誉、权势、地位的象征，也是带动激发他人励志、取得功名的标杆。因此，往往出现一地有"旗杆石"，周围各地也有旗杆石现象。如衢州市衢江区李泽村李氏大宗祠、柳家村柳氏宗祠、立模村方氏大厅等宗祠前都有旗杆石，就是这几个村明清时期相继有人科举成功、取得功名盛况下出现的。

6. 明清江南绅衿引领乡村建设和工商崛起现象

明清时期的江南，是著姓望族密集之地，又是文人、学者荟萃之地。这些声名卓著的缙绅、官僚、学者、文士，他们的所作所为影响了一方乃至全国城乡建设和发展。

清末民国以来，江南望族、士绅出现二个新特点：第一，以文化型家族居多，较早出国留学，接受了西方思想，他们对家乡的建设，不像其他地方把重点放在修建宗祠上，而是转向了书院、学堂以及修路、造桥、救灾、济赈和一些行业性团体性公共建筑上。第二，出现了一大批实业型人才，家族文化转换成经商传统，引起近代中国士商集团互渗转型，引领宗族村落与商品市场发生密切联系，村落由血缘化走向地缘化，由农业型走向商业型，使该地区乡村建设水平高于其他地方。

三、明清江南绅衿引领下的新居住模式和建筑类型

1. 间弄式住宅和文化教育建筑

明清的江南村镇，在绅衿的引领下出现了新的居住模式和建筑类型。从居住模式来讲，出现了小家庭单元式代替宗法家庭祭居合一的趋势。建筑来说，创造出适应时代潮流的住宅模式和新的建筑类型。如以慈溪龙山的天叙堂、宁波市区月湖银台地为代表的"间弄轩"式住宅，取消了中轴线上的祭祀厅堂，而改为独立的居住单元，作起居兼客厅用，适应以人为本的生活方式。这使得传统住宅的宗法特征，首先从这片充满新思潮的大地上消退，准单元式、独立式住宅悄然诞生。

新建筑类型的实例，另外还有南浔的小莲庄藏书楼嘉业堂、六宜阁，和萧山长河镇的来氏义庄等。

"诗书簪绂"是南浔近代士人普遍认同的价值取向。赵宋后裔著名书画家赵孟頫，元代择居于湖州，建有莲花庄。清末缙绅刘镛、刘锦藻、刘承干祖、父、孙三人追慕赵氏文采，把自己的园林宅第称作"小莲庄"，内有著名藏书楼嘉业堂，鼎盛时藏书60万卷。凡前来登门看书者，主人均热情应允，还供应食宿，业主还开办了刻房，雕版印刷，将一些孤本、善本刻印出来，四处赠送，凡海内著名图书馆、学者、名流来函索书，都免费赠送，常常连邮资都不要。

南浔另一名士张石铭家藏书楼六宜阁，有宋本 88 种，元本 74 种，明本 407 种，以及历代名画、碑刻、奇石多种。其中最名贵的有晋、东魏、六朝、隋唐代一些墓志铭原石七、八方，这些古藏于抗日战争期间全部赠送上海中央图书馆。

明清时期的南浔，颇有影响的藏书楼还有刘桐的"眠琴山馆"，严元照的"芳苣堂"，蒋汝藻的"密韵楼"，庞元济的"半画斋"等。

这些绅衿的宅第、园苑、文化建筑成为今天亮丽的风景旅游景点。

2. 义庄

义庄、族田本为宗族救济的重要内容，明清时期江南地区农村的义庄，在缙绅的作用下，救济的性质向社会救济转化，义庄也逐渐成为一种规范化的社会慈善事业。如萧山长河镇的来氏，原籍河南，南宋时迁来，到明清之际已经历了十七世，繁衍成一个有 6 个房支、4000 男丁的地方望族。该族在历代 19 位进士、37 位举人的带动引领下，宗族的义庄逐渐社会化、慈善化，而且对救济事务有 14 条详细的条款，称《来氏赈米条款》，对救济的原则、被救济人资格的认定，以及救济活动的程序，负责人的权限职责，违例者的处罚等，有详细明确的规定。

江南农村，之所以经历了明清之际的大变动之后仍然保持基本稳定，与义庄、义田的大量存在并由宗族救济走上社会救济有密切关系。明清时的江南，是富甲天下的鱼米之乡，士绅参与作用下的救济工作做得较好，做到了一定规模的财富再分配，有效地调节了宗族文化内容、宗族与宗族之间的关系，既增强了宗族的凝聚力，又导致形成乡族—村社共同体，从而减少并缓冲了乡党邻里贫富不均的矛盾。这一现象对缓解当今的社会贫富两极分化现象，具有一定的社会现实参考意义。

四、近代乡村宗法制度的瓦解和士绅角色的转变

1. 向近代商人、知识分子或自由职业者转型

从明代中叶嘉靖、隆庆以后，由于商品经济的发展、资本主义的萌芽、社会经济结构的变化，族众大批流入劳动力市场，乡村开始分化，造成家族离散，家族制度开始衰落。

太平天国革命对家族制度的打击，辛亥革命、新民主主义革命，对家族制度的铲除、对宗法思想的批判，加上新文化的传播，传统的宗法制度逐步瓦解，旧有的乡村秩序逐渐发生变化，于是，代表宗族势力的传统士绅阶层角色也开始转换。

近代士绅集团的转型，主要有两种转型：一是转向了近代的商人阶层，二是向近代知识分子或自由职业者的转型。

由于"士志于道"、"绅为一邑之望，士为四民之首"的社会责任感和社会等级规范的作用，在近代社会动荡、传统社会格局发生激烈变化之际，士绅的社会角色和价值观念唤起他们的使命感，适逢其时，挺身而出，成为社会的弄潮儿。下面，让我们简要回顾一下士绅阶层转型的关键点和过程。

（1）清末"五口通商"以后，西方社会文化首先以"商品"的巨大优势冲击古老的中国社会。宁波、上海、广州等东南沿海城市（地区）首当其冲，士绅们纷纷转型，流向商业，迅速形成了一批近代新型商人。

（2）戊戌维新和"五四运动"等新旧文化的搏斗，各类新思想、新科学的濡染唤醒了士绅，使他们相对淡漠了身份、地位、功名、声望，注重于社会生活的实际利益，转向社会职业的选择，热心教育，举办新式学堂蔚然成风；或纷纷流向企业、公司、商务、报馆、学会、咨议等自由职业。

以上是从书本上得来的士绅阶层近代转型的整体情形。我们这次田野调查是从浙中、浙西、浙南这片多山地区开始并作为重点的，走访过程中，耳闻目睹了不少相关历史史迹，和记印在乡土建筑中的伤痕，对近代士绅转型有了更为具体和细节性感受。

清初的三藩之乱和清末太平天国兵事，丽水、金华、衢州、温州地区民间受到严重扰乱，这两大历史事件提示了乡村公益事业领导人士绅应注重乡村防范问题，这也是士绅角色转换的起始点。借助平定兵乱的机会，地方士绅的权力开始从地方性的社会文化事务扩展到政治军事领域，具体事务是进行团练、组织地方武装。一部分参与了地方行政事务，扮演了胥吏、差役及里甲、乡地、保甲人员等行政角色，承担了县以下的教育、教化、治安、民事调解、公共设施建设、社会救济和保障等各种社会职能。

地方自治是士绅角色转变的重要原因。清末，浙江普遍实行"乡约"和城乡自治制，成立乡公所，设乡董、乡佐各一人，成立城乡议会。民国18年，实行村里制，民国20年改为区、乡、镇制，镇下设闾里。每区设区长一人，区长助理1~2人，出纳员一人，雇员若干人，区丁若干人。乡镇公所负责本乡镇的公共事务管理，通过乡镇议会决策，另外还设区调解委员会和闾里邻居议会等自治组织。这种政府对乡村的行政管制，打破了封闭的自然村落社会，取代了宗族血缘组织的大部分功能，削弱了宗族的权力和地位。

晚清士绅社会过于政治化导致了自我瓦解,一部分士绅直接转化为政治权力阶层而失去了民间的身份,另一部分则在新式的建制下蜕变为地方名流。

商品经济是士绅退化的另一原因,那些参与经商的绅商在管理乡村公共资源中,逐渐从主导地位转变为合作关系,从而削弱了用以维系士绅霸权的正统意识形态。

士绅角色转化使其身份跟着变化,一部分成为商人和实业家,有的成为新式学校的教师,也有些是作为退隐的官吏隐居于乡村。

近代社会和传统社会不同,一个显性特征是,财富取向取代了身份等级取向,以致形成了"绅商"、"商董"集团,从而打破了传统社会"士农工商"结构体系。传统社会"四民之首"的士绅成为富商。成功范例各地都有,如宁波有以五金起家的巨富叶澄衷,大买办虞洽卿,以机器和棉纺织业起家的严裕棠等。温州有以木材致富的顺溪陈氏,瑞安以乳品致富的吴伯海等。从事业性质角度讲,那些地方的公益事业的组织和建设工程的筹资成了士绅主要发展趋势,如学校、书院、粮仓、道路、码头、桥梁、水利、孤儿院,政府承认的庙宇、地方名人祠堂,甚至佛寺,都是士绅积极参与和投资的对象。

2. 传统村落空间格局的式微和宗祠功能的失落

由于受近代乡村形势变化和士绅角色转换的影响,传统村落空间格局逐渐式微,宗祠功能逐渐失落。关于此,例子到处可见,如:天台县水南村,原本是文化底蕴深厚,祠庙众多的村落,新中国成立初期还有十房祠堂,可今天基本上损坏以至塌落,只剩许氏五房宗祠等二、三所保护得尚可。至于农村那些礼仪、文教、祭祀建筑,几乎停顿下来,无人管理,任其损坏、倒塌。农村宗祠,可以说全部改变了功能,当作小学校、公共食堂、储物仓库、农产品加工作坊等用,有的被分隔成家庭住宅为众多农户占用。总之,为人称道的"士读于庐,农耕于野,工居于肆,商贩于市"的社会阶层结构的生活画面,逐渐失去了现实意趣而最终被定格在历史的回忆之中。

第八章

因地理位置、地形地貌、文化背景、经济发展等不同，各地古村落呈现出来的宗族意象是不同的，有：奉宗敬祖、厚风睦伦，名门之后、世代继兴，血统贯注、房族精神，殖业繁藩、家族兴盛，绅衿主导、士风浸盛等意象。

浙江传统村落宗族意象实例分析

我们在调查研究过程中发现，凡是优秀的传统村落，都是宗族文化很悠久强盛的地方。我们选择了 27 个村落进行宗族意象分析，这些意象大致可分下列几种类型：

　　　　　　　　奉宗敬祖，厚风睦伦；

　　　　　　　　名门之后，世代继兴；

　　　　　　　　血统贯注，房族精神；

　　　　　　　　继世承先，家国合一；

　　　　　　　　殖业繁蕃，家族兴盛；

　　　　　　　　绅衿主导，士风浸盛；

　　　　　　　　高风亮节，泽被千载；

　　　　　　　　正本清源，家族制度长盛不衰；

　　影响深远的门第观念，强化认同的家族互动。

　　另外，人们还把人类和环境联系起来，产生浓郁的生态意象和实用风水精神。

　　我们考虑到，就每个古村落来讲，其特色和成因往往是综合的，若将其进行分类，可能会顾此失彼，强调了这个特色，而淹没了其他的精华，因此还是按照调查发现的时序递次写出。它们是：大济村、长乐村、芹川村、屿北村、荻港村、顺溪村、新叶村、前童村、河阳村、苍坡村、岩头村、库村村、泽随村、乌石村、西塘镇、大陈村、南坞村、张村村、斯宅村、俞源村、郭洞村、诸葛村、石仓村、界首村、厚吴村、高迁村、街头镇。

延陵旧家（慎修堂）

这是一个在"知周乎万物，而道济天下"家族精神支配下走出来的传统村落，村名"大济"，意在希望后代以救济天下为己任。

主姓吴，国家级历史文化名村，浙江省历史上四大进士村之一。

1. 族源得姓

为周文王之兄仲雍后裔，得姓于春秋吴国。周代宗法制度实行嫡长子继承制，古公亶父（即周太王）属意孙子姬昌接替王位，姬昌的父亲季历是古公亶父的第3子。依当时的嫡长子继承制，他只是王位的第三继承人。古公亶父的长子泰伯、次子仲雍知道父亲意愿后，为让贤逃到苏南无锡梅里，春秋时建立了吴国，从而开启了江南的文明史。泰伯18世孙吴王寿梦想把王位传给第4子季札。季札三让接班人避居延陵（今江苏武进）。后来吴国被越国消灭，吴国王族后裔遂以国号为姓，大济吴氏出自季札次子吴征一脉。

修德堂

别驾第（聿新堂）

2. 始迁祖

泰伯 67 世孙舜咨为山阴令，退休后落籍山阴（今绍兴），繁衍为"山阴吴氏"。山阴派 70 世孙吴畦为唐代进士，官至谏议大夫，唐末军阀董昌（绍兴安昌人）造反立国，请同乡吴畦出山辅助。吴畦携弟吴祎（又名吴畴）举家南迁，逃至今泰顺库村隐居。唐天复四年（公元 904 年）二弟吴祎卜居松源（今庆元）墩头上苍，开括州（今丽水）吴氏分派，是为浙、闽、皖、赣四省交界处吴氏始祖。

北宋 1004 年，松源派吴氏五世孙吴崇煦为大济始迁祖，官至大理寺评事。1066 年建有吴大理祠（又称下祠，根岭祠），明万历年间，大济另一支吴氏建"中宅祠"（又名上祠）。从此，大济进入二支（即二祠）并存格局至今。

3. 选址及取名

村址选在三面环山一水穿村的河谷口盆地上，古名椤垟（意为长满椤树的滩头），隋代有罗、缪、华、张诸姓。吴崇煦迁来后，用《易·系辞》"知周乎万物，而道济天下"之意取名"大济"，希望子孙后代以救济天下为己任。

4. 布局

村落位于有"落滩船"之称的河谷口滩头，地形东南高西北低，船形，大济人用"扬帆出海"意象进行布局。

以溪为轴，东为宗教、休闲区，西为生活区，用四座廊桥联结两岸。

生活区分南北二段。以一条平行于溪水的古驿道兼商业街（金鳌街）为轴，

卢福神庙

济川溪河床浅，河滩宽，雨季水急，并带下泥石，商业街不临溪，保护了河床生态。

南段为核心区，吴姓区，以上、下祠为心（双心）布局，以张监弄为界分上下两片，呈二街（金鳌街、张监弄）正交、双心左右的形态，并以双门桥为水口，即村庄的主要出入口。

5. 宗族意象

（1）族有谱，姓有祠。吴氏瓯括分派后，第二年就写家谱，后建祠，瓯（温州）有"吴谏议祠"（吴畦祠，在泰顺库村），括（丽水）有吴都巡祠。两地用谱祠敦宗睦族，凝聚血缘，互相联动。

（2）大济村宋代为单姓村。两支吴氏各环绕上、下祠紧凑发展，今存大片族林（中

宅祠后面），林中有祖墓。该村重视科举、教育，历史上有不少书院，出26名进士、300名官员。

（3）元代以后为多姓村，吴为主姓，另有陈、余、叶、范等姓。各姓有祠和社坛（如后坛社、临清社、甫田社等），还有地域性公建卢福神庙、福兴堂、百子庵、马仙宫等，以及牌坊（双桂坊、桂香坊、八行坊、宅相坊、崇儒坊、天府坊、鸿胪坊等）。大多数大屋都有匾（政绩匾、节孝匾、寿节流芳匾、孝烈兼全匾），还有旗杆石和纪念亭。

（4）强烈的宗族意识并衍化为民族精神。大济村内除完整的道路交通、取水、排水系统（每幢大屋内都有取水口、池）外，还有一个地下坑道系统。大济村至今还流传着"主降奴不降，男降女不降，老降少不降"（三不降）说法。宋末元初，大济

井台

图 8-1　庆元大济村，是在"知周乎万物，而道济天下"家族精神支配下走出来的进士村。

人为反抗元人统治，开始挖筑地道，至清初三藩叛清时完善，至今发掘道口七个，一些重要大屋（如"别驾第"后院）都有出入口（图 8-1）。

（5）广泛的地望联系

浙南这支吴氏，支脉遍布浙、闽、皖、赣四省交界区。仙居高迁吴氏、永康厚吴等都是大济派吴氏分支。历史文化名人如朱熹、陈亮、王应麟、文天祥、张聪、杨士奇、叶燮等都和大济（或大济人）有交游流寓，或留下文字墨宝。抗日战争时期，为确保孔子夫妇圣像安全，国民政府特令孔子南宗七十四代奉祀官孔繁豪转移到大济。

庆元县举水月山村有吴文简祠，系明万历年（公元1606 年）为纪念山阴派始迁祖之一吴翥而建，上书"延陵望族、三让世家"，可认为该祠为浙、闽、皖、赣交界吴氏最高祠堂（"延陵望族、三让世家"指得姓者季札）。龙泉的茹神吴三公，是瓯括派吴氏另一支后裔，发明了人工栽培香菇技术——砍花法和惊蕈术，祀奉为"菇神"，建有菇神庙，是为瓯括吴氏一大世界性贡献。

金大宗祠

长乐是双姓村，由叶氏肇基，金氏嗣继，宗祠、牌坊、照壁、街亭列布的理学家后裔聚落。

1. 村落肇基与演变

南宋乾道年间（公元 1165-1173 年），叶元涛（叶法善派）从松阳迁居兰溪店垅，南宋嘉定元年（公元 1208 年），叶柏林从店垅迁长乐。元代中期，金恭自檀村（今属建德市）过继给长乐村叶氏，改姓叶，排行曾一。长乐叶氏为周武王共母弟聃（季载）的后裔，而金氏本姓项，因避吴越王钱镠之讳改为金姓。宋元时的兰溪是理学之邦，出了著名理学家范浚、金履祥、柳贯、吴师道等，龙（游）兰（溪）金（华）交界地书院众多，理学家活动频繁，对当时的文化思想影响很深，连大理学家朱熹都把长子朱塾送到这一带拜师并且定居下来。金恭便是理学浙东学派的中坚人物之一金履祥的四世孙，他虽然过继长乐叶氏，但一直怀念着金姓祖先，而檀村金氏至十五世祖以后，却逐渐衰微。长乐金氏几次补修的家谱里，念念不忘复姓，并且在长乐祖居悬匾"望云"，纪

半月塘

念先祖曾居望云乡，该楼今犹在，名叫"望云楼"。明正德六年（公元1511年），金恭后代恢复金姓。从此，金、叶两姓共居长乐。至清初，金氏瓜瓞连绵，仕宦不绝，而叶氏慢慢衰落了。长乐逐渐形成了以金氏为主的血缘村落，如今全村共有2000余人，其中金姓占绝大多数。现在的村落布局及明、清建筑大多数是金氏留下的。

长乐村叶、金二姓的演变，金恭一人嗣继，最后超过叶氏一村，全因金履祥理学精神支撑，这就是文化的延展和生命力。

2. 宗法制度与村落建设

长乐是一个宗族文化和理学思想结合的典型村落，这一带是宋代理学家浙东学派活动重地，到明代，"文懿公、太常徐

公，皆以圣道为己任，人濂、洛、关、闽之堂不愧也"（清嘉庆，《兰溪县志》，卷十七）。在教育上，也培养出不少儒学子弟，考取了功名。

发达的文化培养出以"孝、悌、睦、娴、任、恤、忠、和"八行闻名的品质和乡风，长期以来，渗透在村人的思想观念中，左右着村落建设，主要表现在：

（1）修谱：长乐金氏自明早中期以来，至民国36年（公元1947年）的四百多年中共10次修谱，平均40年修一次。家谱以宗族谱系、族人行传为主，每年都要晒谱、读谱，对族人进行励志教育。

（2）订有严格的族规、家规、宗约，用来规范族人行为，解决民间纠纷，奖励好人好事，惩罚奸盗诈伪、败伦圮族者。

（3）保持严密的宗族组织，聚族而居，同姓为族，族下为宗，宗下设堂，堂下为房，

长乐村平面

族有族长，房有房长。

（4）祠堂建设与上述人群（社会）结构相对应，也有相应的结构层次，同一宗族设有大宗祠。大宗祠下各房派建有分祠，浙西称作"厅"；各房派再分支析出祠，另建厅，称"堂"；分支以下为家庭，各家在住宅的正厅设香火堂。长乐金氏复姓后便建了金氏大宗，到了十九世浩字辈五兄弟分房派，先后各建支祠如下图。

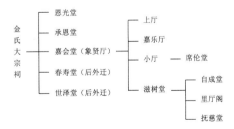

长乐村的住宅，受宗法制度约束，有明确的人文位序，其中，最为典型的是：一、楼上厅和夹弄，即第一进一层明间为客厅，

第二进为楼房，为晚辈、女眷、佣人生活空间。山墙外辟有宽仅一米余的夹道和边门。平常日子，他们不进大门而从夹道和边门直接进出后楼。二、三进二明堂，该形制的大屋都分堂前和堂后，堂前为祭祖、宴会、会客空间，堂后即后面一进为女眷、晚辈、佣人生活空间。为别内外，都在正厅后设高墙（寨墙）分隔，而且后进有独立通道和出入口。

3. 村落布局中的宗族意象

长乐村早期是叶氏规划建设的，该叶姓出自唐代松阳的叶法善，叶法善是道家代表人物。该家族择居时特别强调风水和卜宅，他们依山之阳坡建村，把此山定为祖山，取名砚山。村用地呈△形，吴姓李姓据西北角，叶姓据东南角，

象贤厅

慈树堂

龙亭

图 8-2 长乐村是叶氏肇基，金氏继嗣，宗祠、牌坊、照壁、街亭列布的理学家后裔聚落。

金姓据三角形中心。整个村的主路网呈"TTT"形，川字形街巷当中一条为主街，叫象贤街，是金姓发展轴，街北是水塘和广场，两侧分布着村落中主要的大宅和宗祠；象贤街东侧、南侧为叶氏花厅及叶氏主要厅堂，西侧为该村小姓吴、李等姓厅堂及住宅。村落对外交通路网切线穿过村东和村北，把三个族塘连成一线，其中半月塘为村落公共活动中心，和远处村东北的祖山——砚山，近处的翠屏山组成风水意象。

影响长乐村建设的还有一个重大的历史事件是：元朝末年，朱元璋的大将军常遇春在长乐屯兵月余。民间还流传朱元璋从徽州攻婺州过长乐时下起了大雨，他和军师宋濂在金氏祖屋"望云楼"中避雨，朱元璋老是看天，盼望早点放晴。村人在象贤厅前面建"龙亭"纪念这一历史事件。浙江龙（游）兰（溪）地区是朱元璋打天下"高筑墙、广积粮、缓称王"大策略的战略大后方，他深知这一带农民艰辛，建立新朝后没忘记根据地，对淮西、浙西两地实行了一系列鼓励和优惠政策。这一历史背景也促进了长乐村的建设，使牌坊和照壁成为长乐古建筑群的一个亮点，明成化年间的进士坊、清雍正年间建的节孝石坊、照墙，在象贤街口和半月塘前次第排列，古意盎然。行走于长乐村街巷间，仿佛领略一幅家族文化和皇家文化统一，宋、元、明、清及民国各个时期政治、经济、文化发展演变的历史画卷（图 8-2）。

住宅、石库门、门楣式门罩

芹川村是六朝门第、义门宗族、东晋名相琅琊王氏王导后代族居地，始迁祖相地卜宅迁到此地，以"狮象守门"、"血脉（溪水）延绵"为意象而建并题有八景的村落。

1. 王姓在淳安肇基

据清康熙五年《江左郡王氏宗谱》记载，芹川王氏乃东晋名相王导之后，是淳安县人口最多的王姓村，也是一个典型的血缘聚居村落。王姓是中国百家姓中的第二大姓，自汉代以来，至少有 21 个著名望族。浙江王姓主要来自太原王氏和琅琊王氏，也有来自京兆的，如奉化洪溪王氏宗祠上写着："京兆望族姬姓王氏，方竹大堰服传洪溪"，告诉我们这一支王姓系周文王第 15 个儿子毕公高的后代。对浙江影响最大的，以家族形式南下的王姓是晋代永嘉南渡的王导家族，王导出身中原著名士族琅琊王氏，是东晋政权的实际创造者，司马睿依靠王导的支持才取得帝位，掌控国家大权，所以时人有民谚："王与马，共天下"，该王氏是同东晋、南朝相始终的著名士族。

王导的祖先是春秋时周灵王姬泄心的太子晋，其子宗敬

村口桥屋（进德桥）

为司徒，人称"王家"，于是以"王"为姓氏，历史上曾出过高官显要，如秦始皇的开国元勋王翦、王贲父子，汉代大司空王吉等。

东晋王朝是在南北士族的拥立下才建立起来的，其中王、庾、桓、谢四大家族先后执政了80年。他们为官在南京，但封地大部分在浙江，尤其是王、谢两个家族，是浙江土地开发的先锋。有首唐诗写道："朱雀桥边野草花，乌衣巷口夕阳斜。旧时王谢堂前燕，飞入寻常百姓家"。(唐，刘禹锡，《乌衣巷》）说的是当年王、谢两大家族，多居住在南京的乌衣巷（今存），南朝的好多士人、高官、文坛俊彦都是从这里走出来的。

淳安地处徽州歙县、休宁南界，古有休龙驿道联系，秦汉时期同属"山越"族群。中原王氏南徙这一带主要发生于唐中叶黄巢起义时期，一支（琅琊王氏）避乱迁徙于歙县王村，一支太原王氏避乱迁徙于屯溪黄墩，为古徽州八大外来大姓之一（一说五姓七望），徽州王姓和淳安王姓形成互动。

族谱记载，北宋初年，泽翁跟随吴越王归宋，以江左为郡，其子崇玉公由睦迁遂之丰村儒高，34世孙王瑛从儒高迁林馆月山底村，瑛的长子万宁公于宋末元初迁芹川，是为芹川始迁祖，距今已有700多年历史，现有人口1800多人。

2. 芹川村的宗族意象

先祖王导的人格和对中华民族的贡献、业绩，无疑是芹川人的最大动力。

村落的房屋构成完全符合宗法社会的需求，住宅、庙宇、宗祠、书院等各项齐全，比例恰到好处，至今保存优秀传统民居300余幢，庭院式的学校——七家堂一所。历史上曾有7个祠堂，现存4个，其

沿溪住宅，单面街

中光裕堂、敦睦堂（三环厅）保护完好，敦睦堂为明代建筑。另外，还保存有古商业街，王维必土布坊、王德元麻酥糖店等8家名店、老字号。历史上出过8个文武举人，两个进士，两个按察使。2006年列入浙江省第三批历史文化名村。该村的"赶早跳竹马"列为省级非物质文化遗产，这是产生于元末明初的民间传统舞蹈，带有祭祀娱神性质，为淳安睦剧的产生和发展奠定了基础。到晚清二脚戏竹马班发展成三脚戏竹马班，由生、旦、丑三角同台演出，至今仍以活态方式传承，每年正月初一，竹马班就挨家挨户表演送吉利。

3. 村落建设中的生态智慧和实用风水

从村落选址格局、历史环境要素、水口处理、建筑风貌等角度看，本村具有很突出的生态智慧和风水精神。

我国先民早已在实践过程中认识到了山地阴阳坡之于农业生产的意义。《诗经·公刘》曾提到周人先祖公刘在选择定居地时，就是以"阴阳"、"流泉"作为标准的。

芹川村的始迁祖万宁公的老家在今浪川乡月山底村，有关家谱记载，这也是一块风水宝地，东晋时陶渊明的姑丈名将洪绍公定居于此（那时叫木连村）。万宁公多半是因土地资源压力才离开这儿，想必他一定是经过相地选中芹川的。

芹川村位于两山相夹的长条涧谷上，坐北朝南，芹水溪由北向南呈反S形蜿蜒流过，山谷中段东侧象山向西突出，西侧狮山居高临下，形成一个狭窄的"水口"，把整个山谷隔成两半，恰似"葫芦"的两个圆球，上游谷地为居住用地，下游谷地

宅第水亭、鱼池

图 8-3　芹川村是六朝门第、义门宗族、东晋名相琅琊王氏王导后代族居地，始迁祖羡慕这里风景优美、宜耕宜居相地卜宅迁徙至此，为狮象守门等八景村。

为农田，村屋夹溪相向呈衣带型布局，登高俯视，村屋总平面仿佛一个"王"字。

芹水溪宽 6~7 米，两岸设为单面街，长约 1000 米，全村有 36 座小桥连接两岸。水是村落的轴线，村名亦因"四山抱二水，芹水川流不息"取名。

村民还挖凿东西走向宽 1~2 米的沟渠入街巷，形成活水穿村格局。村内还筑有风水塘、活水鱼塘，今存 7 处。

村口设在两山夹岇处，形成"狮象守门"意境。两山之上栽古樟 5 株，胸围 4 米左右。横跨小溪建桥屋，名进德桥，准三山式。两端（举）跨路，圆洞门，观音兜式山墙。当中跨溪部分为廊屋，屋面突起一亭，歇山顶，飞檐翘角，花脊吻兽。芹川民居属徽州民居风格，该桥屋两端不用跌落式马头墙，而用观音兜和穿村的 S 形芹溪相互呼应，是为芹川的水口建筑一大特色。

村屋沿水肩挨肩摆开，均为二层楼，多为三开间，面宽 10 米左右，而进数较多，给人窄深之感，大多为石库门，以大青石贴面，有些门楣式砖雕门楼还在门框上装一支青石月梁，恰似乡村女子的小蛮腰，和夹岸的石板路、条石水埠头相映，流淌出小家碧玉之韵。全村有 36 座桥，有的桥头进行缩退处理，形成一个小尺码广场。很多洗涤水埠头和桥组合处理，处处体现出芹川人的理水能力。有些居民还把溪水引入庭院，在庭院中设置活水塘、鱼池。

芹川村的士绅们还利用村邑的山水资源，品题为"银峰耸秀、芹涧澄清、象山吐雾、狮石停云、玉屏献翠、金印腾辉、餐霞滴漏、沙护鸣钟"等八景。

品题村景是浙江古村落的一道亮丽的风景，它的基本条件是村落的科举功名者多、文化品位高，有一批绅衿，村落环境较好。一般都品题八景，也有少于或多于八景的（图 8-3）。

宗祠和十八堂分布

永嘉屿北村是保存至今的家族至上、宗法制度各类建筑俱全、宋风依然的活态村。

1. 状元归隐地，宋代风貌村

屿北村始建于唐，原为徐氏聚居地。南宋状元、吏部尚书汪应辰因遭主和派秦桧奸党迫害，遂从江西玉山小叶村迁居屿北外后塘湾。后来徐氏迁往枫林，汪氏从后塘湾向屿北村发展，传承至今。屿北古村为汪姓单姓村，宋代的村邑布局和建筑风貌、历史环境要素保存完好，是国家级历史文化名村。

2. 屿北古村落的空间形态特征

（1）村的外围，峰峦四叠如莲瓣，村旁一屿低垅状若莲茎，村四周水池滥田，两川潆洄，聚落成莲花出水状。明代地理学家李时实有诗点赞："永嘉屿北路逶迤，出水莲花一地奇。山作寨墙屿为郭，读书耕稼两相宜。"是楠溪江著名的题景（十景）村。

（2）汉代的族制孕化出坞堡（也称坞壁）的住宅形制，

尚书祠

中原大族南下后演变出"客家土楼"、"庄寨"、"围屋"形制，在江浙一带一些偏僻的山区则衍化为"山寨"村落。楠溪江流域今存不少这样的村落，其中屿北村就是一个典型案例。村落四周有护村河，深1~2米，宽3米，其中还有池塘、淤泥沼泽地，想进入村庄，必须先过7座小桥7个寨门。紧挨护村河的是卵石砌筑大基座寨墙，高2米，顶厚0.5米，每隔数步设"枪眼"一个。寨墙、护村河之间为护寨路，全部为卵石、块石带缝干砌，宽2米许。

村落外围一共有3道防护，村内巷弄多"丁字"相交、断头路，还有很多菜园、树林、池塘，每个院落都有爬满墙体的薜荔藤、蔷薇棘的院墙，加上所有住宅都有粗石墙裙，每家都有几个出入口，外人很难找到村人防御出入口和路线。总之，村内村外，有一个严密的防御体系。

（3）村中有18座大屋有堂号：翕和堂、茂秀堂、乐德堂、庆余堂、三多堂、阳和堂、阳春堂、钟寿堂、九如堂、三益堂、三祝堂、轩贤堂、闲存堂、毓秀堂、更新堂、乐善堂、文蒸堂、旷怡堂。

房屋堂名始于宋朝，宋王祐于其住宅旁植槐树三株，号其堂为"三槐堂"，以象征其儿孙必有为三公者，后其子王旦果为宰相。堂号有郡望、勉励双重意义，楠溪江流域的大屋大多取堂名，勉励的成分较大。

（4）屿北村有高等级的祠堂（尚书祠）和敕门

全村大小祠堂共有六座，其中"世尚书祠堂"即大宗祠，是楠溪江流域最早、等级最高的祠堂之一，始建于宋淳熙丙午年，是汪氏家族的南宋状元汪应辰、中书舍人汪涓、刑部侍郎汪大猷三人联名奏请，皇帝批准他们的祖先汪爽为忠德侯而建的，

闲存堂庭院

清乾隆间重修。永嘉县儒学正堂特题"世尚书"匾，内阁学士礼部侍郎提督王杰题写"敦睦"巨匾。原祠连外障屏并敕门共五进，第三进前八对旗杆石，显示该族历代科甲荣登，簪缨继美。尤为特殊的是敕门，是奉皇帝圣旨而建造的里门或村门。哪怕是高官名将，一到村之敕门，文官要下轿，武官要下马。古代，有皇帝下圣旨而建敕门的村落不多，楠溪江流域有三个村庄有敕门，即屿北、溪口、岩坦。

（5）满足宗法制度的各类建筑一应俱全，是较完整继承了宋代风俗风貌的活态村落。

屿北的建筑构成，大屋除上述十八堂外，还有三进九明堂、上四面大屋、下四面大屋、月街大厅、秀才宅第等。

有祠堂6座，即世尚书祠堂、六分祠堂、月街头祠堂、新丘祠堂、四房祠堂、大川祠堂。

宫庙寺院：屿北宫、尖坑底宫、陈五侯王庙（地主爷庙）、关爷庙、元坛爷庙、双樟村庙、三官爷亭、天灯亭、昭福寺。

私塾、书院：设新丘三进九明堂中，当时称"蒙馆"，一位教师在此连续教学四代，传为美谈。传统教育的整套仪式，如：束修、拜师、拜圣、学福、学祭，十分严格执行。另外，还专设奖励学业的义学租、义学田。

屿北村古时还建有"下茶亭"、"结义亭"（又称上茶亭），供农夫歇脚、饮茶。亭文化全省各地都有，但多是过路歇脚、避雨凉亭。楠溪江流域设在路旁田间的亭有1000多个，除歇、避功能外，还多了个供应凉茶内容，这是宋朝耕读文化背景下的产物。

（6）房屋的朝向、布局上，应用了中国古代的"五音姓利"学说。

五音姓利，就是把人的姓氏分成宫、商、角、徵、羽五音，分别与阴阳五行中的土、金、木、火、水对应，这样即可在地理上

寨墙、大屋

护寨墙、路、水渠

图 8-4　永嘉屿北村是南宋状元汪应辰的隐居地，家族制度完备，各类建筑俱全，宋风依然的山寨型村落。

找到与其姓氏相应的最佳方位与时日。

按照五音姓利思想，屿北古村所有的大屋，都是朝东的，初看似有悖于房屋朝南基本常识。但实际上，因浙南合院式大屋都是大天井、长厢房，厢房长的达五间甚至七间，有的超过正屋，所以正屋（厅屋）虽朝东，厢房却是南北向的，正屋为祭祖、礼仪、议事空间，家庭卧室多在厢房，和住宅朝南规律还是一致的。

3. 奉宗敬祖，厚风睦伦

探析屿北村能够较完整传承宋代宗族制度和空间格局风貌，最主要的原因是世世代代村人心中有个汪应辰。

用现代的话来说，汪应辰是个神童，十八岁中状元，他为半壁江山的南宋一统天下提出的奇策——廷试策，触忤了主和派秦桧党羽，被放逐为地方官达 17 年。秦桧死后，他官至吏部尚书兼翰林学士，又因反对定太上皇高宗以"光尧寿圣"的尊号而得罪太上皇，再度被贬，为平江知府。他虽官场屡屡受挫，被一贬再贬，但社会影响力不减，大理学家朱熹、状元王十朋等当时的精英人物都跟他有交往、互动。朝廷对他的人品和学问都是充分肯定的，皇帝写诗赞美他，为他的画像亲笔题词，他的后裔世世代代奉亲克孝、尔德而隆，继承了他的"达则兼济天下，穷则独善其身"的立身思想，成为楠溪江流域显赫的世家和村邑。从始迁祖的一门三进士、父子两尚书，后又簪缨继美，科甲绵延，共出 1 名状元、4 名进士、10 名贡生。汪应辰的"居庙堂之高则忧其民，处江湖之远则忧其君"思想一直影响到现代，使屿北成为浙南革命根据地，近现代仅聚居在古村落里的六房后裔，约 800 人，用地仅 8.4 公顷范围内就出了教授、高工、县团级以上干部 26 人（图 8-4）。

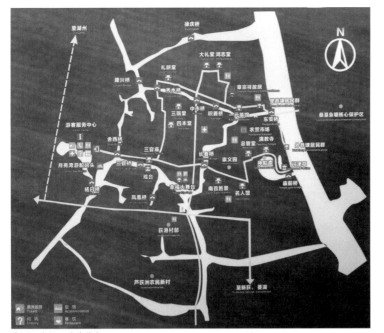

路网、水网、公建分布

太湖流域地形地貌一致，生产方式相近，地缘重于血缘，地域神祇信仰重于祖宗信仰，是宗族文化较早向现代转型的一个村落。

1. 泰伯开基，水中夺田

荻港村位于江南水乡太湖南岸。提起江南水乡，可能多数人都认为是自然就有的，这是一个认识误区，其实它不是天赐的，而是一块"人化"的地域。这里原是浅海滩涂，是古人经过长期的胼手胝足的开发，从一片汪洋湿地中夺得土地，成为良畴沃野、河湖交织的鱼米之乡。

最早来此开发的是周太王（古公亶父）的大儿子泰伯和二儿子仲雍。按照宗法制度，王位是由嫡长子继承的，为了把王位继承人让给侄子姬昌，他俩逃到无锡梅里，和土著一道建立了"勾吴"古国。"泰伯开基"后，为了把吴国王位传给弟弟，他宁愿不结婚，没有子女，死后由二弟仲雍继承了吴国王位。吴王十九世寿梦有四个儿子，他想把王位传给第四个儿子季札，季札继承了泰伯"礼让天下"遗风，三次推掉王位，躲到舜柯山去种田，是为江浙吴氏始祖。史书上称这一事件为"三让天下"。该吴氏于东汉桓帝二年创立了《吴氏大统宗谱》即《锡山延陵宗谱》，成为全国最早的宗谱之一，也是吴姓全国统谱。庆元月山村吴文简祠外墙上所书"三让世家"、"延陵望族"，就是歌颂江南吴姓开山祖"祖梅里、宗延陵"的泰伯、季札让国不受的至德精神。

太湖流域先秦、秦汉以军事性质为主，隋唐开始变成经济中心，首重农田水利开发。唐代采用圩田法，吴越国加大了力度，并专门设置职官指导管理，在吸取前代方法基础上，独创了"撩浅制度"，逐步完成了太湖流域农田水利开发建设。

2. 横塘纵浦圩田系统和浙北水乡的"城濒大河、镇依支流、村傍小溪"格局

这里的造田方法有两种，湿地和感潮河网区用围田法，先构筑横塘（堤坝）纵浦水利工程，排出堤内的水代湖为田，叫"圩田"。塘浦的间距"或五里、七里为一纵浦，又五里七里为一横塘"，形成横塘纵浦又有门、堰、泾、沥而棋布的用地格局和农田灌溉系统。另一种办法是废湖为田，即将湖水排干，以湖底为田，这种田称"湖田"。这里自秦汉起，到隋唐还开凿了京杭大运河，成为漕运大通道。

3. 公共建筑

太湖流域的基本地貌是塘浦（溇港）、圩田、桑基、鱼塘，历史上有36溇、72港，溇港入口处都有水闸（当地叫塘板闸）控制水位和航运、捕捞出入。每年的九月是太湖渔汛，这一个月的捕捞收入是当地人全年的主要收入，这种统一的生产方式和严格的时令要求，使人们对地域神祇的信仰胜过祖宗信仰，维系地缘关系的先贤、先圣祠庙就优于宗祠。

因此，本村似乎没有独立式的宗祠，村内以三宫殿（殿前隔溪有戏台）为村民中心。村东头和大运河交界处有码头、入口亭（问津亭）、演孝寺、天王殿、大雄宝殿等组成的公园式码头、公建，其中演孝寺始建于唐朝，天王殿、大雄宝殿建于宋朝。这一大型入口公建服务范围已超出荻港村，成为一方百姓的祭祀、出港集散活动中心。

4. 街屋布局

荻港是个渔村，由于家家都要泊船，村屋都沿水呈带状布置，其横断面为屋—路（街）—河，又因水位高，所以在村口、或支河（或水溇）头设水闸，故河床很深，水埠头约在16~18级之间，构成了水埠高陡联排密布，浅舟自纵横的景观。为了水

船港、祠庙

产养殖或使用功能上的划分，非航运河道都以木门木栅隔断。

这一带沿河多为单面街，并且多设廊棚，是为村镇景观一大特色。所谓廊棚，即傍水坡顶的单面街廊。

傍水的街道既为交通廊道，又是商业街，大家都争街面，故小型住宅多采用"丨"字形平面，面宽小而进深大，有人把这种形制称为"竹筒式"。由于各户侧墙紧紧相贴(有的共用侧墙)不能开窗，那些进深较深的住宅用小天井、天窗来通风采光，有的发展成旁心院式、纤堂式。沿街的大宅第，由于都开店，寸土寸金，只好向纵深发展，形成狭长的多进、小天井大屋。这一带把"进"称作"埭"，有"堤塘"的引申义，作层次或单元解。这种大屋的纵轴线，几乎都是和河流垂直的，大户人家的入口都很小且普通，而且前厅都做可拆卸的太师壁以挡视线，拆掉后又方便进出搬运。每逢重要节日，客人一进门就可向厅中主人拱手作揖，谓"直拱"。若两座大屋相邻，则形成又窄又暗的宅弄。

太湖水乡住宅平面形制上的这一特征又引申出住宅的"藏形"、"袋口"特征和"以暗为安"的心理定势。它不像用地开阔地区的大屋，宏伟的形象暴露在外，而是藏在普通百姓的房屋之中，沿街入口小，像布袋一样，外小里大，和顺形于外，豪华藏于内。建筑内装修多用落地长窗，漆暗红色，符合富贵人家"银不外露，暗可藏财"的建筑理念，这对江南人"内秀"性格的形成，起到了潜移默化的作用。

这里河港纵横，经济富裕，文化发达，村落呈现河窄、桥多、巷小的风貌，有古树、古碑、古狮、石板街等历史环境要素。

单面街、河埠头

这一带小村庄和大河多挖池塘隔开，村屋一、二层为主，多数前后两幢联立，住宅长宽比接近，为避免屋顶过大、屋脊过高，多用双山墙四坡处理。由于整个地形溇、港、渚、湾多，远远看去，整个村、镇像浮在水面上似的。荻港所在的镇叫和孚镇，地名就说明了风貌特征，古籍上描述为："郛郭填溢，楼阁相望，飞杠如虹，栉比棋布"。

5. 村落的商业性质和高文化素质特征

古代社会，人群结合的方式不外乎血缘、地缘和职缘三种。对于江南水乡来说，地缘和职缘两种方式要多于一般村落。因为这一片广大地域的地形地貌、气象气候相同，又有水网把各地相连，共同的地缘和经济条件，乡村经济自给条件很高但不完全，有些

农村生活必需品不必自给自足，而是从别村或外界交换而来，大运河和漕运促进流通，产生交易和草市、商市。出身于江南水乡的著名人类学家费孝通先生对此有精到的描述："在水运比陆运快捷的太湖流域，镇尤其易于发展……"，"有一种为村民买东西的代理航船，每只航船代理一百多户农家。它们每天一早从村子驶出，下午回来，能为很大一片区域提供服务。""在镇上，常常有几百只船为几万户农家办货。镇里的商店和个别的船只维持着专门的供应关系。"（费孝通，《江村经济——中国农村的生活》）有了这样大的消费区域，就可以从集市发展成城镇。这些能成为集市、城镇的地方和宗族文化有什么联系呢？这些地缘、职缘强的地方，英雄、先圣崇拜特别强烈，建有较多的寺庙，这些庙宇附近是交易的好场所，往往因之发展成城镇。

新市河廊

图 8-5　太湖流域地形地貌统一，生产、生活受控于太湖和大运河，使人们对地域神祇的信仰胜过祖宗信仰，维系地缘关系的先贤、先圣祠庙优于宗祠，宗族文化较早向现代转型。

　　荻港村形成于北宋，是章、吴、朱三大望族集居的古村落，因周边芦苇丛生，河港纵横而得名"荻港"，素有"苕溪渔隐"之称。历史上曾用名荻岗、荻堽、荻溪。荻港所属的和孚镇，东晋南北朝时，许多达官贵人相继来此隐居；唐代已初具规模，是宋代朝廷官员退隐地，如宋康王赵构南渡随行护驾、御营司都统制王渊的后裔，于南宋灭亡后退隐附近的西塘，发展成望族，宋赵后裔赵孟頫退居湖州。可见，迁徙此地域的始迁祖们文化素质比较高。这里又是明清之季资本经济早发地区，文化士人的密集区，世家望族向实业型、文化型转化，宗族教育与时俱进，积极向新式教育和西学接轨，传播和产生了很多新思想、新的生产方式和生活方式，创造出适应时代潮流的各种建筑形式、居住空间，产生了近现代最高级的居住形制——园林宅第。在农田水利建设过程中

进行了联圩并圩，加强了村落发展的生态适应性和城市化进程。

　　荻港是太湖流域典型的古村落，历史上出过57个进士、状元，100多个贡生、太学生，110个诗人。较为著名的有现代著名历史学家、教育家章氏清芬堂十七世孙章开元；著名民族资本家章氏三省堂十四世孙章荣初；上海市第一任钱业会长、为孙中山先生革命事业做出重大资金资助的"鸿志堂"宅主朱五楼；中国20世纪外交家，任民国驻瑞典、挪威二国公使"鸿仪堂"章祖申；还有出生于"振麟堂"的章氏十六世孙章宗祥，赐进士、我国早期法律学士、北洋政府总统府秘书、法制局局长、大理院院长、驻日本大使。他曾因1919年北洋政府授权在巴黎和约上签字而臭名昭著。但是他较早著作我国"国法学"、"刑法讲义"，还是中国历史上第一个提出"一夫一妻制"的人（图8-5）。

陈氏祖屋

平阳顺溪村是以巨族望邑、重商致富、重门大屋、顾盼生辉为特色的古村。

我国古代宗法社会农村职业的传统排序都是"士、农、工、商"。我们调查了一百多个浙江传统村落，基本如此，但也有例外，以农商为主而发展强盛的典型例子有平阳顺溪、诸暨斯宅、武义俞源等村。它们的基本特点是都充分把家乡的林业资源或土特产资源，投入社会商品需求的大潮中而发家致富的，用现代话讲，他们都把握住了市场经济、商品经济这二个社会潮流，用离土不离乡的方式走向富裕的。由于经济富裕，业大家（房屋）大，造成建筑风貌都以"大屋群"为主的格局，而宗祠不是显得那么突出。

1. 达于事理创"山业"，安于义理建村邑

平阳顺溪陈氏家族的先祖可追溯到南朝最后一个朝代陈朝皇族，据称是宜都王陈叔明的后人。10世纪初，唐代品官陈瓒并其兄弟、子侄等因闽乱从福建赤岸航海迁至平阳，居于南郭施大夫庙（该庙今仍在）前三枝河口（即今昆阳

陈氏老四份大屋（户候第）

坡南），称凤凰山陈族。宋元祐间（公元1086-1094年）陈瓒六世孙将50亩世居地捐给孔庙作庙基，率领族人迁居到莲池。在孔子精神支撑下，该家族从北宋宣和到南宋咸淳150年间达到鼎盛期，出文武进士11名，因而家乡来往官员多。当时官服为绛红色，于是莲池被称作绛里，莲池的陈氏宗祠被邑民称为陈绛殿，标准地名写作"陈家殿"，今为鳌江镇玉莲村。因家族繁衍，旧地狭窄，各房族裂地而居，其中20世孙陈育球相中了顺溪的木材资源，于明隆庆年间（公元1567-1572年）迁到顺溪。

顺溪是山峦重叠的穷乡僻壤，虽说唐宋之际已有村落，这片山岙也算是风水宝地，但这些散姓人家都局限于农耕业，所以家业都做不大。陈氏家族来到这里后，这片土地风生水起，演绎出一番出色的业绩。

始迁祖陈育球出自南朝陈朝国王陈霸先一族。陈霸先是我们浙江老乡湖州人，他当了皇帝后，采用了一系列恢复国家经济的措施，其中有一条是以诚养政，开发山区，为东南沿海经济发展奠定了根基。虽说南朝陈最后一位皇帝陈叔宝（陈后主）政治和军事上很软弱，登基七年后便被隋朝灭亡，但是应该承认，陈的文学艺术和音乐水平是相当高的，他创作的词曲《玉树后庭花》、《临江仙》等，知名度极高。唐人杜牧诗"商女不知亡国恨，隔江犹唱后庭花"，说的就是陈后主在被隋军束手就擒之际，还和众宫女终日和唱之事。

陈朝昙花一现灭亡了，但这一支皇族的后裔中，仍不妨有高文化素质的，流散到平阳、苍南一带的陈姓即是其中一例。从陈瓒的凤凰山筑室置苑囿，被邑民称为

平阳顺溪主政第

"花园陈"，到陈舜韶的迁村献地扩孔庙，再到绛里莲池，都体现着该陈氏家族的家族至上和重儒传统。到顺溪时期的陈氏，从重儒、寄身山水的家族传统中领悟了"开发山地商业资源"的美好前景，进行了一个出色的转身。

顺溪村的地形像一条搁浅于众山里的小船，始迁祖于明代隆庆年间"经营四方，客游顺溪，相土而占物产，遂创山业田园，揭家室而居焉"。从农业角度讲，顺溪的农田资源十分有限，可居之地逼仄。可是陈育球站得高，看得远，他看到了褰狭在小溪两旁一层一层的山林资源和溪水可开发的运输资源，故有智慧和胆量选中这块基地安家立业。朱熹在解释《论语·雍也》"知者乐水，仁者乐山"时说："知者达于事理而周流无滞，有似于水，故乐水；仁者安于义理而厚重不迁，有似于山，故乐山，……动而不括故乐，静而有常故寿。"

陈育球和他的后裔们或许把握了个中三昧。

顺溪地处我国东南山岳型国家重点风景名胜区南雁荡山的腹地，为平阳、泰顺、文成、苍南四县边地山区的贸易中心和交通枢纽。在此建村的陈氏家族经过 400 多年的努力，使昔日山重水隔、近乎闭塞的山坳，发展为一个有 6000 人的城镇，其中陈姓有 4000 多人，为浙南地区规模最大的聚族而居的陈氏大家族。

顺溪的业态，不是一般农耕古村落一小村邑一片耕地，而是一条小溪、一排木筏、推开万重山。如今，顺溪除了山林竹木资源之外，山岳型风景旅游资源进入了它的新历史发展阶段，其空间形态和福建武夷山有点相像。由十来根毛竹联成的竹筏是古代生产运输的主要工具，如今又成了游览观光的工具，可顺流而下，也可逆水而上。顺溪全长 21.25

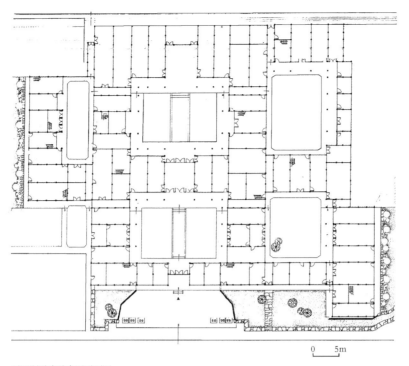

平阳顺溪陈氏古厝平面图

公里，阔处宽达 100 米。坐憩竹筏里，看两岸青山相对而出，树木繁茂，平眺簇簇村邑，夹溪秀色可餐。邑人、清代著名学者孙锵鸣诗《将到顺溪》把竹筏游顺溪的景色作了高度的概括："清溪曲曲抱山来，万竹丛中叫画眉。不减桐江好山色，一竿秋水最相宜。"

顺溪陈氏家族除做木材、竹材生意外，还注重多种经营，曾办过镀厂、陶瓷作坊等。该陈氏虽以商为主业，但从不放松读书儒业，如元三房四份 30 世陈少文就是一个儒商、平阳近代有名的实业家、慈善事业家，和当时的改良派思想家宋衡、大儒孙诒让、名宿刘绍宽等交谊不浅。他学识渊博，详细调查当地矿产资源后，发现附近山间高岭土藏量丰富，遂率领手下赴景德镇瓷厂学习，自己创办并帮助乡邻办起陶瓷业厂 70 多家，产品远销江苏、山东等。

在宗族文化上，他们特重家谱和宗族管理、教育，制订《祖训八条》、《遗范十六条》、《家训八则》等，并经常进行寻根联宗、敦亲睦族活动。

2. "青街竹、顺溪屋"

这是当地的一句民谚，青街镇位于顺溪附近一小溪旁，环境清幽，盛产毛竹，顺溪亦盛产毛竹。陈氏古建筑群今存十幢，占据了人们的视野，皆为陈育球的后代几个兄弟所建并依时序命名，多建于清乾隆至嘉庆年间，总建筑面积达 25200 平方米。每幢大屋都似祖屋，以大庭院、多院落、横向布局为特征，具有官邸或世家大宅气质。每幢大院通体木板墙裙，环庭院都有细格玲珑的小木装修或砖雕漏

顺溪陈氏宗祠

图 8-6　平阳顺溪是先祖重商致富的村落，联片成群的大宅第成为村邑风貌特色，宗祠寺庙相对少而平淡。

墙，在青峰逶迤、遍山翠竹的大背景里，细光摇曳，相映生辉。它们的排列也不是肩挨肩挤在一起，而是有序地均布于顺溪这块船形基地上，这些大屋的名字是：陈氏祖屋、老大份大屋、新大份大屋、老二份大屋、新二份大屋、老四份大屋、老七份大屋、陈迢岩大屋、陈有相大屋、陈氏宗祠。

　　值得一提的是，这些大屋厅堂中都有匾额，为我们提供了重要的实物史料。匾额的内容多以教化家人积德、行善、修身齐家、忠孝节义、勤劳俭朴、光宗泽后为宗旨，如："洁操修龄"、"商界耆英"、"积善余庆"、"古稀齐庆"、"桥梓乡评"、"举案齐眉"、"国诒几杖"、"贞寿衍祥"、"名端金玉"、"萱荫恒春"、"明经芳范"等共 32 块。匾额起始于汉代，发展于唐代，完备于宋代而兴盛于明清。陈氏大屋匾额多是当官的或文化地位很高的亲朋好友所题。此外，也有一些堂号或门额，如"一经堂"、"明经堂"、"户侯第"、"将军第"、"主政第"、"司马第"、"文元"等。题"某某第"的都是屋主家中出了相应的人才仕人或向国家赠捐得到的名号，如此看来，以经商致富的顺溪陈氏，到了这一代出了很多仕官和儒商（图 8-6）。

旋庆堂

建德新叶是绅衿主导下，各房派住宅环宗祠发展的典型村落。

1. 宗祠是各时期的建设中心，各房派住宅环绕宗祠发展

建德市新叶村，位于玉华山旁麓，原名"玉华"，以山命名，玉华山也叫"白崖山"。南宋嘉定年间（公元1208年），随宋室南渡到寿昌湖岑的叶坤入赘玉华夏氏，是为玉华叶氏的始迁祖。后来，夏氏迁走了，村名改为"白下里叶"。1949年更名为新叶。

叶坤生两子，分家后，大儿子一房住村内，叫"里宅"，小儿子搬到村外，叫"外宅"。外宅在村外建造了玉华叶氏的"祖庙"西山祠堂，以及小房派的总祠堂有序堂，有序堂成了后来的村落中心。里宅派在村内建造了雍睦堂，但这一派发展缓慢，渐渐衰落。

明宣德年间，外宅派已发展成十一个支派，百十户人家六百人的大家族，于是接踵建厅、分祠，而且都有堂名。较

种德堂

大的有崇仁堂、崇义堂、崇礼堂、崇智堂、崇信堂等，分布在有序堂的左、右和后面。各房派的住宅则簇拥在本派分祠的两侧，形成组团，组团之间是村子的主街巷。这时期形成的村落结构布局模式，一直为以后遵守。

明成化年间，是新叶村的鼎盛期。外宅派崇智堂分祠的十世祖叶天祥和崇德堂分祠的十一世祖叶一清，两人共同主持了白下里叶村又一轮重要建设：修缮祠堂，请风水师来规划，修建或整顿水渠、道路、桥梁，建造了文峰塔——抟云塔和水口亭。叶一清是读书人，曾就读于王阳明门下，他继承了叶天祥执掌宗族大权之后，又重建了祖庙和有序堂。

明万历年间，崇智堂派的叶赐龙赐婚京山王的孙女，受诰封为郡马，移往河南开封，该堂派一部分去投奔他。崇仁堂派逐渐成为白下里叶村最兴旺的房派。明末，重修有序堂，从村边迁到村中心。宅前面挖了一口半月形大池塘，建了一座梅园。清光绪六年（公元 1880 年），重建了全村最高大、最宏敞的建筑崇仁堂。强烈的宗族精神，导致村落呈现多层次团块式的布局形态，即总祠为核心，分祠环绕总祠，住宅环绕分祠。总祠为整个村落的中心，分祠为各房派的中心。这一带还有一个显著特点是宗祠前多挖凿有清水塘，这个传统现在还在采用。从新叶村里居图上看，这个长 3 华里、宽 2 华里的村子里，历史上起码有池塘十六、七个，有几个著名宗祠前的池塘还是半月形的，形似泮池。最大的是有序堂前的南塘，半圆形，弦长约 66 米，矢高约 50 米。

宗祠还是决定道路走向的主要因素。新叶村的街巷是不规则的，是先造房子后有路，团块间的道路是房派间的界线。由于村里主要宗祠都朝向北边的道峰山，宗祠形式平直

抟云塔、文昌阁

方正，两侧的墙直且长，长度达二三十米，所以南北向的巷子多而窄，且两旁大墙高耸，但站在这种巷里都能看到村外的山。住宅环绕各自的宗祠连续紧密布局，住宅的大门多开在南北走向的巷里，而大门常开在住宅侧面，也就是以一个厢房为门厅，面对大门的厢房装修因此特别精致。

2. 祠庙构建了村落风貌特征

新叶村有以宗祠为骨架，文峰塔和文昌阁为地标的动态向心风貌特征。《玉华叶氏宗谱·里居图》上标识的大小祠堂有十三座，它们是村落的重要景观。住宅和巷弄很不规则，但建筑类型、品种齐全，公共建筑规模宏大，装修华美，既有徽派建筑风格，也有些"苏式门头"。木雕多由东阳师傅制作，而天井很小，与赣东北

狮象呈祥坊

相似。远看群山环抱，风阜起伏，马头墙参差，在巷弄里行走，感觉狭窄；而走进大户人家，满眼都是肥厚梁袱胖柱头、小天井，花篮厅（图8-7）。

南塘、有序堂

图 8-7　建德新叶是绅衿主导下，各房派环宗祠发展的典型村落。

巷门、石界子路

　　前童村是一个以"寺庙为原点，房派为轴线、核心，以水为脉"繁衍渐进的血缘村落。

1. 地理环境和宗族建设

　　该村地处宁海县城南十二公里的白溪盆地中心，四山围护，二水交汇，其西北面的梁皇山，曾是梁皇子的隐居地，也是《徐霞客游记》的出发地。童姓是中国最古老的姓氏之一，南宋时任迪功郎的童潢，一次途经此地时，为这里的灵山秀水所迷恋，持蓍草连卜三爻，均大吉大利，便于绍定六年（公元 1233 年），从黄岩丹崖上峱举家迁来。起初居住于惠民寺前一个叫大杏树下的地方，便有"寺前童"之称，后简称前童。经 770 余年的发展繁衍，成为一个有 1630 余户的血缘村落，主姓童姓占 97% 以上。这是一个典型的村落家族，至今保存着相当完整的家族史资料，古民居 1680 余间、164 多个院落。历史上曾有书院 12 处，宗祠 32 座，寺庙庵堂 15 处，廊亭 4 处，桥梁 15 座，公共水井 40 余口，私井数十口，还有不少过街楼、牌坊等。

历史上，童氏的祖辈们抓住了对宗族繁衍和村落建设起至关重要作用的四件大事：一是植树造林，起藏风聚气、防洪和保持水土等作用。二是"杨柳洪坝"水利工程，明正德四年（公元1509年）修筑村西原杨柳洪溪十里长堤，以防白溪山洪。又开五里水渠引水入村，使得村内每一条街巷都有水渠旁流，有的还巧妙地穿宅而过。三是兴办学校，全村实行普及教育。明洪武十三年（公元1380年），七世祖童伯礼率先办起家族学校"石镜精舍"，两度聘请著名学者方孝孺前来讲学布道。四是制定了"每产一男，必置田一亩"的族规，促使族人拓荒育林，保持水土，改良土壤，这也是前童村能持续发展的一个长效机制。

宗族兴旺的条件主要有两个，一是严格的族规、族训，其次是教育。在此，不能不再次提起方孝孺，这是一个忠君报国、不事二主、名满天下的大学者。明初，叔侄相残，燕王朱棣从侄子建文帝手上夺取皇位后，下令编撰《永乐大典》，钦点方孝孺起草诏书，方对此青睐却全然不顾，身着麻布孝衣绝食拒诏，以此来抗议朱棣篡位，被株连九族，死者达八百七十余人，连第十族学生也遭到迫害。方的这种"宁为玉碎，不为瓦全"节气，震撼了中国几代鸿儒学士，对塔山童氏家族来讲，更是刻骨铭心。村内先后建起"职思其居"私塾、谨节堂、文昌阁、聚书楼、集贤斋、尺木草堂、聿修楼等书斋，以及雁塔书院、鹿鸣山房、德邻书院等，到了清同治年间，又出现了半官半民的拱台书院等，世代传承方孝孺的忠勇精神。

前童应试教育成就不是很高，但普及教育特别突出，尤重道德教育素质培养，村人群体文化水平和素质很高，这从今存的众多门额题匾、窗雕题字、马头墙题字上可见一斑，如"群峰簪笏"宅正厅隔扇上的四副朱柏庐治家格言："一粥一饭，当思来之不易；半丝半缕，恒念物力维艰。既昏便息，闭锁门户，必亲自检点，黎明即起，洒扫庭除，要内外整洁。"正是这样一种注重教育的家族环境，使得童氏后裔中不断涌现出对国家民族卓有贡献的杰出人物。从南宋至清末，共出举人2名，秀才以上功名者202人，近现代出高级知识分子400多人。

前童历史上曾遭受过三次大难，一是元朝时的"兵梢案"，二是明朝时的"沾亲案"，三是清代太平天国时的"壬戌之难"。村落遭到重大破坏，使童氏家族蒙上了阴影，但没有摧垮他们深厚的根基，他们凭

建德李村台阁

全族人的高文化素质、团结精神和应变处世能力，在逆境中不折不挠，不断开拓前人的基业，造就了今日的辉煌。

2. 族房制度和聚落形态

族房制，是前童村组织建设的一个重大措施，村里的公共事物如水网系统，由各房派轮流管理，使之长期延伸下去。今存的那些精美的街头水井、井台就是各房派互相攀比的产物。最能体现族房制度的是"行会"：洪圯初就，他们就举行元宵节鼓亭台阁会，最多的时候有三十多个房派，元宵节时家家户户都将最漂亮的娃儿送来登台比赛，比美比才艺，普村同庆。如今，前童元宵节"行会"列入非物质文化遗产名录，其"鼓亭馆"是中国最大的鼓亭馆。

前童的族房制度，对村落的形态影响表现为村落由里（始迁祖居住的慧民寺前）向外集中紧凑发展，至今成为一个回字格局方形村落。以老街（南大街）、花桥街、石镜山路、双桥街构成的回字形路网内圈为核心，沿着这一圈布置主要的祠堂、书院、庙宇、井台、大屋，组织出有序的空间层次，造就公建优先、敬祖尊宗、长幼有序的布局形态。

街巷分等级有层次：一等街（南大街）对外交通兼商业街，结婚、行会等重大活动必经此处，大车门、惠民寺、大宗祠、重要的井台布列两旁。二等街是花桥街等回字形格局内圈的东北西三边，今存最大的大屋和一些重要的外部公共空间多位于这圈路旁。第三级是基本上和内圈垂直相交的那些小巷，它的功能是连接私家宅院。之所以分成明确的三级路网，是因村

千工床

台阁

子大房派多、"行会"活动多这二个原因造成的。为了有序组织邑人室外活动、增强房派领域特征，便于寻访，前童人还营造了几处过街楼和几处极俱装饰标志性质的马头墙。不少农村有过街楼，但像前童"邨西"这样得体、亲切的过街楼很少看到。而像方孝孺教书处等，只在山墙顶端高高耸起形如碑牌下端露出人字坡、硬山式的马头墙，颇为奇特。更有甚者，还在马头墙下方书写灰塑大字"小桥流水"、"清流映带"、"云停风口"字样，具有明显的标志性质。

前童31代传人，15个房派，各房族有规律地布置在回字形格局里，分五个行政村，即塔山、鹿山、鹿分、联合、双桥。各房派虽支脉分明，但房屋毗邻，街巷贯连，一脉相承。徜徉其间，到处能看到宗族的缩影。最强烈的表征物，是今存

的7座宗祠，其中建于明洪武十八年（公元1385年）的大宗祠，位于南大街慧民寺附近，是建村的始点，历史上一直是村落的中心，今天仍然是村中最重要的场所。其余的小宗祠环大宗祠布列，各房派住宅环小宗祠布列。其次是井台，或凹入街巷，或镶嵌在街巷的转角处，成了各房族的表征物。

3. 宗子制度和住宅形制

嫡长继承制是宗法制度的主要精神。古代宗法制度规定，同一始祖的嫡系长房继承系统为大宗，余子为小宗。大宗的嫡长子叫宗子，对大宗，他是家长，对群小宗，是族长。当然宗子的能力有强弱，品行有高下，不是所有宗子都能当族长的，族长由不同时代的头面人物担任，与宗子共同

桥、水、道坦、马头墙

图 8-8 前童是一个以寺庙为原点，房派为轴线、核心，以水为脉繁衍渐进的血缘村落。该村的宗子制度一直坚持到 20 世纪 50 年代，最能体现房族制的"行会"列入国家级非物质文化遗产名录。

行使宗族权力。这一制度，前童一直坚持到 1949 年。

前童的宗子制度对住宅形制的影响主要表现为"正大房"。这里的中大户型，三合院四合院居多，俗称"四檐齐"。空间序列为：倒座（三合院者为院门）、天井、正厅、边厢。规模大的加后厅，即"H"型，俗称"后拔步"。房屋的人文序位以东次间为尊，这一间（边）一定是分给长子的，俗称东大房；其次是西次间、两厢。姑娘择婿希望"正大房"男人。子女分家，父母搬到隈下房或后拔步（后厢）。此外，前童住宅还有"接隈式"特征，这从严格意义上讲，也是宗子制度派生出来的。

前童典型大屋有：职思其居、明经堂、群峰簪笏、上堂屋、大夫第、好义堂、童伯吹故居、柏树院等（图 8-8）。

大宗祠

河阳的始迁祖原为五代吴越国的高官，他遵照帝训下乡垦荒定居，在严格的宗族制度和实用风水指导下肇基创业，是一个大屋联片、各类宗法建筑齐全的村落。

1. 历史概况

河阳位于仙霞岭余脉缙云县西南低山区盆地溪流汇合处，现有 800 余户，人口 3000 余，其中 94% 为义阳朱氏。始迁祖朱清源，河南信阳人，五代后梁开平二年（公元 908 年）南下吴越国。朱氏乃颛顼的后裔，被钱镠聘为掌书记，成为皇宫主管。钱镠是非常爱民、重视发展经济并实行减税政策的，他在遗训中指示子女和臣民们去开辟荒田，自食其力以减轻农民负担。在这样的历史背景下，朱清源于钱镠病故的前一年，偕弟朱清渊来到此地定居垦荒，为了使子孙后代永记祖籍，从河南信阳四字中取二字命村名为"河阳"，现已繁衍至第三十五至四十二代。

元至正三年（公元 1343 年）进士、十七世祖朱竹友，对河阳村进行了一次全面规划，奠定了"一溪两坑、五纵四

圆洞门巷

"横"水系和街巷格局，建设了主街、八字门。十九世祖朱维嘉为明洪武时的国子监丞，一代名儒，人称"朱先生"，被皇帝封为"铁板秀才"。乡间传说他在明太祖面前历数河阳朱氏先祖八进士的荣耀时，朱元璋不禁击节赞道"稀罕稀罕"。据此，又在八士门前立了一对模样奇特的怪兽，谁看到都说稀罕。

河阳有过二次由盛而衰的变乱。一次是明正统十四年（公元 1499 年），河阳连续三次遭受土匪洗劫，大宗祠、八士门、联桂坊及大片民房被毁，致使村民谈虎色变，日头未落即收工回家，夜闻鼓声就大惊失色。至明末，人丁减少过半，一派衰落不堪景象。至清朝初年，第 28 世祖七如公再次延师教子，把河阳推上鼎盛期。他们亦农亦商，购田地山林，办工厂筑码头，并外出金华、兰溪、杭州、苏州等地做靛青、土纸、粮食生意。一时间，十八

间头、合院式、庄园式大宅纷纷而起，节孝坊、河阳公济大桥、凉亭等公共建筑相继建成。他们还把公益事业做到村外，如独造处州郡试大院、主修县城隍庙、创建右文学馆、赈舍饥民及修路建凉亭等，名扬丽城缙邑。

另一次是公元 1862 年，太平军洗劫了河阳村，房屋二度被烧。兵祸加瘟疫，短短一年中，河阳就死了 345 人，村民被迫流落他乡。终因河阳人文化素质高、经济实力深厚，晚清民国时，河阳再度崛起，"望族"、"财主村"的名声长盛不衰。

2. 实用风水思想指导下的聚落形态

据河阳一个退休教师朱益清所写的《河阳民间故事》所说，河阳朱氏始迁祖朱清源

宗祠

兄弟俩到这儿定居，是经过风水踏勘的。河阳村址符合风水学上的理想图式，不过，它是坐西南朝东北的，即西北、西南、东南三面是祖山环抱，东北有二支溪水汇合而过，溪的外面是朝山、案山，东面开口，通向县城。按风水学，坐西南朝东北是忌讳的，在坐北朝南的风水格局中，西南为"鬼门"，东北为"死门"，是大凶之方位，这是从天人关系出发的理念。可是朱氏这一族人毕竟是高文化素质的人，他们深得风水学的实用要义，河阳的先祖们既然是响应钱武肃王的号召来此开荒垦田的，就以"人地关系"为原则对待这个问题。他们首先要把从西南面中峰山流出的二条小溪进行改道取直，使之左右怀抱村落，和村前的河阳溪垂直相交，组织出一个具有安全格局的村落用地图式；再以这个格式设计了四横五纵的方形街巷网络，房屋顺着巷子，多为坐西南朝东北布置。而且

村子的中心轴、八士门、中街和地形的中轴吻合，垂直于河阳溪，直指背后正中又是最高的山峰中峰山，村庄的平面呈"士"字状，村庄形态和环境十分协调。因此可以说，河阳村的形态是文化和环境共同作用下的形态。

尤其值得一提的是，河阳人为了生态环境不受破坏，历史上数十次制定族规，规定某某地多少范围之内"永禁私人垦种"、"再不许子孙争称已业"、"世世禁样护荫"，而且"永不许更议砍伐"。

3. 村落风貌特色

河阳古村现状用地南北宽约 500 米，东西长约 730 米，现存街巷系统、水系基本上是元代重建时的框架，还有明、清、民国初年三个时期 20 来座大屋，百来幢小住宅，以及十二座朱氏各房派的宗祠，原

门巷

八字门（古街）

图 8-9　河阳的始迁祖遵照吴越王钱镠的训示来到这儿落户定居，在严格的家族制度和实用风水指导下创业建村，是一个大屋联片各类宗法建筑齐全的村落。

有十一座牌坊可惜已毁，原有的三十七座庙宇道观有三座保存较好。元明清时的村中心八士门和中街，现存长度 150 米，宽 3 米左右不等，两侧保存完好的一层木板店堂门 32 间。这条中轴线左右各有五条巷弄，聚集着四片古建筑群，六个宗祠。巷弄以答樵路最具特色。路口原有答樵门，路名取樵夫上山砍柴对歌互答之意。答樵路一侧民居构成了沿路三十多个马头墙的界面，此起彼伏，犬牙交错。这儿的马头墙风格比浙西、徽州夸张，跌落阶数多，涩檐深，戗角上翘厉害，装饰性强，加上侧墙上门窗多，门楣窗楣位置较高，外挑尺度较大，真有点像一堆堆樵薪扎在墙面上。主要街巷多是蛮石铺筑的，外墙青砖空斗墙，也有版筑泥墙掺杂，石灰粉刷的砖墙基本上已脱落，整个外装修显得古旧沧桑，庭院内多为木板墙面（图 8-9）。

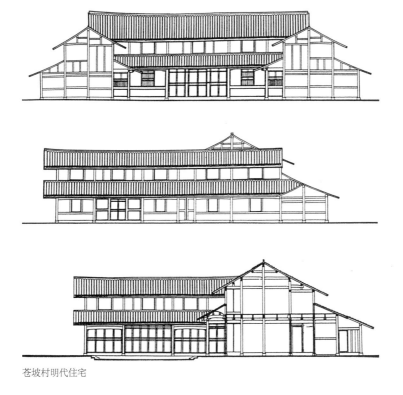

苍坡村明代住宅

这是一个"以象制器"、按"文房四宝"理念和园林格局进行建设的典型村落。

1. 乡贤士绅主导，并按园林格局进行家乡建设

唐末王知审入闽，钱氏主浙的 100 余年间内，闽中政局动荡，而浙江太平富强，大批唐代入闽的中原世家望族向温州迁徙，温州进入以福建移民族群为主体的社会形态。这批高素质的福建移民后裔，几乎奠定了温州现代居民的基础和村落分布格局。

五代后周显德二年（公元 955 年），福建长溪（今浦霞县）的一个教书匠——李岑，为避闽中战乱，来到永嘉灵山隶教书，被周家招为女婿。后来析居一公里外的苍墩，逐渐成为单姓村落。南宋时为避光宗赵惇字讳改名苍坡，迄今延续了四十二代。苍坡人继承了宗族文化的祭住合一精神，形成了以祖坟为中心，分为东宅、西宅、麻溪园三块的格局，保留至今不变，村屋中间至今还保留着一座祖坟。他们敬祖举贤，尤重亲情，每每村里出现对社会做出贡献的人和事或亲情故

事，就营建亭阁寺庙表彰纪念之。如建于北宋宣和年间的"水月堂"，南宋建炎年间的"望兄亭"、"送弟阁"，淳熙年间的"仁济庙"等，都有感人肺腑的鲜活故事，而且这些建筑在后来的村落建设中全部保留下来。

宋代，吕大防提倡乡约，朱熹提倡家礼，目的是以宗族代替世家。在这个背景下，温州出现寻根返乡建设家乡热。苍坡《李氏宗谱》记载，李氏祖先们游历京师、遍观王侯府邸，用京师宅第模式规划建设家乡的事。南宋淳熙五年（公元1178年），九世祖、京官李嵩牵头请著名风水师对家乡苍坡进行了一次全面规划和重点建设，完成了主街建设，完善了渠沟水系工程，拓宽了东西池，这就是今天苍坡村东南角公共活动中心的前身，当时叫"务实园"。李嵩死后，他的夫人刘氏继续完成了寨墙、寨门建设，并开凿了环村水渠。

南宋淳熙十年（公元1183年），李嵩的儿子、十世祖李伯钧捐资建仁济庙，造园林厅堂并题堂匾"种德"；其曾孙义问筑圃于西街之南，内有娱堂、龟台和亭子，并题亭额"撷蔬好义"；义崇筑圃于苍墩祖坟前，西北接娱堂，题名"云居园"。

元代，义崇孙李从逊再一次围着苍墩祖墓营筑别馆，曰"广润"，在此养老。侄孙李宙筑馆于宅左，有清泉一眼，题"老余乐"等匾额。

明中叶，温州太守文林提倡"乡规民约"，嘉靖帝下诏允许民间建宗祠，苍坡村再次掀起乡村建设热潮，李氏大宗祠落成。十七世祖李崧、李术出资，捐三条大石阶并组织修筑完善村中道路，以鼓盘为中心，向四方扩展，完善了以笔街为横轴，水月街为纵轴，鼓盘巷、九间巷、三退巷为骨架的准"口"字状道路系统，同时修缮了大宗祠、仁济庙、太阴宫、水月堂等祭祀建筑和东西池园林系统。万历年间（公元1573-1620年），港元头李氏豪门李鸣岗返乡，在苍坡李氏大宗西北建立"和事局"（俗称官厅，类似于今天的民事调解庭），接受官府委托，调解楠溪江中上游李氏家族内部的矛盾纠纷。

楠溪江流域古村落生成发展的重要背景是宋代耕读社会。南宋，这里是全国出进士、官员最多的地方，他们热衷回乡造园，并与风水师结合，成为乡村建设的有文化、有经济能力、高素质的主流力量。永嘉县的第一个进士出自苍坡，十世祖李伯钧就是知名理学家叶适的启蒙老师，出自他父母之手的"务实园"即今日的东西池，实

东湖、仁济庙

为都城临安达官显贵府邸园林的摹本。乡贤即当官的、做生意的、有文化、有钱的人回乡主持家乡建设，这是古代农村建设的一个重要特征。

2. 以"文房四宝"为意象，提升宗族精神

"以象制器"，是一种关联式思维方法和制器方式，它从观察天文地理的现象出发，以自然界的象兆为认识出发点，寻求事理，归纳总结出形而上的符号化的"象"，再按符号化的"象"制作产生具体的"器"，具有宇宙类比和精神暗示作用。

"以象制器"，是古代村邑规划的一个重要思想方法。

浙江许多优秀传统村落都采用此法，如永嘉屿北、诸暨藏绿、桐庐深澳，应用了周敦颐的"爱莲说"；兰溪诸葛为"八卦"村，武义俞源为"星像"村，宁波慈城为"龟城"，温州市历史城区为"鹿城"、"斗城"，以及永嘉芙蓉的"七星八斗"等。

苍坡村利用了村西"笔架山"的形象要素，用"文房四宝"理念进行布局。将早期的东西两塘凿成长方形（即务实园），意为砚池，沿西池筑东西向主街象征笔，正对笔架山，再在池街边搁置三块大条石象征墨，方形的村落基地是为纸，意在激励后代读书入仕，光宗耀祖。

家谱记载十一世祖李仲为官清廉，政绩昭著，受皇帝器重，官连升七级。村人特在寨门后铺砌长20米的石丁庄"进士坦"，置3级台阶，叫三试阶，意取乡试、会试、殿试，以示秀才、举人、进士之路。车门下有4块花岗石拼成的"太师帽"图案，东门内水池上有5块石板铺成的"五龙桥"。

蔡桥村鸟瞰图（摄影：虞波）

溪门（来源：百度图片）

3. 水月堂、望兄亭、送弟阁

忠、孝、慈、悌、睦、爱是宗族文化人际关系中做人的基本要求，这一精神，也是苍坡村入口园林东西池中建筑布局的重要内容。

在入口公园⌐形东西池的东池北端建园林建筑"水月堂"，五楹，四面环水，前院后屋。该堂建于宋徽宗宣和年间（公元1119-1125年），是八世祖李霞溪纪念其胞兄李锦溪为国打仗牺牲而筑。水月堂对面的"望兄亭"和村外进村小路的入口村的"送弟阁"建于宋高宗建炎二年（公元1128年），背景是李氏七世祖李嘉木和他的哥哥李秋山，二兄弟分家，一个住原址，一个迁到村外近邻的方岙村，二兄弟经常互相拜访，每次拜访后都不放心，

互相送来送去，因此在二人住处的村头各建一亭（阁），到家以后在亭（阁）挂上灯笼报平安。望兄亭有一副楹联为"礼重人伦明古训，亭传佳话继家风"。两亭隔一片田野相望，默默诉说着880年前的兄弟情深故事。

东西池的底边，李氏宗祠的东侧为仁济庙，系为地方先贤纪念庙，是苍坡十世祖伯钧于南宋孝宗淳熙七年（公元1180年）举资建造，祀平水圣王周凯。周凯为西晋时横阳（今浙江平阳）人，曾随陆机入京求士，见晋室将乱，推掉别人的推荐，回家乡致力治理三江，解决了温州当时最迫切的水患问题，被当地百姓尊为"平水王"，唐时封为平水显应公，宋加爵护国仁济王。浙南、浙中一带多建有"平水王庙"祀之（图8-10）。

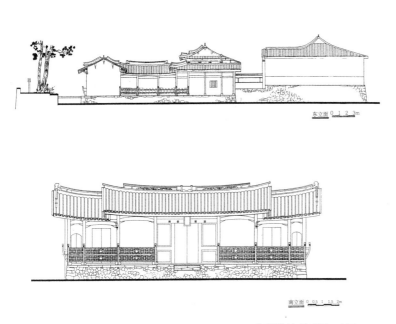

东立面 0 1 2 3m

南立面 0 0.5 1 1.5 2m

永嘉苍坡仁济庙平、立面

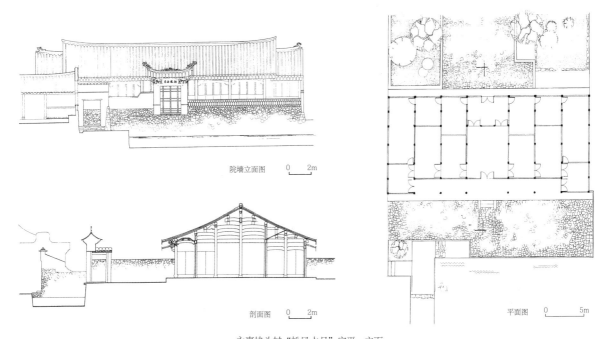

院墙立面图 0 2m

剖面图 0 2m

平面图 0 5m

永嘉埭头村"松风水月"宅平、立面

图 8-10 永嘉苍坡村是乡贤回乡出资、主持，按"文房四宝"理念、用园林格局建设的典型村落，这种方法遍及楠溪江流域，如埭头村"松风水月"宅是又一精美实例（照片见图 1-2）。

奉化岩头村巷屋、马头墙

这是宁波地区以家族为中心向以家庭为中心转变的代表性村落。

岩头村为单姓（毛姓）血缘族居村落，始建于明洪武三年（公元 1370 年），今有 600 多户，2416 人，村域面积 4 平方公里。

1. 源出江山清漾

中华毛氏源于周文王第八子伯郑分封于毛国，以封国为姓。两晋之交，江北毛氏第 52 世毛宝，随晋司马王室南渡，以军功封征虏将军、豫州刺史州陵侯，其孙毛璩又因军功封归乡公，食邑信安（今衢州地区）。其后毛宝被尊为江南毛氏一世祖，其后人也一直生活在以江山为中心的周边各地。南朝梁武帝大同年间（公元 535-546 年），毛宝 8 世孙毛元琼（字清漾）从须江毛塘（今江山清湖）迁居石门镇江郎山北麓，其子孙以毛元琼字命名村落。清漾村俗称"青龙头"，其东、南、北三面环山，西边是万顷田野、山峦起伏、林木葱茏的仙霞岭余脉。这块符合中国古代"堪舆学"理想图式的风水宝地，在以战功著称的毛氏经营之下，便以山川毓秀、人才辈出闻名于世，宋代大文豪苏轼以"天辟图画，星斗文章并灿；地呈灵秀，山川人物同奇。"赞誉她。截至清末，仅江山境内清漾毛氏后裔，就出 8 位尚书、83 位进士。今清漾公后裔在江山衍为十三祠十八派，人口逾 6 万；各派又外迁赣、湘、闽、皖、云、桂及浙江宁波、奉化、余姚、丽水、龙泉、遂安、温州等地，人口不计其数。

其中，第 24 代毛让，于北宋建隆三年（公元 962 年）迁居江西吉州（今江西吉安）。元朝末年，毛让后裔毛太华从军云南，明洪武年间又因军功从云南调到湖南落籍定居而成为韶山毛氏始祖，毛泽东乃其第 20 世孙（以江南毛氏一世计为第 56 世孙）。江南毛氏第 25 代毛仁锵，宋初任明州（今宁波）太守，其第三子毛季初又迁奉化岩头。

因此，江山清漾，既是毛泽东先祖的祖居地，也是蒋介石元配夫人毛福梅先祖的发脉地，是江南毛氏一脉相承的祖居地和发祥地。诞生于湖南韶山的毛泽东，诞生于浙江奉化的毛福梅（蒋经国生母），竟是同宗，同属清漾毛氏的第 56 世孙。

奉化毛氏的流源为：江山石门清漾毛氏第 25 代孙毛仁锵，宋代进士，官至明州（今宁波）太守，其长子迁温州瑞安，第二个儿子迁天台临海，三子毛旭（季初）随父来宁波上任时，游奉化剡溪之源，见山清水秀，土厚地灵，遂卜居于此，为奉化石门派始迁祖。他不忘祖先居地江山石门村，移地托名，取迁居地名为石门村；毛旭的第 14 世孙毛宣义为奉化岩头始迁祖，和附近的石门毛氏同一宗祠，共祭祖先。岩头村宗祠的大门柱联为"江山衍派三千里，宋室开基八百年"，和江山清漾毛氏乃一脉相传，血肉相连。明清时，岩头毛姓又沿着剡溪溯流南迁，形成多个毛姓自然村。

岩头村素以礼仪之乡、重学之地著称，明清时出过不少秀才和文武举人，清末鼎盛时期有七、八家私塾。蒋介石的结发妻子毛福梅为岩头人，蒋发迹成名后，提拔重用了很多岩头姻亲，仅国民党将级高官就有 5 名。

2. 聚落形态

岩头村环村皆山，岩溪自南向北流经村落，形成东西窄、南北长的溪谷盆地。村落夹水而筑，沿水发展，在溪东西两岸形成了两条夹溪绵延伸展的商业老街。一庙（钱潭庙）扼据河段据中位置——自村外道路入村后进入村落腹地的必经之地。瑞房、三道闾门、下三院、中三院、里外六份等廿四间走马楼，登科闾门毛邦初宅等世家大宅分据于S型河段的二端，构成了祠庙居中、大屋两端互相回眸的阴阳鱼布局图式。居中的村口有400年树龄的古樟拱卫的古桥，入村后三桥一水形成与岩头世居之毛氏家族暗合的"毛"字形骨架脉络。

3. 社火崇拜和佛教集体无意识

宁波的地理整体趋势是由西向东倾斜，东临东海。宁绍平原地势平坦，河道纵横，汉唐时期，就出现了北方移来的文化家族，如虞氏、贺氏、王氏、谢氏等，而西北部天台山脉、四明山脉，山阻路隔，地狭人稠，自古经商之风较盛。穿梭在浙、闽、赣、皖边界崇山峻岭中的商贾们，在不断寻找贸易和运输中转地点的过程中，同时创造了山水隐逸型、驿站渡口型农商双重的聚落。这些村邑又被像一条珠链似的古驿道串联起来，而且有面向海外的特征。如宁海茶院乡的许家山村，古代是象山通往宁海县府的主要官道。据记载，明弘治元年（公元1488年），朝鲜文化名人崔溥奉命去济州岛扫墓，突遭暴雨，漂至台州登陆，后行路8000多公里历经136天回到朝鲜，在他所著的《漂海录》中，就谈到路过许家山的经历，对这个全用黑色玄武石（当地人称铜板石）建成的高山村，印象深刻，被称作"石头王国"。象山的儒雅洋村，鄞州的韩岭村、凤岙村，奉化的岩头村、栖霞坑村等，都是这串珠链上的一员。

佛教在浙东历史悠久，而宁波是日本和高丽僧人去天台求法的必经之路。自唐朝始，佛风披靡，历经五代、宋及元明清各代，形成了宁波的佛教大丛林，同时也使宁波百姓在佛风的长久笼罩下把佛教作为一种与生俱来的集体无意识。

佛教在百姓中的认识作用基本不外乎祈福禳灾、超度轮回、驱鬼逐魂等与"鬼"事、灵魂有关的场合，而与"人"事有关的求财、祈福以及预测人生的活动，则多求赖于民间的社火庙祀崇拜。社火崇拜是比较具有宁波地域特色的民间信仰现象，因此浙东传统村落公建构成中，寺、庵、观、庙、土地堂、土谷祠等较其他地区多，总体上构成了一个泛神系统。它与其他宗教的最大区别在于，宗教信仰多由个人选择，而社火崇拜则是按家族或家庭为单位的，大多数社火是私庙，又区别于宗祠。宗祠是血缘的，主要功能是祭祖，社火是地缘的庇护神或本尊神。如是杂姓村的话，多可成为同一个祀庙的"庙脚"。而寺庙的选址相对于宗祠来说要随意

奉化岩头毛福梅故居

奉化岩头毛福梅故居 2

图 8-11　奉化岩头村毛氏源出江山清漾。宁波是日本和高丽僧人去天台求法的必经之路，岩头村是古道旁的一个点。这一带自古社火崇拜风气浓，佛教集体无意识强，寺、庵、观、庙、土地堂、祠多，行商风气浓，居住建筑较早从以家族为中心向小家庭为中心转型，出现堂前屋、通转房、间弄轩等及西式建筑符号。

得多，村边、田头、大树下、山脚、山腰、山顶处都是落址的地方。

　　岩头有突出的宗祠，钱潭庙在村民生活中占据十分重要角色，庙无神名，似祀土谷之神，其朝向、结构、石阶的阶数和式样完全和江山石门村的原有宗庙一样，以示不忘故里。

4. 住宅形制从几世同堂多进院向独立三合院转变

　　宁波是我国"开风气之先"的地区，尤其在"五口通商"以后，宁波对西方文化的吸收甚于内地的一般城市。宁波这种文化精神的形成，得力于著名的三个历史人物：一是北宋的大思想家王安石，他对"从实际出发，改革祖训旧制"乡风的形成起了灌注和身体力行的作用；二是明代的王阳明，承接南宋永嘉学派"崇功利扶商贾"思想，发展为"致良知"、"知行合一"的浙东学派；三是明末清初以黄宗羲为代表的"工商皆本"、"体用中外"浙东学派。这二个浙东学派分别是当时中国学术思想主流。这种思想导致宁波民居形制的转变，主要的变化为从家族制向家庭制的转变，"以祖宗为中心"向"以个人为中心"的转变，实例如宁波市区月湖间弄轩式住宅银台第，镇海十七房村的"新房"，石浦一带的"隈下房"，鄞州蜜岩村的"乾八房""墙门"等。

　　岩头村住宅形制的变化虽和上述不一样，但家庭作为一个独立的社会细胞被建筑强化出来，这点上是一致的。岩头今存的一批大屋，和以祖宗为中心的用一圈墙围合起来的宁波传统标志性居民——大墙门比较，具有下列 6 个特点：

（1）以独立三合院为主。列为文物的独立三合院有8处，占全部文物民居的44.4%，它不像老墙门那样相互组合有机连片，而是四周不与邻近建筑相通，强调了家庭的独立要求。另外，岩头村三合院的天井院一般都比较开阔方正，光照充分，体现出对居住舒适性的追求。

（2）楼梯间的设置与宁波常见的平行于正屋进深方向布置楼梯不同。正房底层轩廊两侧靠厢房边与厢房进深方向平行各设一部楼梯，楼梯底下正房轩廊两头有楼梯弄，通向两侧院及侧院墙上开的次门，使物流和进出正大门的人流呈90°交叉，并截然分开。实例如六份第厢房楼梯。

（3）走马楼的出现。在三合院正屋的后面增加一进，成"日"形住宅平面，把后院（内院）一圈的房间用外廊连起来，形成前祭祖、会客，后生活格局。生活部分又是围着花园（后院）的，体现了主人对生活舒适性、私密性的要求。实例如"二十四间走马楼"。

（4）在纵深方向上将三合院串联起来，形成多进落布局模式，但是每一座三合院仍然保持完整，包括厢房端头的山墙，也都形式完整，使后一进的屋顶与前一进正房的屋顶脱开。各进之间的交通联系有两种方式：一是通过中轴线，将三合院原本的"堂前"打通成为"穿堂"；二是前一进的正房与厢房之间的穿弄与后一进厢房的轩廊相通，由于前后进之间有山墙相隔，因此往往在穿巷与轩廊之间形成与外界相连的巷道，在山墙上开有卷洞门或传统的墙门，门套门、廊连廊、柱排柱，加深了视觉空间的纵深感。

（5）通转房：四明山一带流行一种口字形大屋，井字形交通廊道把庭院围在当中，当地人叫"通转房"，如庄市镇大树下某宅，岩头村毛福梅宅则是通转房的变种。家里各种房间非常明确，简洁地布置在井字形交通廊道旁边，各种礼仪活动都在围院落一圈的堂屋里进行，故又有"堂前（屋）"之称。

（6）还有一种组合方式是在三合院的基本空间之外二侧增加偏院，作柴房、伙房、佣人房等（如外六分第）。围合三合院的院墙本身保持完整，形成明显的主次尊卑区别。

此外，岩头大宅建筑细部上也出现西方建筑语汇。如毛思诚祖居，平面是传统的，细部有西化成分；毛邦初宅，建筑外装修是仿西洋式的，顶部呈花瓣状（图8-11）。

三层小屋

　　这是一个唐代进士"达则兼济天下，穷则独善其身"品质建立起来的著名古村落。

1. 历史概况

　　库村是以吴姓、包姓为主的双姓聚落。

　　包氏首先来到这里，始祖包全，会稽包山人，唐贞元六年（公元 790 年）进士，任福州长溪知县，因藩镇相继叛乱，社会不安，遂生退意，于唐元和六年（公元 811 年）"沿剡水，跨天台，历东瓯来到库村"，"爱其山水之胜，风物之美，气候温和"而迁居于此。吴氏开基祖吴畦，山阴人，唐咸通元年（公元 860 年）进士，谏议大夫，因奸佞当道而告老还乡，旋即浙东节度使董昌叛乱称帝，聘他出山并委以重任，他予以拒绝并于唐乾宁三年（公元 896 年）率家人来此隐居。包、吴二氏首到之处位于库村西边三里许的卓家庄（今天的后坪村）。传说他们晚上迷糊中会听到钟鼓声，有一天一位僧人告诉他们此地是佛地，非俗人可居。于是，吴氏于公元 898 年率先搬离，迁到库村开基创业，初名叫常德里。包氏一族也逐渐搬离卓家庄，部分人迁到常德里。吴、包二姓还共同举资在卓家庄造了广度寺，作为共同祠堂分列共祀。常德里这个村名因有天然的"宝库"地形特征，于宋代改名为库村，但二姓没有混居，而是各据一片，所以一片叫吴宅，另一片叫包宅。

包氏、吴氏是早期迁入泰顺的十八大姓，都是官宦世家，这两位同乡人都是在唐朝中后期国家处于分裂危亡之际，为了祖国的统一，毅然离乡，将国家一统精神和礼乐教化的种子带到泰顺，都以"达则兼济天下，穷则独善其身"为标尺，世世代代相传，逐渐繁衍成望族，分居于泰顺一带。包氏的一支后来落户到泗溪镇，创建有闻名遐迩的泗溪姐妹木拱桥等；而外迁的包氏宗祠以其独特的明代建筑风格和"不践清土"的高风亮节被世人称道。该祠享堂里的祖宗牌位严格遵守周礼昭穆之制，祠门构架中的逐跳偷心栱和昂等，为世人保存着宋代木构信息。吴畦的弟弟迁到丽水地区，后裔成为种植香菇的创始人，闻名于天下。

泰顺及附近几县交界处吴姓多出自吴畦一族。其中吴畦五世孙吴承褚从库村迁居筱村镇柏树底，越几世后，承褚后裔十二世孙吴莱于宋端平三年（公元1236年）析居徐岙底，该吴姓村和库村一样文风兴盛，"或登科第，或入明经，或食廪饩，或列宫墙、蔚然迭起"。徐岙底为规模较大的传统村落，较有名的古屋有门前厝、举人府、文元院和顶头厝等，其中顶头厝是泰顺现存最早的民居之一。

宋代是库村发展建设的高峰期。其中吴氏吴宅有23人科举及第，进士不下10人。这得益于侯林书院、中村书院、石境书院等闻名全县的四个书院。古代保留下来的清阴井、清阴亭等，至今仍为村民室外重要洗涤、休闲空间。今天看到的吴宅风貌基本上是明清时形成的，但还能体察到晚唐以来的规划思想。清雍正《吴氏宗谱》、《库村村落图谱》和现状库村吴宅对照相差无几。而包宅前尚有一条兴盛于清末民国初年的百年老街，一度成为这一带的古驿道和集市贸易重地。

2. 聚落形态

吴氏家谱描写其环境："宅前案山如堆谷山，宅西日钱仓，宅东有寻铜坑，村头有锦乡谷，村尾有石箱岩。"这些山名是根据山的形象而取的，村庄位于这些山包围的小盆地上，故此因形取名为库村。

毛石墙屋

另一说是这些山峦中有七条小溪汇入村前的小溪（库溪），但是人们只能看到溪水向盆地流来，却看不到是怎么流出去的，小盆地是个聚宝盆，库村的名字也因此而得。这两个说法都说明村人强烈的祺祥心理，故此村落选址布局都以此为指导思想，聚落的最初形态是属自然崇拜阶段，把思想附加在自然景观上的形态。村落布局特征是吴宅和包宅都背山面溪，沿溪开发，一个在东，一个在西，在视觉上都位于区域空间上的安全格局位置。各自有方整的路网，大致均匀地划出若干地块，沟渠沿主要巷弄遍布全宅，村中有一条主要的街道把两宅串起来，以一个叫"世英门"的石门楼为界。人们站在这条主要街道上可以看到两头很远的山景，沿路景致可将你的视线引入两姓的主要公共建筑和主要大屋，其中吴氏的始祖坟和宗祠在东头，包氏的宗祠在西头。整个村的建筑布局是连续的，却是双中心村落：吴祠是礼仪中心，内有戏台；包宅的中心是50米长的商业小街和宗祠、宗祠广场。

从村落和环境的关系看，环境为底（背景），村落为图，且在盆地靠中的位置，在审美上有动势向心作用。四周山形及其与财富相关的山名有精神暗示作用。这样的几何空间通过文化转换会对村落形态产生影响。在世俗欲望的驱动下，吴、包两姓各据一方，在宗族文化格局下以宗祠为中心展开了对世俗财富的争夺、竞争。吴氏以毓育文贤为特点，包氏则以崇儒经商见长。包宅终在清末民初迎来了挤挤攘攘的百年商业小街繁荣，使得村前一带曾挂满了宝龄堂、包泰号、南北街杂货等中药铺、百货、布店等店招，在这种形势下，村落又出现沿溪向两边延伸的态势。

3. 村貌和建筑特色

（1）村貌特色

或许可以用"蛮石多，建筑门类多，木板墙多，檐角山尖多"等语句来形容库村的风貌特色。几乎所有街道巷弄、住宅墙裙、院墙都是用卵石或毛石砌成的，水渠壁亦多用卵石砌筑，有几座重要大屋亦通体被大基座的围墙、墙裙围着。走进村落总体感觉房屋由二部分组成——下部石头，上部木头（木板墙），很少看到连片的砖墙。满眼卵石底座，大片大片的坡屋和背景山坡，加上木板墙屋身、门楼等，古朴厚重、粗犷体量的院墙参差连接，院落里与农业、溪涧有关的生活痕迹一气呵成，使人感到这是一个石头世界。但它和一般的石头村不同，一般的石头村多是耕农村落，村小、屋小、石头碎乱，有一种干枯的感觉；而这里有很多合院式大屋，都是通体卵石墙，砌筑较为细腻，卵石是光滑多彩的，是得水分的，给人水石同踪的联想。库村常见的石墙做法有乱石墙、人字墙、渐变墙、突变墙四种。

库村道路的铺筑方法很考究，中间用大块平整的卵石，两边用较小的卵石镶边。其中贯通吴宅、包宅的村中心路是由两排较大的卵石并排铺就的，村人称作"双心路"。据说是古代吴氏两兄弟回家省亲时，哥哥总要让官比自己大的弟弟在前，弟弟却以年龄推却，乡亲们便筑了双心路，让他们并肩而行。

库村的建筑门类齐全，以吴宅为例，历史上曾有土地祠、社庙、追远庵、桃源庵、岚壁堂、节轩、清阴亭、野趣亭、半村堂、马仙宫、夫人宫、东园殿、西宅殿，还有4所书院和不少私塾、义塾，其中建于南宋庆元年间的候林书院是泰顺县最早的书院，名动一时。一个僻远的小山村，礼仪建筑、崇祀建筑、文教建筑这么齐全，这是由文化世家建起村落的一大特色。今天虽然大多公建已毁，但遗址遗迹犹在，它可以作为一种历史景观、文化空间丰富后人的精神生活。

（2）建筑特色

今存大屋10幢，多在包宅，过世英门后依次有："食德堂"（又名外翰第）、"恒德堂"、"桂德堂"、"树德堂"、"衣德堂"等。这些堂号是家族支派的代称，透过这些堂号，可窥见村落以"德"立家的高尚格调。就外貌而言，原生型木构架，轻盈透薄的大屋顶，众多的大挑檐是浙南乡土建筑的

三合院

石墙、石路

某大四合院

图8-12　泰顺库村是唐代二位士人在国家处于分裂危亡之际，毅然离乡隐居，怀着"达则兼济天下，穷则独善其身"品质建立起来的古村落，尤重礼乐教化，至今还能体察到晚唐以来的建村思想。

一大特色。泰顺县民居还有一个特色，喜欢在檐角作出山尖，有的山尖做得很夸张，看上去像个"亭子"。库村村口有一幢临溪三层通体木构小屋，屋面、楼层正面挑檐和山墙面腰檐相交处、底层廊檐正面和山面挑檐相交处均做出山尖。正立面就有六个山尖，加上侧立面两个山尖共有八个山尖，十片坡顶，溪水满时还有八个倒影。村里还有几幢通体木构合院式大屋（如夏宅某屋），与邻村浦口村的某宅，都做出众多大挑檐和山尖，一幢幢房子就像一棵阔叶树，枝叶扶苏，参差动人。

库村小住宅以一字形及其变种为主，大屋以三合院、四合院为多。多进庭院式大屋除具有其他地方民居所具有的平面方正、正屋厢房开间多、庭院大等特点外，还有三个特色：一是喜欢在大院落厢房前用漏墙围出一个窄长小院，院中有院，而且用砖雕漏墙相隔，整个庭院顿生园林气氛。二是厅堂上面也设楼层，厅堂空间尺度比较宜人。浙中浙西一些大屋中明间多做敞厅，以求厅堂气魄，而这里用壁板将厅堂隔成前后二部分，厅堂层高虽然不高，前后都打开了，反感到很亲切。三是一般大屋多设檐廊，沿庭院四周布置，有很多民居的两厢都设前后廊，这样不仅增加了堆放杂物、方便雨天绕行的空间，还增加了建筑的外貌变化。

泰顺民居还喜欢采用长短坡，正面屋面坡短，后面长。这样做既省料，又保证了正面的高度和采光量，造成了不对称构图的山面，以及不对称的穿斗式边缝梁架，增加了山墙面的空间层次和形式变化，梁架承重力的传递又表现得轻松自如（图8-12）。

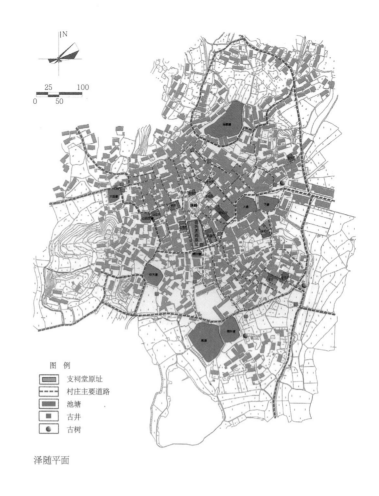

图　例

▨ 支祠堂原址

--- 村庄主要道路

▨ 池塘

■ 古井

◑ 古树

泽随平面

泽随、乌石是徐偃王后代集聚地。

1. 姑蔑国和徐偃王：最早举族南下浙江的二个族群

　　一般都说，永嘉南渡、唐中后期、宋室南渡三次中原人口南迁，孕化出汉民族南方民系；实际上，早在公元前1100年，就有一支炎黄子孙——姑蔑族举族南下，迁徙到今浙江龙游一带定居。姑蔑族原来是商的一个分封国，系商王武丁妃子妇好的后裔，生活在山东泗水一带，商朝行将灭亡之际，辗转南迁到今江苏邳州市和浙江龙游。名随人移，他们把三合一的族名、地名、国名也带来了，在龙游建立了姑蔑国。西周初期，周武王归天，他的弟弟周公旦辅政期间，中国历史上发生了一件波及姑蔑国的重大事件。商纣王的儿子武庚禄文参与管叔、蔡叔叛乱（史称三监作乱），被周公打败，逃到姑蔑国，被姑蔑人保护、藏纳起来。武庚也不敢用原姓，而采用了商王喜欢用天干地支为姓的"乙"姓。虞、齐、鲁、乙四族是龙游最古老的姓，产生于先秦，到了清代乾隆嘉庆年间逐渐衰落，而乙姓竟绝。相传古时正月初一龙游人出门，遇乙姓之灯，来年必诸事遂意，民间称为"神灯"。这是龙游人对商文化敬崇与怀念的表现。

姑蔑族是最早迁居浙江的北方人，为龙游带来了先进的文化和农耕技术。如"龙游乌猪"是猪的一个优良品种，相传是姑蔑族从北方带来的。

中原人举族南下的另一支队伍是徐偃王为首的徐国人。徐国原来也是山东泗水一带的一个强国，是姑蔑国的邻居。西周初年周穆王时（公元前876年），受周人的不断征伐、挤压，徐偃王为了百姓安宁，弃国远走他乡，国人举族跟随南下，或从海上或沿江河逃到浙江舟山、绍兴、台州、温州、杭州、龙游一带。其中，龙游是南下徐人的主要聚居地，和比他们早400年来到这儿的邻居——姑蔑族人共建姑蔑国。徐国的另一支初迁汉东，再迁淮泗，春秋时继续建立徐国，后又为楚人伐败，最后被吴国伐灭，其中一部分遗民又一次南下，迁到江西和龙游一带。

史书记载，汉阳朔二年（公元前23年）徐偃王38世孙、江夏太守徐元泊为避王莽之乱，也迁居到太末县城南泊鲁鲤村，即灵山。

徐族的远祖可以追溯到黄帝。黄帝娶西陵女嫘祖为正妃，生二子玄器、昌意。昌意子高阳继黄帝任，是为颛顼。颛顼裔孙生大业，大业子伯益，为禹的丞相。禹崩，以天下授益，益让位于禹之子启，而避居箕山之阳。益长子大廉，受封于秦。益次子若木，受封于徐，世有大功，若木子孙以封国为姓（今江苏徐州北境一带）。

徐姓是龙游最古、最大的姓，也是衢州及附近各县及浙江沿海各县的大姓，甚至连福建、江西也有很多徐姓。泰顺有部分徐氏的家谱，徐氏是唐宋时期辗转来泰顺落户的大姓之一。浙江许多地方志中记有不少徐偃王的遗迹。灵山是中国南方徐文化的中心，现存于灵山徐偃王庙里的唐代韩愈《徐偃王庙碑》澄清了这个史实。龙游灵山徐姓经过2000余年的繁衍，到20世纪80年代时已发展至64代，5000余人。徐偃王庙建于西汉末年，传说十分灵验，"灵山"因此得名。南宋，民祭达到高潮，直到民国初年，每年农历正月二十徐偃王诞辰日，全县大小官员集体祭拜，各县、乡都有人来，近年达到新的高潮。徐偃王南迁，是中国历史上一大事件，他的舍身爱民品格为万世所敬仰，其仁爱、孝义思想更被学者认作儒学之渊源。

龙游泽随

乌石村书香奕世

2. 徐偃王后裔的两个单姓村落

（1）泽随村

泽随村位于龙游县西北，靠近衢州。始迁祖徐文宁，于元大德甲子年（公元1294年）从西安（今衢州市）峡口后山村迁来，至今720余年。用地7km²，辖5个自然村，1000余户、3100多人，为国家级传统村落，今存古建159幢（其中明代住宅占20%，有明代楼上厅3幢）。历史上，村内池塘、古井密布，有"七塘九井十三厅和村邑十景"之说。民居风格介于浙西、徽州民居风格之间，喜用八字墙门，天井比徽州民居大，多五间两厢三合式，天井一圈梁架风格接近于常山、开化、淳安一带，明间多用架子式骑门梁，牛腿扁平古拙。门楣上多有字匾，如"德泽流芳"、"桂秀兰芳"、"玉蕴山辉"、"紫阁祥云"、

"世居怀德"、"威风祥麟"等。

（2）乌石村

乌石村位于寿昌镇大慈岩附近，是建德市徐姓主要聚居地，现有322户，1000余人，始迁祖徐绍（为唐代神龙年间山河节度使徐富之子），于唐开元年间从兰溪西乡古塘迁来。原村名"乌冈村"，为传承数块奇异巨石的美丽传说，改名为乌石村。乌石村素有"七星八景"之称，村东有"慈岩捧日"巨大奇石，按其形状取名"金果盒"、"伏狮头"，民间有许多有关奇石的传说，村南有笔架山相对。西面"顺岭关风"为村口，北有旺宅山为靠。今存50多幢明清古宅，"紫微第"、"方伯第"、"书香奕世"已有800多年历史。其中，紫微第为徐氏大宗祠，四进三开间二天井，五凤式门楼，梁架高耸粗硕，字匾琳琅，

乌石村宗祠戏台

风格接近永康一带祠堂。方伯第为五间两厢石库门三合院，"书香奕世"门楼高大，施唐代风格之斗栱，额枋补间斗栱实保存着汉唐补间铺作的精神。一般民居风格和泽随村相同。

该村建村 1200 年来，人才辈出，历史上出七品以上仕官 30 多名。其中，明成化二年（公元 1466 年），出进士徐敬夫，授中书舍人，升山西布政使，1492 年告病还乡，逝世后明孝宗赐进士牌楼，立于村口。之后，又出徐节、徐升二位进士（图 8-13）。

3. 从泽随村、乌石村看徐氏古村落的特色

（1）姑蔑文化特色

有些源头的东西，会像基因一般遗传，最初的生活图式和构建技术框定了该族群村邑后来的历史走向。因此，我们先来看看有关徐偃王的传说及姑蔑文化的特色。

姑蔑人居鲁时，生息于泗水边上，南下龙游后，不在主流衢江旁，而多在南乡众山的溪涧小水边。所以，近小水而居，水行而山处，与山水为邻，是姑蔑族群居住文化的第一个特点。

龙游南乡——姑蔑人的集居地，自古至今一直流传着一种带有浓重中原战神文化特色的风俗——舞貔貅，而在越文化中，未见有这种风俗。貔貅，是一种颇具神威而又通人性、扬善除恶的猛兽。传说是姑蔑战神，这一风俗，反映出姑蔑人崇勇尊古的特色。

《博物志》引《徐偃王志》：徐君宫人生一卵胎，心疑怪异，弃于水沟，飘出野外，被"鹄苍"（犬名）从水滨衔回。养大后召回王室，继承王位。《史记·秦

本纪·集解》引《尸子》曰："徐偃王有筋而无骨"。《山海经·南山一经》引《尸子》："徐偃王没深而得怪鱼，入深山而得怪兽者多列于庭。"《荀子·非相篇》："徐偃王之状，且可瞻马。"看来，徐偃王和皋陶、伊尹、禹、汤、舜、尧一样，拟是非性而孕，天赋异禀，是个爱民如子的"仁义"之人，也是有一技之长的英雄人物。徐国本来也是一个强国，被周穆王征伐，"不忍斗其民"而弃国南下。百姓随从，万有余家。还有茅、杨、蔡、卫等诸侯伴随护送到龙游。古时民间有茅令公塑像，每逢夏季割稻之前，都要抬茅令公像巡视农田，以其佑护。史书记载，徐氏后裔还擅长"凿石为室"：偃王死，凿石为室，以祠偃王。

综上，姑蔑文化的特色可归纳为：一、仁义、隆礼、崇古；二、亲水、爱石；三、擅长石室。

（2）徐氏村落特色

整体上讲，姑蔑和徐氏两个族群从周初南下到吴越归汉，早已成为吴越文化的组成部分，经三次人口大迁徙融入华夏文化，接受了完备于周朝的汉文化典章制度。但细分析，在他们的村邑建设中上述三个文化特色还是隐约可见的。

如乌石村，从村名的更改，到选址布局，始终环绕"山石"这个主题，从残存的一些建筑壁画看，内容都是宣扬仁义精神的。近年新置的二幅水墨长卷，一幅是乌冈八景，一幅是忠孝礼义，勤学仁德，充满仁义隆礼和亲水、敬石精神。

泽随村以石头山"珠峰"为中心，采用同心圆式布局图式。在东西宽约400米、南北深约600米的用地上，几乎均匀地开凿了十二个池塘，村内的主要环路两边全部用卵石，当中用长约100cm、宽约60cm、厚10cm的红褚色石板铺作，这在他地十分少见，这是徐偃王亲水爱石精神和石室技术的继承。村落室外公共活动中心上下塘，虽然是近年整治的，但其块石驳岸、鹅卵石地面和环塘一圈斑驳旧痕的粉墙黛瓦浑然一体，举手间都流露出徐氏后人的石作技艺。

笔者注意到始迁祖徐文宁占卜相村的一个细节：一天他凭借捕猎之兴，返家途中走到泽随一座无名小山头上，他的爱犬不停地摇着尾巴，卧地不肯走，文宁预感到这是神狗显灵了，于是他环视四周，相阴阳，环流泉，脚下的小山如珠，北面的

浙江徐氏祖宗画像

徐偃王像

大乘山为靠背，貌屏山似一头威武的雄狮守护着这粒珍珠，东边和西边绿原当属粮仓，东西边各有一条溪流缓缓注入绿原，……一幅美好的图景顿生心间，于是决意迁居于此，并命此小山为珠峰，占卜得卦泽雷随，于是定村名为"泽随"。用现代眼光看，泽随始迁祖的这种行为似乎有点老朽，但他作为徐氏居住文化的一个传承人，其亲水、爱石精神跃然纸上。

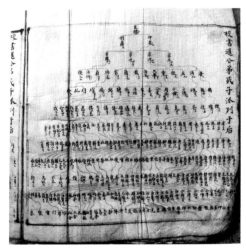

岭北乌石《徐氏家谱》

浙江徐氏宗谱流源

图 8-13　泽随、乌石是商代分封国徐偃王后代集居地，徐偃王是"仁义"之君，后人擅长"凿石"为室，这二村以石文化为特色。

桥、廊

西塘为吴根越角人家，军事重镇，商业兴镇。

1. 越角人家，军事重镇，商业兴镇

　　西塘镇地处江浙沪三省市交界处，春秋时是吴越国相争的交界地，有"吴根越角"之称。这里属于马家浜文化遗址区域，距今7000多年前，已经有人在此定居，开始种植水稻，是世界上迄今发现人工栽培水稻的最早区域，纺织、制砖瓦、制陶业也很早闻名。清咸丰至民国年间，干窑发展达到鼎盛，出产的砖瓦号称"金砖"，质量优、品种多，为苏、杭、京等地官府豪宅乃至皇宫争相选购。西塘还是我国古代"瓦当"的重要出产地，今有私家办的"瓦当博物馆"，藏有古代各种瓦当（并古砖）3000多件。

　　《说文解字》说，镇，为"博压也"，有镇压、镇服之意。江南六镇（西塘、乌镇、南浔、周庄、同里、角直）是春秋战国时期战略要地，吴越两国经常在西塘一带交战，设镇驻兵戍守，争雄称霸。所以军事是西塘镇（包括乌镇、南浔镇）形成的主要原因，吴国曾在西塘北10公里的汾湖屯兵扎寨，

水街、水巷

大夫伍子胥开凿了河道（胥塘），以军事带水利、水运。西晋时在南浔设镇，六朝时期建制重兵戍守，唐朝在南浔设节度使，五代为南唐和吴越接壤之地，钱镠重兵把守。南宋淳祐十六年（公元 1250 年）南浔正式设镇，元代南浔两次筑城墙，元末张士诚占据南浔时再一次加固城楼城墙。西塘军事位置虽没有南浔重要，但同为京杭大运河南端要冲，同样因军事而生成和发展壮大。继春秋吴越在此屯兵之后，东晋初年高史君在此驻兵屯耕，唐代，汾湖成为了军人的风景游览疗养区。宋初削藩镇兵权，开始由军事重镇向商业市镇嬗变。

2. 西塘镇的宗族意象

我国古代人际关系有三缘：血缘、地（域）缘、职缘。西塘镇的军事、交通、商业性质，致使地缘、职缘超过了血缘。和以农业耕作为生活生产方式的村落比较，宗族意象有两个特点：一是宗族文化中的尊祖意识，先贤、先圣、地域神祇胜过祖宗；二是在村屋结构上，社神、寺庙胜过宗祠。

到西塘游览过几次，原汁原味的百米廊棚、石皮弄、明清古建礼耕堂、种福堂、尊闻堂、薛宅、西园、承庆堂等，给人很深的印象。公共建筑方面，似乎没有看到宗祠，地域性的先圣祠庙则比一般地方多且突出，主要有七老爷庙（亦称护国随粮王庙）、圣堂、东岳庙、药师庵等。这些寺院庵观，是市民主要的户外文化生活场所，也是游客去得最多的地方。它们多位于镇东头烧香港游线上，原有东岳庙、福源宫、武庙、圣堂等。如今，那些寺庙多已作古，只留下圣堂，庙里祭祀的是武圣关羽。据史料记载，圣堂原是祭祀明朝巡按庞尚鹏的祠院，原名"庞公祠"，后改为静觉庵，清代重修，在祠内增塑了关羽像。自古以来西塘人就有逛庙会的习俗，大年初一，人们争先恐后赶到圣堂烧"头香"，每年正月初一至元宵节，烧香港街商贩云集，货摊遍地。凡遇到镇上流行瘟疫灾害，人们就抬出关羽像巡游四方，驱逐疫鬼，保佑平安。

"七老爷出巡"是西塘人另一个民间崇拜活动。明朝崇祯年间，嘉善一带遭受严重旱灾，庄稼颗粒无收，出现饿殍遍地、饥民哀号的悲惨景象。运送皇粮的船队路过西塘，督运官金某（排行第七）不禁动了恻隐之心，把所押运的皇粮全部施舍给西塘人民，而自己跳水身亡以谢罪于国。西塘百姓为了纪念这位不惜性命拯救黎民的清官，自发集资为他盖庙，称"七老爷庙"。后来朝廷查清此事，追封他为"利济侯"，到了清康熙年间又加封"护国随粮王"称号。每年七老爷的生辰之日，西塘人都要举行七老爷庙会和出会巡游，各地还设社祭祀，彻夜赛会，一直持续到次日中午，直到全部走完全镇设立的24个社棚，才返回庙里，待神像归位，庙前戏台鼓乐齐鸣，开场演戏。

东岳庙，是纪念宋代迁来的唐氏兄弟介福、介寿的祠庙，祀八蜡，又名"八蜡祠"。唐氏兄弟是京城望族，在西塘建园苑别墅，后来他们舍宅为寺，形成市廛，是西塘性质由军事型走向商贸经济型的开创性人物。

另外，还有药师庵，是纪念为西塘人民消灾治病延寿的先祖。

3. 文人结社，群居切磋景观

"社"的原意是同一个地方的人们，集中起来祭祀本地神灵的一种宗教性仪式。这里所说的本地神灵是指土地神，它是没有具体形象的，而是人们在固定的时间内用一定的仪式在一定的场所里进行祭祀。由于人的意识作用，祭品、祭器和祭礼都形成了有神灵的东西了，于是这个祭祀场所（可以是祭坛、一幢小房子、一棵大树等）成了社神。祭祀的时间有春天或秋天，则有"春社"、"秋社"之称。以后逐渐演变为地域性的人群集合，如"州社"、"村社"、"乡社"、"里社"等；元代则成为国家管理基层社会的一个单位。到17世纪，在江南又发展成以身份、职业为范围的社协和组织——文人社团，参加社团活动的成员，主要是各类文人、

桥、巷

百米廊棚

图 8-14　西塘是春秋吴越时的军事要地，史称越角人家，由于他的军事、交通、商业性质，致使地缘、职缘超过血缘。寺观庵庙庙胜过宗祠，河网廊棚是村镇风貌特色，是商贩云集之地，也是近代文人社团集中之地，宗族意识较早化作社团活动。

学者、乡绅、生员，也有不少担任文职的政府官员。和宗族生活相对应，社群成为江南知识分子最重要的生活内容和江南社会生活中的一大景观。

江南文人社团形成的政治原因之一，可以归结到明朝的"两京制度"。那些由北京调往南京的朝中的反对派、失意官员不断地集结后，使南北政治力量出现了两个经常对立的中心。社会原因是江南地区社会流动性大，家族文化转换成经商传统，商品经济发达，大家族（宗族）小家庭化，而且家庭格局以小家庭为主，加上居住模式市镇化，生产方式近现代化，导致知识分子思想自由化、个性开放，并且形成文人聚集、群居切磋现象。类似于近现代的文人沙龙生活方式，有的发展成民间文人社团，文有文社，诗有诗社等，起着从事

吟咏提倡风雅、提高文化等作用，也有具有政治倾向的社团。

自古以来，西塘民丰物阜，市井辐辏，人文荟萃，名人辈出，又有不少古街深宅、园林别业，为文人聚会、结社提供了优美的场所。其中，建于明万历年间的西园，园内有延绿草蕰堂、养仙居、稻香园、秋水山房、墨家轩等小品建筑，并散布着小山醉雪、曲槛回风、盆沼游鱼、古树啼禽、疏帘花影、中堂皓月、西园晚翠、邻圃来青等八处景点。

清末民初，吴江著名诗人柳亚子发起组织了反清文人社团——南社，他在西塘发展社员 18 人，西园是南社经常活动的场所。西塘籍南社社员中，有十余人又追随孙中山加入同盟会，成为辛亥革命的重要历史人物（图 8-14）。

十五、江山大陈村、南坞村、张村村

江山先锋村黄氏宗祠

尽孝敬而求观瞻的宗祠文化是江山大陈村、南坞村、张村的最大特色。

1. 地理环境和文化背景

江山市地处浙闽赣三省交界，地貌总体呈西北低、东南高的半封闭盆地状。贯穿境内的江山港和仙霞古道，是联系钱塘江和闽江的最短路线，历史上起着从京都通往海上门户和军事要道双重作用。这样的地理环境和人文背景，造就了江山人崇文尚武、讲义气、尽孝敬的性格，历史上发生过不少重大事件，共出过 400 多位进士。

这一带又是宋明朱子理学交流、传播最活跃的地区之一，理学思想实践的重要载体——宗祠的建设特别活跃和受重视。清初，先有福建南明武隆小朝廷，后有耿精忠之乱，继而又受太平天国兵灾，江山很多大屋和宗祠毁于战火，留存至今的宗祠虽已不多，但座座气势宏伟，建筑木雕精美，尤其是门楼和戏台藻井技艺堪称一绝。

江山宗祠基本形制：一般为前后三进，依次为门厅、祭堂、

江山二十八都寺庙

神寝。早期宗祠门厅前多设砖石门坊，院墙围合。后期门厅开敞式为多，面阔多五开间以上，局部有楼层，两侧马头山墙，前廊设轩顶，明、次间廊上置歇山顶木牌楼，明间门后多为戏台，戏台大多在门厅内，少数凸出，歇山顶，有藻井。大陈村、南坞村、张村的几个宗祠是现存江山祠堂的典型代表。

2. 大陈村汪氏宗祠

大陈村是汪氏单姓村，先祖可追溯到黄帝之后元嚣之苗裔，周武王弟周公旦之子，鲁公伯禽之后，至鲁成公黑肱次子汪封颍川侯，食邑平阳（今山东邹县境），子孙以祖名汪为氏，遂为得姓之源。历秦逾汉凡31传，东汉献帝建安二年（公元197年），值中原大乱，龙骧将军汪文和（晋淮安侯汪旭4世祖）被封为会稽令，因官渡江举家迁到江南，遂为江南汪氏始祖。嗣后"靡不簪缨"。东晋成帝时，汪文和的4世孙、护军司马汪旭，司丹阳太守，封淮安侯，食邑三千户，其后，支叶相承。至隋末唐初，文和13世孙汪华因保歙、宣、杭、婺、睦、饶六州功绩卓著封王爵。传至宋代，吏部尚书、赐进士、集贤殿学士汪氏59世祖汪韶，从婺源大坂村迁到常山半坑村（今芳村镇半坑村），是为汪氏三衢始祖。73世汪文洪，由常山半坑迁金川门石桥头，其长子汪普贤晚年游江邑大陈，爱其山水形胜，遂于明永乐初年迁居焉，是为汪氏大陈始迁祖。

汪氏大宗祠建于清康熙五十三年（公元1714年），清同治五年（公元1866年）重建，占地1500平方米，通面宽22米，通进深50米，三进二天井，一进一进逐渐抬高，空间序列为：门厅、中厅、寝堂，左右连以厢房和楼房。

南坞里祠

　　门厅为五间五凤楼式重檐楼屋，牛腿、额枋等部件雕刻细腻华丽，美轮美奂，犹如琼楼玉宇屹立村头。进门厅后是戏台，设彩绘藻井，颜色鲜艳夺目。戏台两边有厢楼三间，明间用歇山顶挑角，护栏用回纹线条和花心装饰。戏台隔天井对面为中厅，面阔五间，明间外有重檐门楼，内部梁架粗壮，其中明、次间为抬梁式，五架梁对前后双步梁，梢间为穿斗抬梁混合式。明间内额高悬"萃文馨德"匾，内檐装修精美华丽。寝堂五间，两旁各有厢房三间，分别是报功祠和崇德堂，陈列祖先遗像。寝堂结构颇具特色，三架梁、五架梁用直梁出柱头。前廊天花绘制花鸟人物，下置横匾"须水名宗"。宗祠北面有两进三开间文昌阁一座，建筑年代略迟于宗祠，风格与宗祠相似。

　　汪氏宗祠将徽派、闽派、赣派建筑精华融入到浙派建筑中，颇有地方特色。该宗祠选址于村口，相当于水口位置，又和文昌阁结合，具有"社庙"、宗祠建筑布置双重特点，宗祠本身布局合理，造型生动，结构精练，装饰细腻精美。宗祠、村邑呈现前有朝山，后有主山，左青龙、右白虎的风水格局，跟前又有广阔的广场，还有水流穿过，小桥卧波，无论远眺、近看都非常动人。中国古建筑审美的"百尺为形，千尺为势"，"势居乎粗（体量大），形在乎细（雕工精）"，在此得到充分体现。此外，汪氏宗族历来重祀崇教，除集会、祭祖、赏罚功能外，还首创了"萃文会"（类似于现在的教育基金），在宗祠内办学培育后代。包括萃文私塾（又称环山会馆）、私立大陈萃文初等小学堂（1909年创办）、私立萃文中学（1942年创办）、江山初级师范学校（1951年创办）以及大陈中学等。

南坞里祠

汪氏后裔在这片土地上经过近600年的苦心经营，创建了一个具有"徽派古建村落文化、汪氏徽宗衍脉文化、崇教重学儒家文化、春祈秋报民俗文化"等独具特色的古村落。

大陈汪氏宗祠的一个显著特点是宗祠、牌坊合一的门楼，吸收了牌坊的造型，深究其中原因，当归结为是宅随族移、第其房望的结果。欲认识这个问题，还得从汪华谈起。

汪华是徽州、浙江一带汪氏的始祖，越国公祠是国家特许建造的。他出生于长安，死后谥号"忠烈王"，归葬歙县，乡人为之立祠崇祀，后称越国公汪王神，俗称"汪公大帝"。就是说，他已从一个家族的祖宗变成了地方百姓的先圣（地方神），该一州六县的众多社屋以及民间祭祀（春秋祷赛活动），几乎都是汪公父子的像。宗祠一般都建在村落的核心部位，社屋一般建于村落的边缘尤其是水口处。古代"社则有屋，宗则有祠"，祠表示一姓一族的存在，而社则凸现了一个家族所在地的存在，两者分别承担了血缘和地缘关系的文化载体。传说汪华在休宁县万安镇古城岩上驻过兵，建过六州军马府，后人在此建吴王宫（又名汪华宫）纪念之。明、清以来，朝廷鼓励为贞烈之士或功勋之人筑坊立牌以示表彰，歙县郑村建有忠烈祠石坊（明）纪念之。忠烈祠石坊由三个牌坊组成，中间一个四柱五楼，两边为二柱三楼。一般说，不同地域祠堂门面多依照当地民居的样子，而苏浙皖与闽赣地区受纪念牌坊的影响，民间以获朝廷敕造牌坊为荣，祠堂的大门喜欢采用牌坊式样，将祠堂和牌坊合为一体。大陈汪氏宗祠门楼就是一个典型实例。

大陈汪氏宗祠

3. 南坞村内祠、外祠

南坞村杨氏原本姓"姬"，春秋战国时期，周武王姬发的一位后人封于晋地（今山西洪洞县），采食于"杨国"，后代以国为姓。相传华夏第一个姓杨的人是"杨杼"，26世杨震为东汉安帝太尉，杨震的儿子杨秉、孙子杨赐、曾孙杨彪也是太尉，整个家族"四世三公"，是当时的"东京巨族"。南宋端平二年（公元1235年）70世河南监察御史尹中公，见南坞山林秀丽，经占卜认为南峰挺秀以荫子孙、成巨族，便从江西省玉山县杨秀坞迁来，至今约有800年历史，先后走出了25名进士、举人、解元、贡生。

南坞现存杨氏内外祠，内祠堂前凿有八卦井。

杨氏内祠建于元代，明万历四十八年（公元1620年）重建。三进三开间四天井，一、二进之间为工字厅，牌楼式砖雕门楼，四柱五楼，门楼三层叠涩出挑，正、背两面青砖雕刻细腻，以人物故事为主。门楣有朱熹墨书"理学名宗"，门楼前置有八个石质旗杆墩，供族人获取功名时庆典之用。

内祠前小广场于宋代凿有"八角井"一口，又称"八卦井"。井口围栏用八块石板集接于八根青石立柱，柱头镌仰覆莲花，立柱上刻有历代掘井、疏井时间。

杨氏外祠又称大宗祠，始建于嘉靖年间（公元1530年），位于村口，坐东朝西，占地约2000平方米。门楼糅合徽派门楼风格，为四柱三层重檐歇山顶，檐角翘起，檐下施象鼻昂头栱，横梁额枋、牛腿、雀替木雕双龙戏珠、仙鹤凤凰、狮子麒麟等瑞兽图案，雕工精湛，气势雄伟。

外祠的前堂是戏台，八角藻井里六攒斗栱，层层迭出，顶板彩绘历史人物故事，檐柱牛腿镂雕双狮滚球、鲤鱼跳龙门。天井沿设回廊，廊顶藻井，四周檐角斗栱互相对峙，藻井内彩绘人物鲜活。

第二进明堂三开间，抬梁架，柱径达60厘米，柱础石雕花鸟图。

北宋二程（程颢、程颐）是理学的创立人，杨时是二程理学的南传子弟，经罗从彦、李侗的传承，到南宋朱熹光大。南坞人视杨时为祖先，恪守理学，在内外祠上均有表现。《南峰杨氏宗谱》中有"要重一分人品，轻一分财利；轻一分财利，须省一分用度；用度节则淡然无求，而人品可重矣。要做一分事业，须任一分劳苦，

南坞外祠

须养一分精神；精神足则毅然有为，而事业可做矣"的家训。

传说"三月三"是伏羲、女娲交合造人的日子，南坞杨氏始迁祖尹中公的出生日也适逢农历三月三。所以，南坞村三月三祭祀活动特别隆重、热闹。

在南坞村内，我们还看到了王氏、管氏、毛氏节孝石牌坊遗迹和图纸，四柱三门五楼或四柱三门三楼，印证了祠堂门厅宗祠牌坊合一做法。

4. 张村乡先锋村黄氏宗祠，秀峰村周氏宗祠

江山张村为乡政府（张村乡）所在地，由先锋、秀峰二个自然村组成。为多姓村，主要聚居周、黄两大姓，以及张、柴、陈、祝、叶、饶、余等姓。全村共有670多户，

2400余人，历史上涌现出文武进士8名，武状元1名，提督1名，总兵2名。村中有9座祠堂、12幢大厅大堂、50多幢古屋、10多家寺庙、6座古亭、2座贞节牌坊。

早在3500多年前，就有人在此耕息，因山坑溪滩长满茂密的黄荆树，初名黄荆滩。唐天佑三年（公元906年）张德名随父贸易江山秀峰（山名，明皇朱厚照游览此地御名独秀峰），乐其土俗，遂自草坪（今常山草坪）迁徙至此，并将村名改为张锋村，盖数典不忘其祖也。后来张氏逐渐迁至周边乡村。

周氏在江山为大姓，分五族，其中以五坦周氏为主，唐代衢州刺史周元善为浙江始祖。其第四子铭公居学坦，其后裔周仁则于南宋宝庆二年（公元1226年）时迁居外祖父居地秀峰，明嘉靖年间（公

南坞外祠藻井

元 1522-1566 年）建周氏大宗祠。清顺治十年毁于土寇，雍正年（公元 1723-1735 年）重新选址建祠，三进四庑五开间，堂与堂之间建有忠孝、节义、崇德、报功四祠，祠内有周氏四世明永乐年间古墓。后又经乾隆三十六年（公元 1771 年）、嘉庆五年（公元 1800 年）两次重修，同治元年（公元 1862 年）再毁于太平天国兵灾，同治二年（公元 1863 年）、光绪十一年（公元 1885 年）、光绪十六年（公元 1890 年）、民国二十五年（公元 1936 年）迭次重建扩建，前后历经 74 年，遂成今样。

周氏宗祠位于村中风水最好的地段，村落的制高点，站在祠前可俯瞰全村。宗祠坐北朝南，按地形高低，次第而建，背有北山（祖山），前有溪水穿过。祠前有门坊、圆沿门、照壁，步入大门后四个歇

山顶牌楼环天井而立，结构严谨气势昂扬，这是江山一带祠堂的又一特征。

张村乡先锋村黄氏宗祠：明朝永乐年间，始迁祖黄文填自遂昌坑西（今金溪）入赘秀峰周氏，自此定居发族。景泰年间（公元 1450 年）在张村坂中地段建黄氏宗祠，遭遇和周氏大宗祠相像，几经战争摧毁，经七十余年屡毁屡建。今存宗祠门楼为民国二十五年（公元 1936 年）修建，宽八柱七间，照壁（门坊）长 26.1 米，高 6 米，门楼照壁的宽度、高度堪称江山第一，尤其是富丽堂皇、美轮美奂的三重檐戗角门楼，各部件遍布人文历史题材深浅不同的浮雕，在浙西乃至全省宗祠中都是罕见的。宗祠门口有 4 个旗杆石，是因为黄氏出了两位大官——东提督黄大谋和潼关副将、宜昌总兵、乾隆庚子恩科武状元黄瑞，一幅是"状元及第"，一幅是"提

张村乡秀峰村大宗祠

图8-15 江山港和仙霞古道，是联系钱塘江、闽江出海的最短路线，历史上起着通往海上门户和军事要道双重作用，造就了江山人崇文尚武讲义气尽孝敬的性格，尤重宗祠建设，以宗祠、牌坊合一的门厅为特色，宗祠门楼木雕极其恢宏，有的则是步入大门后四个歇山顶牌楼环天井而立，起着尽孝敬而求观瞻的作用。

督军门"，每年冬至、春节时升旗。"黄氏宗祠"门匾下方的香樟木横梁上"九狮戏珠"镂空雕记载着秀峰的辉煌，两柱对联"金溪分派家声旧，秀峰聚族世泽长"，诉说着张村黄氏与遂昌金溪黄氏的渊源关系。

张村附近的凤里姜氏宗祠也是翘角重檐大门，一、二进间4个楼阁相对，五间三进十厢，第二进明间金柱柱径Φ800，檐柱为330×330方形石柱。

江山极俱观瞻性的宗祠还有凤林镇茅坂村徐氏大宗祠，是金衢两府中最大的宗祠，三条轴线，中轴线上五间四进（今存三进），两旁附房，祠内共有9个享堂、10个天井、11个五凤楼、72根石质方柱，宗祠前有泮池。

江山有"新塘边糕礼贤饼，官溪祠堂南坞井"民谣，说明宗祠在人们心目中像每天都要食用的粮食和水一样，一天都不可缺少。这是祭祀、隆礼和家族壮威之需要，一如汉高祖刘邦和萧何论治未央宫时萧何所述："以天下未定，故可因以就宫室。且夫天子以四海为家，非令壮丽，无以重威，无令后世有以加也。"祠堂的建造，其目的，首先是宗族精神意义上的，体现家族的威重与绵长；而在审美层面上是审美要求，是充实之美。充实则真力弥漫，积健为雄，一脉振起（图8-15）。

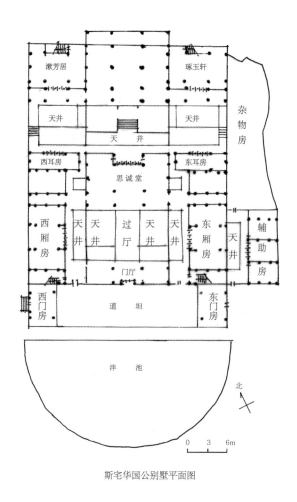

斯宅华国公别墅平面图

1. 孝义建村，经商致富

斯宅，字义为斯氏住宅，又用作村名、乡名。古称上林，位于诸暨东南部、东白山西麓。斯宅村和紧邻的螽斯畈村、上泉村皆为斯姓，称"三斯"。这三个村中，至今保存着 14 幢浙江最大之列的清代民居。

《百家姓》上并没有斯姓，他们的始祖叫史伟，三国时代东吴典狱长，因犯罪伏法，临刑前两个儿子要求以身替父的孝义精神感动了孙权，免死并赐改斯姓，徙居东阳后侣村。华国公别墅内的一条断损的楹联："代父叩君恩至信旽城倾动东吴殿陛"记载了这一史实。斯伟的后裔 21 世祖斯楚于唐开元寅辰（公元 740 年）又迁居梵德村，25 世祖斯德遂于唐末（公元 884 年）游学到上林宋家坞，招为宋氏女婿，是为上林三斯开宗始祖。繁衍至今 50 余世，历 1100 多年。

斯宅千柱屋大门

华国公别墅远景

门前畈台门内院

斯宅发祥居边门

门前畈台门梁架

传说始迁祖当年 21 岁，因口渴到宋家讨茶喝，宋家只有父女二人，女儿貌美，是哑巴，见客人上门突然开口说话，其父大惊，认为是贵人天象，遂招为女婿。这则佳话一直鼓励着斯氏后人，他们世代晴耕雨读，亦农亦商，乐于公益事业。如三世祖斯韶于唐同光年间举资建解空寺、清凉寺；二十四祖斯道于明嘉靖年捐造五指庵。他们尤重教育，五代十国时，就建上林书院，后来又在村中最好的位置松啸湾设私塾，造"笔锋书屋"。一应《语论》、《礼记正义序》"郁郁乎文哉三百三千，于斯为盛"，逐渐成为上林一带最兴旺昌盛的家族。到清朝乾隆道光年间，以斯元儒（公

元 1753-1832 年）为代表人物，达到顶峰。斯元儒是太学生，议叙登仕郎，以做土货生意成为当时诸暨著名富商。他首先在蕡斯畈村造斯盛居（俗称千柱屋，当地人又叫新屋），兄弟叔侄们接着建发祥居、盟前畈台门、上泉村花厅门里、上泉村上新屋、上泉村下新屋、华国公别墅、蕡斯畈牌轩门里、宗祠堂、居敬堂、斯宅村的新沄家、小洋房等一批大屋。

2. 以大屋为主体的聚落形态

斯宅的第一个特点是大型住宅多，成为住宅构成的主体。行走上林溪这段长约

华国公别墅

图8-16　斯宅孝义持家，经商致富，以共祖家庭为多，至今保留着14幢檐廊相贯、庭院互渗的巨型大屋。外装修以雕青石漏明窗和青石门框、门楣、门罩著称。

3公里的涧谷里，大屋相连，似隔非隔，似连非连，烟火相望，鸡犬相闻。

第二个特点是"三斯"只有一个大宗祠——孝义堂，位于斯宅村；一个小宗祠，位于新上宅。起轴心和整合作用的并不主要是宗祠，而是大屋和书院。平阳顺溪也是这样，只有几座宗祠，大屋成为村（镇）品位的象征、风貌的标志，不同的是大型民居占整个住宅的比例没有斯宅高。这是三斯村的户型结构和特殊的地理空间孕化而成的。三斯村的户型结构以共祖家庭为主，甚至于一个家族居住在一幢大屋里。三斯每个村用地不大，各幢大屋彼此相邻，四周又有低山围护，具有很强的安全感和邻里感。从大环境讲，又是位于靠近平原的较高山上，溪涧口

尽头山下有一个大湖（东白湖），似一幅天然屏风，封山守水，把这条溪涧里的村落锁在深山中，同时造就了这一带湿润的小气候。下山沿山穿越不算大但也不小的陈蔡溪平原，便到西施故里和诸暨市。这样，三斯所在地就有安全格局需求和"天上人间，世外桃源"的审美空间特征。三斯处在四周有山、前有腰带水，各自独立又互相比邻的空间序列里，各有自己的中心，边界又是模糊的。从审美角度讲，这种相互间"开门见炊烟，卷帘闻鸡声"的生活环境，提升了他们的家族精神，世世代代继承祖业，亦农亦商，自强不息，产生一大批精英，创造出清代江南典型的聚族而居的大型宗族建筑群（图8-16）。

武义俞源不振家声楼

1. 村落风貌特色和住宅建筑的宗法特征

（1）风貌特色

俞源人把自己的家乡称作"太极星象村"，说是星象大师刘伯温帮助规划设计的。兰溪诸葛为"八卦村"，以地形地势为重点。星象村则把星辰列宿等天象和人联系起来，用宇宙的节律、流程来指导人的行为，并且用一种充满活力的稳态结构（太极图式），告示人要和天、地两种力量配合与协调，从而建设一个充满活力和生态智慧的家园。

就人工空间物化自然角度看，俞源村对村貌起结构性作用的是大型住宅，这些屋主是亦农亦商致富的有文化的农人，因此呈现给大家的是一个中国农业文明时期典型丘陵地区农业聚落风貌。除大型住宅外，还有重要道路边有商服型建筑供食供宿的特色，建筑门类多，宗祠、庙宇、书塾、墓地等旧时农业社会中大型村落应有的公共建筑大体齐备。村落的布局结构和自然环境之间关系处理得可谓天人合一，各种建筑构筑包括道路、河流、水塘等都顺应山形水势，并处理好风水术上的天门、水口、朝山、案山、阴宅等的营造。

（2）建筑特色

明代有大型住宅 11 幢，现存 6 幢：裕后堂、上万春堂、下万春堂、六峰堂、祐启堂、急公好义宅。这些大屋在清初以前，并不是一个家庭居住的，而是宗族的一个房派居住的。具有环中心特征，其平面形制可叫作"套屋"，基本模式为：当中一列为厅堂，两旁和背后三面环以伙房，也叫伙厢。这些伙房也不都是兵营式的，有的是三间一厢或五间一厢，天井贴在主屋的外墙上，自成一个有客厅、有天井甚至有小院落的居住单元。

大型住宅的中央主屋多是七间数厢，皆有前后两院，又可分三种形制：一、三进两院，为"日"字形，如裕后堂；二、"口"字形，当中用一道寨墙门洞将院落隔成前后院。没有大厅，而把第一进门屋的明次间做高敞的大门厅，如上、下万春堂；三、"月"形，没有门屋，为墙式大门，进门后为天井、厅堂、后天井、堂楼，叫作"前厅后堂楼"，如六峰堂。

大型住宅是明代的主要住宅类型，反映了当时社会的宗法力量和家庭结构。一幢大宅可能有三世、四世甚至五世同堂的，宅内的生活，具有父权家长制的强烈色彩。大厅堂楼里的轩间、香火堂、檐廊、院子都是公共财产，轩间里大家共同祭祀房派或支派历代的先祖，大厅是公用的礼仪空间。

随着社会的发展，核心家庭逐步代替了共祖家庭。于是从清代中期起中型住宅便成了主要的住宅类型，全村现存 30 幢。比较精致的有青峰远映楼、连厅楼、玉润珠辉楼、七星楼、九道门、精深楼、廿字楼、锦屏楼等。这类住宅的基本单元，东阳一带叫十三间头，这里则以主屋间数命名，如主屋七间、两翼各三间的话叫"大排七"，五正四厢者叫"大排五"。俞源的洞头房，因三间正屋与外侧的两道夹弄和前廊形成一个"廿"字形交通廊道，故称"廿"字楼。

大、中型住宅中，有一种叫作楼上厅的，梁架用材很好，并且都有雕饰，而一般住宅的楼上都只用粗糙的草架。明代，楼上为起居的主要部分，到清代以后底层为主要起居空间，这是这一带明清生活方式的一个重大变化。

俞源民居

2. 俞源村发达兴旺的主要原因

交游流寓，把握商机，是俞源人冶宅养村得以成功的主要原因。

俞源村的前身为朱颜村。南宋，杭州人俞德任松阳教谕，游经此地，"雅爱山水之胜，遂卜居焉"，蔚成大族，并改村名为俞源。

俞氏的兴起始于元末，五世祖俞涞和明朝的开国功臣、御使中丞兼太史令刘伯温是同窗好友，他的四个儿子和几个孙子虽没走上仕途，但都受到良好的教育并周游天下，和宋濂、刘基（伯温）、章溢、何文渊、苏伯衡等名士交谊很深。这祖孙三代开始了重要的家乡建设，造了利涉桥、康济桥，种植水口和案山风水林，建成了以前宅为中心的住宅群，以及一些礼仪建筑和赏玩性建筑，奠定了俞源村的基本格局。

明景泰初年，俞源村遭到以陶德义为首的银矿工人起义的焚掠。到嘉靖年间，俞源俞氏涌现出诸如六峰公、雪峰公、苏溪公等几个有学历、有功名、有官职的人物，还有两位阴阳地理家俞逸和俞札。这些人有文化，广游天下，眼界开阔又有经济实力，于是兴起了家乡建设第二个高潮，立宗谱，建宗祠，造大屋，村的重心从前宅发展到下宅。至今村民自诩他们祖先在隆庆年间造的俞氏宗祠是处州八县最大、最辉煌的祠堂，共有51间。

明初洪武年间，俞源李氏的始迁祖雅爱俞源山水之胜，从城里迁来，俞涞的孙女嫁给他，李俞二姓此后互通婚嫁，世代和睦融洽。李姓科名不很发达，终明之世，仅出过四个贡生，他们住前宅南隅，弘治或万历年间建李氏宗祠。

俞源在明末清初朝廷更换期间连遭大

俞源鸟瞰（来源：百度图片）

图 8-17　俞源人好交游流寓，明代大户以"套屋"为主，多三世、四世、五世同堂，清代中期起核心家庭代替了共祖家庭，出现了栉比鳞次的"大排七"、"廿字楼"、"连厅屋"等中大型住宅。

难，老幼逃窜，房屋被烧毁百余幢，十三年后（公元 1674 年）又遇耿精忠踞府坐县，家囊为之殆尽，堂室萧条。

俞源人不求闻达，入榜者不多，历朝只出过进士一名，且英年早逝；出举人、贡生 60 余人，秀才 140 余人，明清二朝当过公职小官者 21 人，没有出显赫官员。但是有一个特点，他们继承了始迁祖的传统，读书、教书、壮游、交际，对社会形势很了解，且有经济头脑，注重实业。这一带是宋、明理学中陈亮、叶适"事功派"思想流行地区，明朝中叶，商品经济形势被他们抓住了。清朝，出现发展实业的浙东学派，以俞从岐父子、俞君选、君泰兄弟、李嵩萃等为代表的一些俞源人，又抓住了江南商品经济发展形势。利用俞源为当时婺州处州的过境交通、钱江和瓯江水运最短陆路连线经过地的有利条件，把他们的文化资源、信息资源和丰富的山林资源优势发挥出来，迅速发展起山货生产和贩运贸易，经营靛青、竹林、茶叶、茶油等，很快便发家致富，陆续购置了北面平原地区的大片土地，直抵武义县城边缘。在他们的带动下，俞源村有七八成人经商致富，于是，于乾隆年间，再度掀起建房高潮。现存最重要的大型住宅，除了六峰堂（声远堂）外，几乎都是这时期建造的，宗祠也在这时期大修重建。1906 ～ 1912 年，属安逸堂房派的俞万业建造了本村最后一座大型宅院——万花厅，三进两院，是全县木雕最多样的住宅，可惜于 1942 年被日本侵略军烧毁（图 8-17）。

武义郭洞村

郭洞是乡族联姻形成的一个复姓血缘村落。

1. 历史渊源

《武义县志》载，郭洞成村于宋朝，有赵、吴等姓，十多户人家。元至正十年（公元 1350 年），县城书生何寿之羡慕外婆家好风水，在此落籍并娶邑人吴氏为妻，生息繁衍成郭洞的望族、主姓。

这是由联姻关系产生的双姓或多姓亲族聚居、血缘村落典型案例，和永嘉苍坡村、诸暨斯宅村同属一个类型，都是知识分子来落户和当地女性成亲并发展成主姓。

郭洞何氏祖先是福建浦城人，因避方腊之乱，迁居武义县城。十二世孙何渊，任广东巡按副使，有恩于出身郭洞的赵参军，赵将女儿许配给何渊的儿子何中昱，生子何寿之。郭洞何氏始迁祖何寿之是因祖父、外公的关系到郭洞落户，是由地缘、职缘因素衍演成血缘村落的。

"乡族"（相当于今天在外地工作的同乡人），对社会生活发挥着重要的功能。这种情形多发生于北方移民南迁过

武义郭洞桥亭

程中，有的地方志上说："家多故旧，自唐以来数百年世系，比比皆是"。这些移民本来就有族居的基础，迁徙到一个陌生的地方格外重视"乡族"，通过联姻和地缘关系逐渐形成具有典型江南色彩的一种宗族形态。

郭洞何氏得姓，还有一个故事：据传，最初并不姓何，而是姓韩。秦兵追杀韩姓的后代，追到一条河边，问其姓，他随手指着河说姓何。后来为了躲避杀身之祸，改姓何。

2. 生态智慧和风水意境

何氏始迁祖因羡慕好风水落籍，因"山环如郭，幽深如洞"而取名郭洞。又因二支溪水穿村雅名"双泉故里"。村人按风水理念建村，第一项工程是进行三重水口建设；村落位于两山相夹的山谷中，从平野进村途中，先后有两个双峰对峙形成卡口，古人形容为"狮象把门"，加上村口，一共三个水口。村人在入村第二道山口上建造了鳌峰塔，成为进村地标。又在村口的溪上建桥（回龙桥）和桥亭、海麟院、文昌阁、水磨坊以及族林（风水林），在村口东西两山脚之间筑了一道长100米、高4米、底厚3.5米、台面宽2.2米的寨墙及东西寨门，成为一个防御性山寨村。清同治年间太平军三次攻打郭洞，均被挡在卡口外。回龙桥亭子上有一匾额"义乡"，据说官府多次追剿一股强盗都没成功，后来郭洞人联合附近乡丁，一举剿灭土匪，为此，县令赠匾嘉奖。

村落的入口峡谷夹山由北向南逐渐升高，二支涧水自南向北潺潺流淌汇合成"Y"形溪，村落选址在溪流环抱的两块空地上，

郭洞何氏宗祠

图 8-18　郭洞是"乡族"通过"联姻"、"相宅"形成的复姓血缘村，因"山环如郭"幽深如洞名郭洞。水口（村口）营造出色，住宅多大天井、四合院，行走其间，高墙锁深院，穿堂一重天的感觉很强。

一东一西，称下上宅，两宅相邻，宛若游鱼，意象太极。后来，有一分支在上游距上宅一公里处建立了大湾村。村人谒形，认识了"重山峻岭，迤逦杂沓，苍翠满眼，愈进愈奇，愈奇则愈秀，不数里则山环水抱，仅容一线，进此地，复加宽"的地形逐高、气势渐开的自然空间，将之营造成人化空间。

　　与之相应，郭洞的住宅多选择三合院、四合院、大天井、环天井形制。笔者到过郭洞数次，感到屋舍内部四个方向看出去都能看到山、林，可感受物候、时令、节气。郭洞人把环境资源优势应用到极致，因此有人把郭洞称作"林子里的村庄"，建于明代的凡豫堂是代表作。

　　郭洞住宅装饰也体现了和环境契合的精神，题材、纹样以花草、动植物为主，建筑木雕属东阳木雕体系，保持着早期形象（图 8-18）。

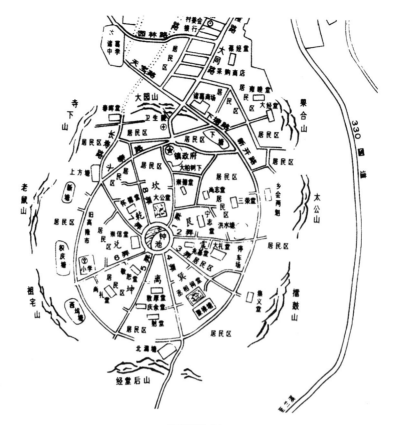

诸葛村路网图

　　兰溪诸葛村是全国诸葛亮后裔的最大聚居地，著名历史文化名村，全国文物保护单位。从宗族文化角度看，诸葛亮无疑是该村之所以成功的最大内驱力，药业是兴村的重要原因。然而，为村人津津乐道的还是"八卦传家"，本书就这个问题进行探析。

1. 相地卜宅

　　诸葛亮以神算著称，自然深谙风水，他的子孙继承了这一精神，成为用风水理论卜宅治田养村的典型。唐末，藩镇割据，其十五世孙诸葛利为浙江寿昌县县令，是为浙江诸葛氏的始祖。十七世孙承载迁居到南塘水阁。元代末年，水阁派的第28世孙宁五公诸葛大狮认为南塘阳基未善，择地高隆（即现诸葛村），是为诸葛村诸葛氏始迁祖。迁来时，该地已有王、章、祝等姓，后来，诸葛氏繁衍快，势力大，人口多，改名为诸葛村。

　　村址位于丘陵边缘最后一处冈阜起伏的地方，西北高而东南低，三面群山环抱，东南开口，是一望无际的田畈；东面有小溪跟着山形呈弧线围护状流过，是风水学中理想村址

乡会两魁

丞相祠堂

丞相祠堂2

大公堂正厅

图式。形如"壶膛结构"，具"母胎象征意象"，也有风水师将之比作"美女献花形"、"葡萄形"，象征子孙繁衍，瓜瓞绵延。《高隆诸葛氏宗谱》记载这里"修林茂竹，抚北阙以千里；崇山峻岭，并南阳以齐名"，这么一个既符合理想风水图式又像原族望的可耕、可樵、可易、可隐之地，给宁五公满满的信心和强烈的精神暗示。

2. 喝形、治村

诸葛氏对环境进行"喝形"、改造，画成风水结构图，背主山，主山西北祖山，前案山，案山前面又有朝山，左青龙，右白虎，理想风水要素一应俱全而且一一到位。整个地势冈阜起伏，极符合形势宗（风水学派别之一）"天地之势"。三面围合的山坞，可谓"明堂"，村背后的寺山为少祖山和主山，村前的桃源山为案山，再前面的乌龙山为朝山；开凿钟塘是小明堂，村东石岭溪的发源地天池山为祖山，岘山是近祖山；后经堂山和假猢狲山左右连绵向偏东方向伸展一公里多，是为"护砂"；两者之间谷地宽70来米，是"中明堂"。村人又在村落的东南方两山交会处挖了一口大水塘（北漏塘）是中水口，中水口处是一片田畈，是为"大明堂"。

村左有石岭溪，右有过境驿道（高隆市），前有北漏塘，后有高隆冈。《阳宅十书·论室外形第一》说："凡宅左有流水谓之青龙，右有长道谓之白虎，前有活池谓之朱雀，后有丘陵谓之玄武，为最贵址。"

3. 八卦传家

诸葛村用九宫八卦图式规划布局，以

钟池

大公堂门楼

图 8-19　诸葛村是诸葛亮后裔集聚地，用风水理论卜宅治田养村的典型村落，用九宫八卦图式布局，以丞相祠堂和大公堂为礼仪中心，八条小巷向外辐射，形成象征性很强的八卦村。

钟池为核心，八条小巷向外辐射，形成内八卦，而村外刚好有八座小山成环抱之势，是为外八卦。

内八卦以桃源山、后堂山为界，把村落分成东西两半，西部为村落的商业地段，名高隆市，兼过境大道。太平天国兵乱时高隆市被毁，村子北部的上塘周围又成了新的商业中心，向相邻的街巷辐散开去。东部丞相祠堂（总祠）和大公堂为礼制中心，以房派为脉，呈团状发展，各房派又以自己祠堂为中心。往下分成几级房派，房派、支派的宗祠浙西人称为"大厅"、"小厅"，大、小厅的周围再簇拥着祖屋、香火堂等更小的团块。这是浙西普遍采用的结构原则，体现了宗法制度的多层次房族关系。

为了不占农田和水塘，也因风水学要求"明堂"开阔，房屋多数造在山坡上，因此村子的主要脉络是顺着冈阜延伸的。符合上述壶膛结构、母胎象征的地形和瓜瓞绵绵的房派繁衍时序和葡萄形的空间格局。

水有实用、审美及风水学中的象征意义，诸葛村人进行了出色的理水活动。村中较大的祠堂旁都挖有水塘，塘边再凿井，全村共有十八堂（祠堂）、十八塘（池塘）、十八井。其中，钟塘为小明堂，北漏堂为中水口，中水口外的田畈是"大明堂"。

八卦和风水有关联但不相同，讲八卦就涉及易、太极、阴阳、五行、象数、河图、洛书、矩阵等问题。八卦图是一套用四组阴阳组成的形而上的哲学符号，内含着宇宙、物质、生活、人类（高级思维）的各种秘密，用来推演世界空间时间各类事物关系，简言之是预测学和预测工具，并且有生生不息的生殖崇拜原始意义。诸葛村人，用它作为目标、警示和精神暗示，演绎出生动的一例（图 8-19）。

瑞映长庚

这是一个宽乡、逐熟、就谷，殖业繁藩、家族兴盛的移民村。

1. 族源

石仓原是大东坝镇的一个乡，有九个村，其中六村（古称上茶排）、七村（古称下茶排）、下宅街、后宅、蔡宅、山边这6个村形态格局保持良好，分布在石仓溪中游两岸，形成一条长3公里的传统村落带。其中，有40余幢明清大屋，建筑1000平方米左右的有19幢，超过3000平方米的有3幢。

这是一个以家族为单位的移民村，蔡、王、曹、阙、傅、李、何、冯等姓先祖相继自福建迁入，卜居开基，繁衍生息，并以宗族为轴心建成一个古村落群，尤其是阙姓，繁衍最快，成为石仓望族。

石仓阙氏自清康熙十四年（公元1675年）从福建上杭县一个叫石仓的地方迁来，"地随宅迁"，这个原叫米仓的村落群改成"石仓"。

福自天申

东山毓秀

民居庭院

福德照临

2. 住宅建筑特色

宗族文化背景中的人口迁徙，具有很强的宅随族移、第其房望精神，他们把闽西一带的客家建筑风格也带了过来，多是屋舍相贯，院庭联幢，同一家族的房屋围成一个方块的。厦门大学历史系教授谢重光教授考察后说："石仓宅院总体构造跟闽西客家人的五凤楼很相似，但山墙砖雕门楼又融入了浙中、浙西、徽州风格。石仓人来自汀州，但常去徽州经商，把三地建筑风格糅合在一起了"。

石仓大型民居基本形制为两进或三进带左右横屋，当地人称当中为主院，两边为护院，用前院（屋前的横向院落或坊巷）连接。这是闽西北大屋的常见格局，称"三堂两横"。三堂指主屋的上、中、下三厅，两横指两侧护院横屋。这种"屋舍相贯，庭院联幢"的形制，是福建土楼、庄寨的做法，具有明显

的族房特征，松阳人称之为"营盘屋"。

石仓大屋多有里外双重大门，里外门不在一条轴线上，门前有坊、巷等形式的前空间。整座大屋的外墙面上很少开窗，这是福建土楼和庄寨的变异，具有很强的防御作用。大门的做法既有浙西砖雕牌楼式门，又有闽西北式的雕花门楼，墙面为大块面板筑黄泥墙，外刷石灰粉白，门脸由精雕的花岗石块、拼花胭脂红砖装饰。室内影壁、天井、台明、柱础、梁枋、雀替、格扇等装修风格和浙中相近。巧用地形、横向联系，多门坊、门巷，门坊、门巷和天井多用卵石铺筑，多为版筑黄泥墙，精心布置屋角头等又都是丽水民居的地方特色。

3. 慎终追远、殖业繁藩

石仓民间常常吟诵一首诗："作客处州三百年，年深外境优吾境。日久他乡即故乡，

威凤祥麟

图 8-20　石仓是一个以家族为单位的移民村。房屋多横向发展，廊院相贯，多有里外双重大门，门前有门坊、门巷把左右大屋联起来，具有福建土楼、庄寨的内涵和特征。

梦里依稀是汀州。"安土重迁，这是中华宗族文化的一大特点。石仓人迁来已300年了，但是他们仍操母语（松阳人称为汀州话），仍完整地保留了许多客家的文化和习俗，尤其是思乡祭祖观念特强。各民居厅堂内神龛保存完整，四时八节进香上供。除夕新年的祭祖仪式尤为隆重，自太公派下各房每年轮流主祭，各房子孙到齐，敲锣打鼓，抬着供品到宗祠祭拜祖先，结束后举行会餐，给儿孙辈分饼，以示祖先的恩泽。

笔者多次到过石仓，从遗留下来的60多块牌匾和40多副对联及众多壁画中，发现石仓的客家移民仍旧"不知有汉，无论魏晋"地思念着故土。现存40多幢古民居香火堂祖先灵位上书"下邳郡"，标示着他们的远祖发祥地在江苏省的邳州。

浙江的族群，整体上讲是从北方汉民南迁而来的，但是浙西南例外，有从福建向北回流的，而且数量不少。这里又分二种情况：

一种情形是，丽水地区回流的客家人较多。清代处州（今丽水）地方志记载："括自甲寅兵燹，田芜人亡，复遭丙寅洪水，民居荡折，公……又召集流亡，开垦田地，不数年土皆成熟，麻靛遍满谷。"说的是浙西南是清初"三藩之乱"的战场，清军与耿精忠叛军在此进行了长达三年的拉锯战，加上又遇洪灾，人口大幅度减少，大批田地荒芜。康熙二十七年（公元1688年），处州知府刘廷玑张榜招纳流亡人口开荒耕种，大量的福建客家人就是在这一时期涌入浙西南的。清康熙、乾隆年间共有18支同宗的阙氏从福建长汀迁到丽水，其中石仓这支于康熙十四年（公元1675年）迁来。另一种情形是，温州地区则回流的闽海氏系人较多。有学者研究认为，从唐末五代开始，温州就进入了以福建移民族群为主体的社会形态，一百多族有宗谱可查的福建移民后裔几乎奠定了温州现代居民的基础和村落分布的格局（图8-20）。

村人刘为朝手绘界首平面局部

　　松阳界首村是一个自然地理、经济地理位置优越，宗族文化发达，村貌极具特色，历史遗存丰富的地方。

1. 村名释义

　　该村处松古平原西北入口、瓯江上游，为松阳遂昌两县交界的首个村庄，故得名界首。是松阳通往遂昌、衢州、龙游、兰溪，温州和浙西货物往来的必经之地和中转站，在宋代就形成了古驿道和村落。其地形地貌背靠山面对平原，西边松阳溪环流，村落形状如一艘停泊在溪边的航船。宋代成村，最初仅洪、叶二姓，元末明初（公元 1393 年），大儒刘基的堂侄刘堡从青田迁徙而来，逐渐成为望族，而洪、叶举族外迁。至今，刘姓居多，其他依次为张、陈、颜、缪等姓。

2. 一个"驿道坊门，祠堂、广场"合一为特色的村落

　　"驿道坊门"是丽水市域商业性质古村（镇）的一大特色，一般做法为：宗祠、牌坊、祠庙沿驿道商街布列，宗祠

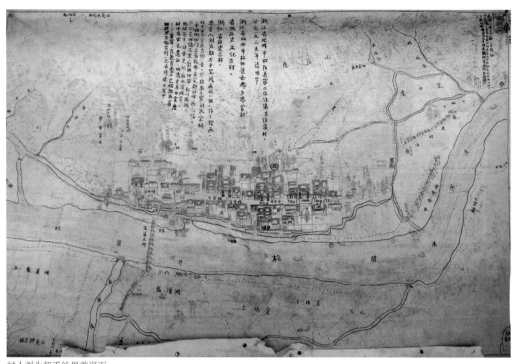

村人刘为朝手绘界首平面

（祠庙）后退做前置广场，广场两端设牌楼式石库圆洞门。如遂昌大拓石练、独山、缙云河阳、莲都西溪等地都有类似做法。其中以界首最为典型。在古街头刘氏宗祠、禹王宫沿街通道（比街道宽，可称广场）跨街设置了三座三山式青石拱门，门两面嵌青石刻字匾，共6额："怀德古里"、"松川锁钥"、"功垂奕祀""彭城旧家"、"德被苍生"、"括水浚疏"，展示了该地风光、历史、文脉和族望、品质。三座拱门在古街上略微错开，产生了错落、流动、气韵之美，具有领域特征和迎归、迎客意象。这段广场集交通、商业、文化、祭祀、休闲、展示诸功能于一身，整条驿道古街也就成了文化展示街道。商道坊门，是唐宋遗风，中原人口下江南的第一站镇江的西津渡、宣城的桃花坛等地，至今还能看到这样的遗迹。

界首村今存的村屋结构是严格执行唐宋时的要求的，村内文化、礼仪、祭祀等建筑一应齐全。明初，村口还建有"申明亭"，村人有得失，书其姓名事实于版榜，据此教化民风。敦厚堂旁的老宅入口，还保留有接官亭。

3. 一个"大屋比邻、门额联辉"的村落

界首村的第二个特色是：诸姓大屋多，比邻而立，许多大屋都有前置门巷、门坊、门套，每幢大屋都有门额。如：彭城世家、奎壁联辉、惟善为宝、积厚流光、福以德基、世德流芳、种德遗安、长庚献瑞、玉树芝兰，等等。反映出这儿的儒商特色，以及村人敬祖敬贤、隆礼的文化素质，其中也有族房特征。这是商业性质的多姓村（镇）才有的景象。至今，古街两旁还保留有禹王宫、刘氏宗祠、张氏宗祠等大屋20处，沿街盐

怀德古里门

刘氏宗祠外景、界首街巷

宗祠内景

图 8-21 界首是数县往来的要冲、津口，驿道、坊门、商业、休闲、祭祀等功能合一，迎客、迎归气氛很强。

店、旅店、酒店、南货店、豆腐店、药店等遗址，村中还有节孝坊一处，古井 6 口，古树若干，唐宋古窑址一处。

4. 一个乡贤主导、士风浸盛的村落

界首宗族文化上第三个特色是：该村的乡贤非常给力，为家乡的发展把握住方向，做出了关键作用，代表人物是刘德怀。他于清光绪年间留学日本，在日本参加同盟会，回国后积极宣传新文化，1905 年科举制度废除后，回家乡创办了女子学堂，并聘选县内的知名饱学之士任教师。界首村自古对宗族子弟实行免费教育，《刘氏宗谱》记载，明清两代，该村刘姓出举人、贡生、廪生 82 人，为该村奠定了人才基础。刘德怀创办的"震东女子两等小学堂"，开丽水地区兴办女子学堂先河。该村八九十户，入学者六七十人，还向邻村乃至遂昌县招生，他还移风易俗，力促全村妇女解缠足，"风气开通，实为处郡之冠"。村志记载："光绪以前，村尚礼让，有'小邹鲁'之称。每年元旦（正月初一），本姓相贺年，初二各姓至刘姓贺年，初三刘姓亦往各姓贺年。故平日虽有鼠牙雀角之争，至此藉贺年一礼，以尽释前嫌，此吾村乡先生之流风遗俗，足以垂人远矣。"

界首村还有一个颇为感人的人物刘为朝，现今六十来岁。笔者自 2009 年至今先后四次到过该村，每次都看到他独自一人孤守一幢叫"易居堂"的大屋，满屋挂满他手画的该村总平面图、大屋平面图、鸟瞰图及村志、族谱和字幅。图画得不是很专业，但基本准确。他身体有疾，是一个有文化、病退回家的人，一种强烈的家族精神激励、支撑着他自费自画，把家乡风貌、历史展现给世人（图 8-21）。

吴氏宗祠

永康厚吴和缙云三溪乡后吴、仙居三桥厚仁、高迁、庆元大济、泰顺库村等村吴姓，均出自唐代山阴吴氏三祖中的进士，再往上寻根，祖根为无锡梅里村，史称"太伯奔吴"中仲雍的后裔季札。始迁祖吴昭卿于宋绍兴乙丑年间从仙居厚仁迁来。至今逾800年，发展成拥有800户、3000多人的血缘村落。

从宗族文化的角度看，厚吴村宗族意象最深刻的有两点：

1. 宗祠多而且每座宗祠都很宏丽

近两年的实地调查，并查阅相关统计资料表明，浙江的祠堂主要集中在金衢一带，其中永康保存的祠堂不仅量多，而且普遍构筑宏丽、工艺精美，厚吴是永康宗祠数量多且每座宗祠气势都很大的古村落之一。全村现存明清大屋、祠堂近百幢，总数1000多间，而祠堂有9座（历史上曾有13座），平均每百户就有一幢大屋，每10幢大屋就有一座体量大、气势宏丽的祠堂，这是浙江其他地方少见的。具体说，厚吴的宗祠有5个特色：

吴义庭公祠

（1）形制古，多采用环厅堂式布局。有三条轴线，中轴线上为三进三开间，序列为前厅、祭厅、寝厅，两旁为厢房或廊。这一带的住宅也多是这种布局方法，是从住宅形制演变衍化出来的。

（2）正立面上多开三扇门，墙面做成三墙式，和浙中的"十三间头"住宅立面格式很像。如吴氏宗祠正门为八字门（等级较高的才许用八字门），左右二门对称，墙面很像山墙、五叶马头墙。丽山公祠正立面为五叶三墙（中间门为门楼式，四柱五楼，两旁小门为五叶马头墙）。向阳公祠正面是五叶三墙，当中为石库门，两旁是五叶马头墙，中间低两旁高。吴仪庭公祠正面为五叶三墙，当中为四柱五楼牌楼式，两旁为五叶花墙，当中高，两旁低。上面列举的几个五叶三墙立面的祠堂，做法有异，都很有气势。

（3）梁架、构件用料硕大，装饰繁复。前厅、中厅的前后檐柱、牛腿、檩条上都有粗壮精致的木雕，喜用月梁、瓜形矮柱，劄牵尤其肥大复杂，形似蝙蝠、象鼻、卷云。梁架构件喜欢着色，材质极为讲究，柱、牛腿雕刻件多用樟木或枫木，枫木坚硬，樟木有香气，使蜘蛛等不能生存；椽、檩、枋多用松木，可防水防蛀。

（4）多用插柱式抬梁。大厅均彻上露明造，为扩大空间，三开间的两缝（五开间的话为中央四缝），均用抬梁结构且栋柱（中柱）不落地，两个双步架使用台梁（即五架梁），对梁头和雀替（俗称梁下巴）进行美化雕刻。形状有木鱼状、鱼鳃状、龙须纹等，达到了减短梁的长度、增强了梁架稳定性和美化构件三大作用。

（5）柱子、梁架、门窗、瓦椽、封檐板等多油漆、着色，但是不用厚漆，而用

民居

硃砂一类淡颜料，外刷桐油，露出木头原色。很多柱顶、梁枋上还用白灰彩绘或水墨画，整体色调呈浅红夹白，有的甚至用红蓝穿插的柱子，和外墙面白灰青水墙相呼应。整个色彩有错彩镂金之美，但没有皇家建筑之辉煌，又没有土气、俗色之感。有个老农告诉笔者，这些颜料、油漆都是当地取材，石灰白色又有防虫、去湿效果，用唐代诗人杜甫诗句"白波吹粉墙，青嶂插雕梁"来描述厚吴祠堂和环境的关系颇为确切。厚吴周围是丘陵山地，宗祠前面多有水池，江南春天百花齐开，基调是白的，这种色景和村屋斑驳的粉墙黛瓦、蓝天白云浑然一体，使得以浅红夹白的宗祠内部色彩产生"白贲"境界。《易经》谓"上九：白贲，无咎"，意思是文饰发展到灿烂之顶点又复归于平淡了。因此，厚吴宗祠的内装修既呈错彩之美，又给人一种"无

色之美"。在这种本色之美中，蕴藏着森然万象。

厚吴为什么会出现宗祠数量多、规模构筑比较平均，而且外立面又和大宅第相像之现象？原因主要是村里没有出过高官权贵和文化世家，也没出过像安徽那边有众多从外地赚取钱财的巨商豪富。但是历世学业有成者如举人、邑庠生、贡生、廪膳生不少，村中有进士街以记历史之盛。永康历史上农闲时外出穿街串巷做小生意的多，联宗敬祖观念特强，形成了同宗族人竞相捐款捐物建造祖祠的风气。非常注重家族荣誉，一人得道，同族皆荣。族中有人金榜题名或"青衣换紫袍"，祠堂就"竖旗杆"，开"三山门"，房族间又互相攀比。所以，祠堂越造越好，每个祠堂都讲究"俎豆千秋"，春秋二祭，人人都用礼器盛放祭品，奉献给祖宗。

某宗祠

吴氏宗祠（原貌）

衍庆堂

闹元宵

厚吴历史上曾几次遭受战争摧残，清康熙十三年"三藩之乱"，耿精忠的部将徐尚朝入浙，驻处州，他看中了才色双绝的厚吴村女吴绛雪，以献为妾作为不扰永康的条件相威胁。为保县人安全，吴侔允，诱导叛军过境永康绕道三十里坑，跳崖身亡，壮烈成仁，县人在厚吴特建吴绛雪祠永祀纪念。同治壬戌年（公元1862年），村里4座宗祠、600余间房屋被太平军烧毁，村民幸存者仅十之二三。族内各房逐年捐资，历时30余年终把宗祠修缮好。20世纪60年代文革时期，6座青石牌坊被砸，不少祠堂改作住宅、学校或库房、作坊，受到不同程度的破坏。进入21世纪后，都得到修缮、保护。所以，现存祠堂基本上保留明、清建筑风格。

2. 风水意象孕化出方形邑制和网状巷弄

厚吴村边有千亩良田，外围有山有谷但不高，是尺度宜人的丘陵山坞地貌。村人开门便能看到"碧起南山布景良，层峦排闼锦屏张"、"万壑有声含晚籁，数峰无语立斜阳"的场景，给人们的精神提供了神妙氤氲的气场，产生了"青葱常觉当门立，鼎峙愿同世泽长"的意念。正是这种极佳的农耕环境，吸引了文化修养颇高的始迁祖昭卿。宗谱记载，他"秉性高亢，有出尘之想，其时伯叔、兄弟、侄辈先后登士路要津，人皆为荣，公独视之淡泊如常"。他跟伯父在永康任职，见永康南乡武平山明水秀，退休后在厚吴住下来，世代以耕种为业，生意也做得很大、很广，又注重文化，所以，文化和农业结合，是

吴氏宗祠梁架

司马第花窗

图8-22　厚吴村住宅形制古，宗祠多，构筑宏丽，祠庙梁架多油漆、着色，枋着白灰彩绘，红蓝穿插的柱子，宗族意象很强。

聚落形态的第一特征。所表现出来的是由内而外的发展空间和方形邑制、方形宅制。村落东到西约500米，南到北也是500来米，而且边界也比较明确整齐，这是农业生活方式辐射的结果。因为村落既不靠山，也不傍水，村落始祖居于一点，四周是农田，随着人口的增长，方方的田地由近至远发展，村屋也像田地一样，以间、进为单位，一间一架地建造，村落由一点向四周发展，成为一个方形村落。方形村落便于组织比较均衡的路网，到田间耕作或到村中心集合，对各个家庭都具有均好性，并由此孕化出有很多优点的邻里居住模式。

厚吴村的街巷道路也反映出这个特征，除了村落北面一条对外道路比较明确外，几乎看不出路网是什么形状的，说不清楚东南西北四个方向各开有几个口，哪一条是主要街巷。其实它的路网不是一次规划出来的，而是先有房子，在房子与房子之间隙中走出来的。

另外，这个25多公顷用地的村子内，挖有大大小小的池塘18个，平均40户就有一个池塘，这是方形村子用水需求均好性的安排，有利于救灾（图8-22）。

某宅雨后天井

　　浙江的许多县名可以两两对偶拟出寓意深刻的诗句，如龙游丽水，仙居天台等，这从一个侧面反映出浙江人文历史的深厚。仙居县白塔镇高迁村的诞生也存在类似的美妙意境。高迁村位于群山四合、涧水潺流、形似一枚橄榄果的小盆地内。盆地的东南面是神仙居国家级风景名胜区，神仙居属典型的流纹岩地貌，散发着雁荡山韵味。风景区的核心景点老鹰嘴山、景星岩和高迁村咫尺相对，像一艘首尾昂起的巨型轮船，驶向远方。这是一个人们日有所见、夜有所思，人人向往定宅、治田、养村的地方。相传明朝末年，白塔镇吴氏白岩、央岩兄弟俩有一夜同时梦见一位仙人指点，高迁村南天上七星环月，地上龙脉旺盛，是五谷丰登、人才辈出的风水宝地。由于二兄弟同日同夜做了相同的梦，便深信不疑，于是从邻近迁来，日出而作，日落而息，男耕女织，书香为伴，中举登第，捷报频传，至清朝乾隆咸丰年间达到鼎盛，成为一个耕读世家、宁静祥和、大屋比肩的名门望族，台州地区最具代表性的传统村落。

南屏秀峰

中书第内院

1. 村落概况

高迁古村落自南向北，以月鹿河为界分为上屋村、下屋村两个行政村，3142人，1074户，吴姓为主姓。

现上屋村老屋破损，下屋村自西向东排列着13座明清合院式大宅，其中依旁月鹿河的新德堂、思慎堂、省身堂、折桂堂、慎德堂、日新堂、积善堂、余庆堂、旗杆里等九幢大屋为高迁古村落的精华之所。月鹿河以北200米处，为宗祠墓葬区，有大小宗祠、七星墩遗址等。至今历史环境要素犹存，古樟蔽日，芳草芊绵。

2. 宅院特色

现对外开放的七个宅院、十个门堂，均为六叶马头墙、四开檐楼房、大天井、四面厅、接隈房。沿天井一圈为雕花柱廊。这种形制的门厅、外院（天井）、正堂、中院、后花园的空间序列，既有民族特色，又兼具浙中、浙东地方风格。而石板墙裙、石刻漏明窗、石界子地面、花瓦墙头，是仙居、天台一带的地方特色。

高迁大屋的柱头铺作用料粗硕、雕刻精湛，风格宏伟沉稳。

最令人赞叹的是栩栩如生的小木装修，千姿百态的剪纸和构思奇巧、做工精细的木花窗。

木花窗兴盛于南宋，明代花窗窗格子多为直棂格或串线格，木条纵横相交，方正坚实。有图案者多水波纹、鱼波纹、水草题材，以及寿纹、龙凤纹，大都对称构图，体现了时人求实归直的品格，清新明快的审美理念。

清代花窗，自康乾盛世起，艺术追求从尚古尚朴走向崇尚绚丽华美，构图上打破对称，趋向灵活充满动感的构图，出现木雕结子、花鸟人物。

浙江及相邻各地门窗统一在一个大的环境背景里，又都有自己的特色。徽州多用整板雕刻镂空，细长高挑，以近观为主。太湖流域文人气质朴素典雅。浙中浙西不用整板雕刻，而多采用榫卯拼格，中镶嵌木雕。浙东则注重窗与建筑的完美结合，出现了一根藤素线条格图案，木雕结子等新构图形式，题材丰富多彩。高迁是浙东典型实例之一，人文要素与自然要素结合，尤其以隔扇心雕人物故事，众多花窗组成系列而闻名于世。

3. 族源与沿革

高迁村北 1200 米处有吴氏大宗祠，建于南宋淳熙乙巳 1185 年。正如前文所述，明嘉靖起民间才可建宗祠，宋代要皇帝特许方能建宗祠，可见高迁吴氏家族的显赫。这里所谓"高迁"，是指宗祠四周约 50 个村落范围，是仙居吴氏聚居中心，祖根无锡梅里"太伯奔吴"中仲雍的后裔季札。周灵王二十五年（公元前 547 年），季札受封于延陵（今江苏武进），号称"延陵季子"，吴亡后，王族后裔以国号吴为姓氏。

本书前面讲到的吴姓村落泰顺库村、庆

元大济村、举水月山村、龙泉菇神、永康厚吴村、仙居高迁村，祖源均是唐代"山阴吴氏"三祖中的进士。他们移居各地又都有一个共同的历史背景，即唐中后期藩镇叛乱和五代更替时期，这些进士或为京官或为地方官，当时他们有个叫董昌的同乡人（绍兴安昌人）叛背中央据越州自立，国号"大越罗平"，这些进士或羡慕某地风水卜居外地，或为避乱远离家乡，有的则是拒绝董昌拉拢当高官而外逃。用传统文化观点看，这些进士都有"达则兼济天下，穷则独善其身"的品质，这也是家族文化推崇的忠爱精神。

仙居吴氏始祖吴全智，于唐光化三年（公元 900 年），为避乱从遂昌马埠移居仙居下砾（参：吴松金，《吴氏寻根探源》，《吴全智公源流世系考》，2017.4.30 网络），另有一说仙居祖源是五代（梁）银青光禄大夫吴银青，又名吴全智。该系宋代人才济济相踵，先后登仕路要津，如宋绍兴二年进士、龙图阁学士吴芾（公元 1104-1183 年）。吴芾的堂侄、全智公的十世孙昭卿公（宋绍兴乙丑，公元 1145 年生）偕伯父洎公之永康任承事，见永康南乡武平山明水秀，遂啸咏其间，聚庐而托处焉，是永康（厚吴）吴氏之始迁祖。该族出过进士吴宁（天顺丁丑年，公元 1457 年），任刑部观政；明嘉靖

"凤鸣朝阳"外景

"中书第"石界子地

题诗花窗

中书第檐廊

六年（公元1527年）进士、大中丞吴时来。（参见《永康厚吴宗谱》）

高迁的始迁祖吴椅，是宋理宗嘉熙二年（公元1238年）进士，原籍庆元大济，卜居仙居厚仁村，据明万历《仙居县志》、清雍正《浙江通志》，仙居厚仁出过父子二进士，即南宋宁宗嘉定元年（公元1208年）进士、岳麓山长、东阳主簿吴焕，吴焕子南宋宗淳祐四年（公元1244年）进士、左丞相吴坚。父子俩和吴椅原籍都是庆元大济（参：叶贵良，《浙南进士村大济》），而大济吴氏又出自唐末山阴三祖的吴翥，吴全智出自山阴三祖的吴舜咨。高迁下屋村是元末怀远将军吴熟（公元1326-1378年）的后代相继开拓建成的。

南宋是今浙江社会、文化发展的黄金时期，出仕官特多，官员往往携家上任，子女也多跟随父母宦游四方，在外读书、成家、立业。因此，仕官家族的人口流动、移居较

多，尤其是宋末元初、元末明初更朝换代之际，更是频繁。这种情况可通过连读各地族谱，从各地同姓祠堂堂号、大屋堂号中得知，从族谱即可以知道他是哪一辈分、哪个村庄的人，也就可以知道他是出自哪一支系，从而准确判断彼此之间的长幼尊卑、怎么称呼、有没有超出五服等等。

关于这一历史背景下该系吴氏族人迁居情况，大致如下：

今缙云后吴吴氏是宋末大济籍进士卜居仙居厚仁的吴椅的后裔，该村的吴蒙又以外祖奉奏补将仕郎，知宣州，转大中大夫，后来定居于平江府。

宋末元初，大济吴氏七世孙吴荣迁仙居田市，后又从田市迁缙云仙都梧源，吴荣堂侄吴班从仙居田市迁缙云岩坑。吴荣堂兄吴万三，元朝初年迁松阳赤寿乡赤岸，后散居松阳内孟、云和贵溪、丽水双溪、根下等地。庆元大批以种菇为业的吴氏沿

花窗组图

某庭院檐廊

某庭院长窗

图8-23 高迁是浙南库村、大济吴氏望族的分支，现存11座四开檐、大天井、横向联系的大屋，庭院内通体细格木窗，以有木雕"结子"及成组成系列的隔扇心雕人物故事名世。

着福安江、闽江、瓯江以及洞宫山脉等方向，常以家族、亲属互帮互带的形式向外迁徙，遍及江南各省。

4. 宅随族移，第其房望现象

高迁下屋村吴氏自大济迁来后，和原籍应该讲是肯定有联系的，大济的宗谱上明确记载着吴椅、吴焕、吴坚情况，两地的家法族规也基本相同，两地的定宅、治田、养村也有"宅随族移，第其房望"现象。主要表现为：

（1）理水文化 高迁村内有一个"川"字形的水网结构，道路与水势相随。庆元大济村村内也有一个"川"字形水网，活水穿村，每条街巷、每座大屋，都有沟渠相通。家家有石头的水槽，大户人家天井或庭院内有和沟渠相通的水池、水塘，村民主要通过水渠取水用水。也许川字形水网是自然而不是人为的，但村人的用水模式基本相同，肯定有文化上的联系。高迁今存六座十一透合院大屋，沿月鹿河一字摆开，家家取用门前沿墙水渠的水，门前有石板小桥跨水与外联系，这种理水方式和大济同出一辙。

（2）堂号 高迁下宅九个堂号和大济大屋的堂号如：世德堂、泽道堂、聿新堂、继善堂、慎德堂、慎修堂、达德堂、修德堂、应德堂等，立意相近，有的则堂名相同，这是家族精神的外化，互相参照的结果。

（3）高迁下屋村11座四合大屋是横向发展的，屋与屋之间的联系不依赖于屋外的巷弄，而是各座屋的厢弄相连的，长约1华里，这和丽水一带的一字路、横堂屋同形合韵（图8-23）。

街头余氏民居

1. 隐居文化的起始点，和合文化的发祥地

　　天台县街头镇始建于六朝，自南宋到民国后期，一直是山区农林牧商兼备、东西南北交流的集散地，抗日战争时期为浙东行署所在地。历史上曾称"古湖窦镇"，因是天台西边最尽头的一个集市，所以称街头。境内有寒山湖、九遮山、寒明山等三处风景名胜区，是隐居文化的起始点之一、和合文化的发祥地。传说楚霸王项羽的亚父范增在项羽将败亡时在彭城诈死潜来九遮山隐居，为百姓授医治病。唐代隐逸诗人寒山子在此隐居七十年，寒山湖、寒岩、明岩因此得名。还有孟湖岭，因唐代诗人孟浩然曾在此游学得名。清代，寒山、拾得被奉为"和合二仙"。街头为浙江省历史文化名镇，境内有后岸村、九遮村、叶宅村等优秀传统村落，余、曹、潘、齐、许等五家族大宅院、文保单位。街头二村和曹氏民居、曹氏下堂为核心街区，街头二村面积 42.8 公顷，现存历史风貌完整者 22.6 公顷，其中有明清优秀古民居 50 处，古井 5 口，古戏台、古庙、古宗祠 5 处，古街（古商业街道）长 1544 米。

天台城关某宅柱础

2. 街坊和民居建筑特色

街头古街保存完好，呈丁字形，有传统店馆 286 间，大多是二层楼。街道路面多用卵石铺成，图案成扇面形、金钱形、方形，整体看过去，如谷粒揉晒状，当地人把这种有规律的干砌卵石地面叫"石界子地面"，是为台州地区古村落街巷地面特色。

天台县尚存一些古代大宅，通称"十八楼"，基本模式为十三间头前加七间下房，组成一个"口"字形合院。大小木作保持了某些宋式做法，主要庭院为正方形，大门开在左前方，典型例子有张文郁故居中的"来紫楼"、"茂宝堂"、"怀德楼"。这种形制流行于清嘉庆之前，嘉庆、道光后，流行"目"字形大屋，称"三推九明堂"，街头余氏大屋是三推九明堂的代表，

每进都有大门关启，平时关门隔断。逢节日婚庆打开两侧大街堂，四进连成一片。街头曹氏民居，在三推九明堂的基础上发展成"套屋"，即主轴线上为五进四明堂，两旁围列两列围屋，围屋和主屋之间布置十个天井，适应更大规模的家庭，反映出天台人"聚族而居，重宗谊，尚团结"的家族精神。

今存的天台"十八楼"主要分布在街头及县城、张思村等，较有名者除街头几例外，还有"张文郁故居"、"进士第"、"大司空第"、"亚魁第"、"宣武第"、"花楼"、"新花楼"、"乌门楼许"、"五关里"、"五世同堂"等。

"十八楼"和宁波大墙门、绍兴台门、金华"十三间头"有不少相同之处，也有诸多不同之处，归纳起来有下列四个特色：

（1）大木作古拙，具有宋风。如街头

余氏民居檐下铺作（四幅）

余氏民居，柱网尺寸小，房屋低矮，前檐柱斗栱举手可触。保持了宋式梭柱、侧脚做法，檐柱斗栱为宋元遗构，有大叉手、斜杆式，在吴越民系住宅中可以说是绝无仅有。

（2）小木装修玲珑空透，古拙典雅。

小木装修丰富是吴越民系民居的一个共同特色，但三吴一带主要是隔扇长窗；浙西主要用在承重结构上，集中在天井一圈。"十八楼"主要用在围护结构上，集中于环绕庭院一圈廊道的门窗上，几乎所有内墙面都用上格窗了。

（3）石板墙、石刻漏明窗、花瓦墙头、石界子地。

石板墙是浙东民居特色，但各地做法不同。宁波主要用一种叫"梅雨石"的板材，浅黄、红色，主要用于内墙窗下墙，也有铺走廊、天井地面的，尺度较小，一般长1米多点，宽0.8米左右。绍兴用在窄巷的外墙裙上，横向搁置，插在左右两根立柱的槽内。天台一带则是石板竖立上下设榫，即墙基上平铺一层凿槽的石板，板下凸榫插入底板槽内，板顶开燕尾榫，用木杆和梁柱系统联结成整体，板材较宁绍地区大，一般为：高 2~2.4 米，宽 0.6~0.9 米，厚 6~9 厘米。这种石板墙的精妙之处还在于直接在整块石块上雕刻漏空花窗，花纹丰富多样，从直棂到回字纹、藤状、仿木窗格都有。甚至于还有结子石刻窗，结心多为和合二仙或其他历史人物。

天台把住宅入口叫作"门头"，有台门式、牌楼式、八字门式等，是宁绍台门和浙西牌楼式墙门的过渡地区。这儿门头两侧墙端流行一种叫"花瓦墙头"的做法，避免了大面积墙面的单调，减轻了墙的自重和风压，是建筑外观构图的辅助手法。

台州人把天井、屋前路旁小坪地叫作"道地"，多用卵石铺筑，称为"石界子地"。带缝干砌，有规律的细纹图案，整体感觉像一张张晒谷的竹席。这一带是河姆渡先民水来则退，遭遇海潮灾害时的退身之地。石界子地反映了这个历史背景，给人以为是水冲洗出来、人们长期踩踏出来、汗渍浸泡出来的联想。

（4）四向明堂之制　"十八楼"的平面布局，无论是套屋还是三推九明堂，都有一个非常重要的特征，即天井院的东南西北四个方向都是厅堂并向心对称布局。这是一种比周代确立轴对称单中心式的庭院之制还要古老的形制。它产生于商代，甲骨文上有"东室"、"南室"、"西寝"之称谓，其渊源可推至亚字形平面。著名考古学家认为亚字形初义乃像四通八达的道路，象征王居中、上通天、下抚四方之权威，它是后世礼制建筑——明堂平面的前身。

乐嘉藻先生的《中国建筑史》中称此为四向之式，为夏商时代的皇居演化而来。汉以前的明堂建筑尚无实例，1926 年在汉代长安城故址发掘了一座汉代明堂遗址，中间为大夯土台，四周为东南西北对称的堂屋。天台一带为我们保留着这样古老的制式，弥足珍贵。

3. 四向明堂之制意象探析

天台是一个令人幻想超越时空的地方，南朝刘义庆的《幽明录》中讲述了一个在天台山中的故事：汉明帝永平五年，剡县人刘晨、阮肇入天台山采药迷路，遇到两位仙女，邀入洞府，结为伉俪，住半年之后返乡，人间已历七世。

天台的神山秀水尺度宜人，令人神往又可到达，"唐诗之路"从绍兴沿剡溪到达此地，仅唐代就有300多位诗人慕名而来，游学流寓。

天台英才辈出，人文荟萃，历史上出过宰相、工部侍郎及不少进士、高官，也是越国世族的退身之地、中原士族南下首选的地方。

我国宗族社会人际关系除血缘、地缘外，还存在法缘问题。天台是佛教中国化第一宗——天台宗的创立地，也是道教南宗的发祥地，千百年来，佛、道、儒互相渗透，形成了天台山佛道共存、三教互融的文化格局，影响人们特别是那些官场上退下来、告老还乡及隐居士人们的生活方式。"禅"、"悟"的修行思维方式，为士人对居住空间园林意境的追求开启了方便之门，但是禅是"不立文字"的，而士人居必托诸形制。五代十国，中原文化尽付戎马，宗教建筑只是唐代的余波。而钱氏统治下的吴越十四州，浙东是宗教重地，宋代兴起一种叫"十六观堂中心四方式"的寺院建筑，平面布局有两种图式，其中聚合式当中为宝阁，四周为禅观之所，共有十六个房间。十六观堂以明州（宁波）延庆寺最具影响力，为各地仿效，系天台总僧侣介然设计建造。四向明堂之制和观堂相像，是一个中心、四方对称平衡图式，而三推九明堂是纵向轴线渐次递进图式。

"格式塔"理论认为：对称可以产生一种极为轻松的心理反应，它给一个形注入平衡、匀称的特征，从而使观看者身体两半的神经作用处于平衡状态。从信息论角度讲，对称的单中心图式，为形灌入了稳定法，使环境更加简化有序。天台"十八楼"，以四向明堂庭院为单元，众多院落环套，室内外连成一气，使空间处于一种有无状态，这种空间既把人们引入禅悟之门，又荡漾着"和合"气氛。天台城关明代工部左侍郎子孙三代（世称张氏三逸）故居中的"三逸阁"是典型实例之一，其北面为四面厅，南面书房之南又套着几个小天井、小庭院，是充盈着园林意境的好空间。意境的本质，简言之就是意与境存在着一种力的结构的同形关系。实践证明，在这种空间中的禅定、静悟，效果和在公园、大堂里是绝对不同的，如刘埙《隐居通议》卷一所说："人性中皆有悟，必工夫不断，悟头始出，如石中皆有火，必敲击不已，火光始现"（图8-24）。

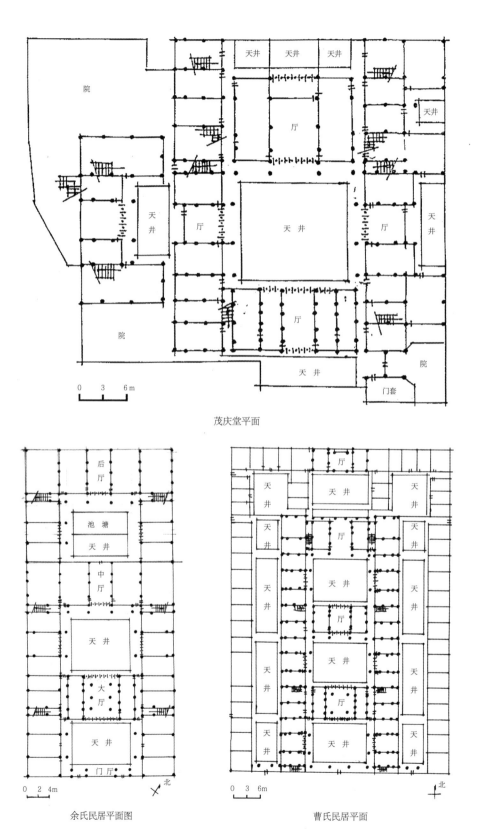

茂庆堂平面

0 3 6m

余氏民居平面图

0 2 4m 北

曹氏民居平面

0 3 6m 北

图 8-24　天台是隐居文化的起始点、和合文化的发祥地，大屋室内空间低矮、斗拱古拙，具有"四面厅"、"大街堂"、花瓦墙头等空间，造型特色，反映出佛教胜地人们族聚、重宗谊、崇古、尚团结的家族精神。

第九章

宗族组织、宗法制度虽然已退出历史舞台，宗族文化依然存在，具有永续不断的生命力，是国家和民族坚实凝聚力的促成要素。它在宣传发扬优秀的民族传统品德、保护乡村文化遗产、辅佐乡村社会治理以及实现乡村振兴战略等方面具有积极作用。

宗族文化的历史社会功能和现实社会启发意义

一、宗族文化在宣传发扬民族传统品德方面的作用

我国农村，尤其是江南农村，大多是聚族而居的血缘村落，它们是宗法制的社会群体，这些村落能绵延数百年而不散，有经济、地理和历史的客观原因，但强大的宗族制度是它们能保存至今的重要原因。

行经 4000 来年的宗法制度、宗族制度、宗法思想虽然已经退出了历史舞台，但是家族家庭关系仍是人生联系最多、最重要的社会关系。在现实社会生活中，宗族思想依然存在，它是筛选而成的历史文化资源，具有永续不断的延展性和生命力。

宗族文化是血缘、血亲范畴内的人际关系学，它的终极目标是通过敬祖联族、厚风睦伦，实现家族的强大和稳定。它外延出来的差序格局、人文位序，对民众有序生活、社会稳定的维护有一定作用。这和儒家的礼仪、秩序、中庸"和谐"核心思想是一致的，《中庸》曰："致中和，天地位焉，万物育焉"，和能达物，和能容物，和能生物。在中国，整个文明的架构到处渗透着和谐、平衡的理念。文明初开，天道鸿蒙，虎豹虺蛇，交伏于道，人们穴居野处，以力相征。在这样的历史背景里，采用"家族集体至上"的行为方式，人类才能战胜禽兽和自然灾害、走向文明。家族至上的生活方式，是那时人类战胜天敌的大智慧，是走向文明的社会组织密码。近现代社会，随着工业化、城市化进程，出现了社会组织和治理的新形式，宗族文化逐渐淡出，甚至被认为是阻碍社会发展的枷锁。而今，社会物质生活丰富了，社会道德却出现了极大问题，需要优秀的传统文化来弥补和校正。中华民族历来有许多优秀的传统品德，而宗族文化在宣传和发扬这些民族传统品德方面作用尤为重大。其中，对当今社会有针对性的意义可以归纳为：

第一，宗族伦理教育族人爱国、爱民，做一个好公民。宗族致力于纲常伦理教育，讲忠孝慈悌，要求人们孝敬父母、尊敬长辈、和睦宗族，以致信友、睦邻，对国家要尽忠报国，若"出仕"则要率身尽职，对上要对国家负责，对下不可贪墨害民，对家要做孝子贤孙，光宗耀祖。而这一切，都可以由乡评进行监督，由宗族以至国家予以表彰。

第二，做人方面提倡严于律己，宽厚待人。持家方面要勤俭持家，戒骄戒奢。对于社会，强调正风澄俗，批判社会上的恶习陋俗，禁止族人子弟嫖妓、赌博、酗酒、斗殴。

第三，宗族文化宣扬乡心、乡情，告老还乡，为家乡发挥余热，做贡献。这有利于保护发展祖国传统村落，有利于国家关于生态修复、乡村振兴政策的实施，实现使中国成为世界农耕文明保护中心的目标。

　　第四，宗族文化教育人们在居住方式上要有社会责任感和生态智慧，对住宅数量、规格、标准的追求要适度，要合群，要摆正人、宅、社会、自然的关系，实现《黄帝宅经》提出的"人因宅而立，宅因人得存，人宅相扶，感通天地"目标。

　　这些优秀传统品德的形成和发扬，是家族文化和儒家文化联合作用的结果，宋朝以后的几乎所有的家训族规中，都用大量篇幅来宣传阐述这些传统品德的内容及要点，教育后人做人处世的道理。尤其是成书于隋初的《颜氏家训》，1400余年来，深深影响着国人，其核心思想是教育子孙努力修身读书，成为有道德有学问、敬天尊祖爱国的人。

　　另外，还有一些与宗族文化有关的民俗活动，对百姓、对社会都有深远的意义，这类活动主要有：灯会、迎神赛会、庙会、社戏、划龙舟、木板龙、马灯舞、摆祭、台阁、吊九楼、祭祀傩舞、傩戏等。这些民俗活动既祭祖，也娱神，有利于人们身心健康，提高精神品质，推进社会文明，也影响着村落的道路、空间、场所乃至传统村落的格局形态（图9-1）。

富阳龙门民俗活动

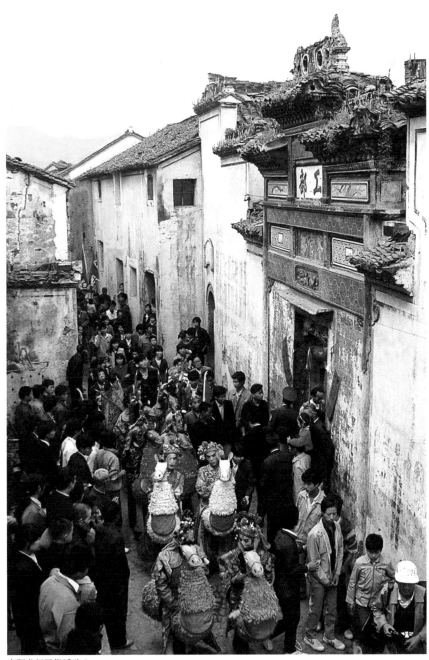

富阳龙门民俗活动 2

图9-1 这是流行于浙江富阳、桐庐、淳安、建德一带的跳竹马民俗活动,带有祭祀娱神性质,每年春秋二祭。

二、明清时期宗族文化引导商业资本回归乡村的现实社会启发意义

宗族文化对我国传统村落、优秀古民居的形成和传承有不可或缺的贡献，其中，商业资本回归乡村是一个重要的原因。我国明清时期出现过十大商帮，其中宁波帮、龙浙帮和新安帮的部分就出在浙江。可以说，浙江的优秀古民居大多数是明清时期商帮资本回归建造的，家族文化所起的重要作用有：一、商帮筹措的商资，其中一部分就是亲戚族人集资或援助的。二、明清浙商很多是聚族经商的，同族之间互相带动、互相帮助蔚然成风。典型实例如明嘉靖万历时期新安的文坛俊贤汪道昆，其曾祖父汪玄仪曾壮游燕蓟，贩盐行贾，"诸昆弟子姓十余曹"，都是他率领北上行贾而成功的。又如明代新安商许孟浩在正阳行商 20 余年，前去投靠的族人不计其数，许多人都在族人的帮助下发家致富。三、族规有严格的规定，对于本村外出经商长年不归的人，一不许携带家眷，二不许在外纳妾，因此都把财产投回家乡营田造屋上，推动了乡村建筑的繁荣，并促进了新的住宅形制。如古代严州府建德、兰溪一带外出经商的人多，通常的三间两厢对他们来说，就产生不够气派和难以男女有别两个问题，于是产生了"楼上厅"新的住宅形制。楼上厅即正屋的二楼三间都作为客厅，楼梯设在门厅一旁，客人一进门就直接上楼梯到第二进楼厅。四、聚族经商也大大促进了宗祠建设，以聚众集会，并展示家族的实力和增强族人的荣誉感。至于遍地牌坊和宏伟细腻的砖雕门楼，都是家族文化派生出来的。

还有，商人致富后一般都致力家乡教育，兴利除弊，分钱财以周恤族人村邻。

当下在经过改革开放近四十年的工业化、城市化互动推进发展之后，乡村老龄化、空心化严重，靠当前乡村自身的力量完成乡村振兴大业会力不从心。因此在宗族文化引导下的进城乡贤回归乡村、工商资本回馈乡村，城市人才进入乡村将给乡村振兴带来强大的现实动力。

三、维系华人联宗睦族、宗亲活动

中华民族是世界上人口最多的民族，中国是世界上四大文明古国之一。当前，我们生活在一个充满了各种不同的甚至是相互为敌的文明冲突阶段，这就要求我们中华民族应团结一致，充分发挥生存智慧，实现强国梦。宗族文化是中华民族传统文化的重要组成部分，

具有教化维系国人的强大功能。宗法制度虽已不复存在，古老的宗族组织也几乎消失殆尽，但到 20 世纪末期，在某些地方它又出现了，可见宗族文化依然存在。当今，仍有宗族记忆重温活动，特别是由它派生的宗亲活动出现越来越频繁、越来越强烈的趋势。在国内，尤其是经济发达的长三角一带，"寻根热"再度兴起。各地农村都在联宗祭祖、撰写家谱、修缮祠堂、建立宗亲组织（如姓氏研究会、祠堂调查组等）。而台湾、香港和海外华人返乡寻根问祖、联宗活动更活跃一些，20 世纪 80 年代，台湾电影《台湾与大陆的血缘》、《香火》，内容就是反映台湾族群与大陆族群同胞共祖的血缘关系，以及寻根问祖的事。海峡两岸的中国人都有着浓厚的宗亲观念，这也是有朝一日中国统一的一种思想根基。

台湾、香港、海外华人社会生活中还派生出宗亲会，举办祭祖、互助和文化联谊活动，向宗亲子弟发放奖学金，敬老互助，为故世者致送帛金。他们还回乡开展学术活动，成立研究中心，投资建设等。

近来热播的著名作家陈忠实的《白鹿原》电视中可见，古代农村中的族长、乡约、长者是引领村民日常生活的主要力量，祠堂是古代农村最为重要的生活场所。

四、乡村文化遗产保护方面的意义

"文化遗产"是指具有历史、美学、考古、科学、文化人类学或人类学价值的古迹、建筑群和遗址。传统村落文化遗产是我国文化遗产保护的重要领域。

传统村落文化遗产泛指自然遗产（自然生态环境）与文化遗产（包括物质文化遗产与非物质文化遗产）。宗族文化的意义，首先在于它是非物质文化遗产的组成部分，其次在于，它是村落物质文化遗产及民俗民风、民间文化、民间美术、民间曲艺等得以保护传承下来的重要力量。

纵观全国 360 多万个自然村落，第一至第五批共 6799 个中国传统村落之所以能保存下来的原因，大体有下列四点：

其一，地理环境的偏僻性和封闭性。多数传统村落地处深山峡谷、高山溪水的源头地区，交通不便，信息不灵，很少与外界交流，经济、社会文化处于一种自我循环之中。还有一种情况是山区地形的省、市、县交界地区的村落，往往因高山所隔，彼此间没有什么联系。

其二，自然资源禀赋较好。

其三，古村落科第发达，文化世家多。

其四，文化的认同。文化认同即村民的喜好爱戴、价值标准等，不是"世人"的标准，而是自己的标准。他们的文化不是面向外部的，不需要别人认同，或什么商业目的，村里的一草一木、一房一舍，都融进了他们的生命流程，不离不弃，成为日常生活的内容，就和生儿育女一样，好坏都是自己的生命。文化认同有很强的生命力，一旦形成，往往能延续百年、千年。

其五，宗法制度较严。宗法制度是古代乡村主要的制度，维持自然村落千百年来的生产方式、生活方式和人群结合模式，并衍化为一种心理趋势，村规民约、风俗习惯，长期不变。

五、全球一体化语境中的启发意义

物质的结构决定物质的性质，金刚石、石墨、C_{60}、碳纳米管等物质都是由碳元素组成的，由于结构形式不同，性质差异很大。单个原子组成的物质是石墨，强度最低。原子组织性越强，则强度也越大，人类社会结构是有同样道理。

宗法制度人际关系图式为：人—家—家族—宗族—村落—乡、镇、县、郡等，交织成立体网络结构。这种结构图式和宇宙结构图式同构，符合物质世界"统一场理论"，即构成物质的四种基本粒子（质子、中子、电子、中微子），相互作用产生的四种基力（电磁力、引力、强核力、弱核力）统一成一种基力——统一力。在这力的四周形成一个场，即"统一场"。这是宇宙中最完善的构成形式。

宗法社会里人的管理和行为模式有向心性和对称性二个特征。如五服图所示，以自己为原点，上有父母，下有子媳，左有姐妹，右有兄嫂弟媳，在行为上，子女对父母"孝"，父母对子女则要慈，兄弟间悌，邻居间睦，民对君忠，君对民爱，人的各种关系和行为要求，都是一一对应的。对称普遍存在于自然界中，有形象对称、结构对称、功能对称，在自然辨证法中，"对称"指事物现象，过程和规律在一定变换条件下的不变性。物理学上的左右对称，导致了一种守恒定律即"宇称守恒定律"。宗法制度中人际关系和责任的对称，导致了家庭、家族文明的延展力和生命力。

5000 年前，华夏族陆续出了六位族群英雄，即黄帝、炎帝、蚩尤、尧、舜、禹。他们先后历 700~800 年实践和探索，引领华夏走向国家文明。接着文王演义、孔孟布道，华夏祖先智能大爆发，和当时世界其他文明一起，跨入了四大文明的门槛。以苏格拉底、亚里士多德为代表的古希腊文明主要考虑人和物的关系，印度哲学家主要考虑人和神的关系，以孔子、孟子、庄子、韩非子为代表的中华哲学则主要考虑人和人的关系。世界四大文明，其他三个都消失了，为什么只有华夏文明没有消失？其中原因之一，是儒道合一的思想体系和严密的人际结构——家族制完美结合，致使五千年文明没有中断过。

宗法制度人际关系图式，在全球一体化语境中，也具有一定的启发意义。著名华裔美籍科学家李政道认为，西方现代社会发展集中和紧密联系模式下，技术（包括许多技术手段）的扩散和利用是没有隔离的，是连续的，扩散速度快是它的优点，但危难时难以控制，来得快，毁灭也快。宗法社会人群星座、网络模式，分组团、体系各自成核心，互相隔离又互相拉结，在一定时空范围内具有相对的独立性和延迟效应，这样，一旦有突发事件时，便能迅速反应，在某些局部，在一定程度上切断联系，在一个小范围内独立维持一段时间，然后再有计划地建立新的联系。

20世纪90年代对于生命的本质认识问题，产生了新的飞跃。美国科学家兰顿等人认为，生命的本质在于过程和组织形式，生命不是"物"，而是"物"的结构形式。

古代打仗，讲究排兵布阵；排成一条线一维的话，极易被对方攻破，排成一个方阵（二维平面）的话，战斗力则强一些。方阵间又互相联系（立体加网络）的话又更强一些。用统一场理论更说明问题，一个质子的寿命为10的31次方年，要使它发生衰变必须有一个10的15次方GEV的巨大质量，要是质子离开统一场的话，其力量就微不足道了。这个例子说明："功能和能量来自结构"。

以家长制为核心、以血缘关系为纽带的社会结构，具有民众的自我管理、低成本的基层管理作用和意义（图9-2）。

历史的发展证明了人群结构的意义。

我国从父家长制家族到夏商的奴隶制家族，再到西周春秋的宗法式家族，经历了三千多年。家族形态一个个逐渐提高、牢固。尤其是周代的宗法制度，把氏族组织和家庭这两种对立的因素巧妙地统一起来。《礼记·大传》曰："别子为祖，继别为宗，继称者为小宗。有百世不迁之宗，有五世则迁之宗。"根据五世迁宗的规定，一个大家族可包括曾祖、祖、父、子、孙五代人，超过五代，就要分裂出去，组成另一个家庭。同一个父家长所繁衍的子孙，其嫡长子的本支称为大宗，余子的旁支则称小宗。这样，大大小小的家族联合成宗族。如果说在父系氏族公社阶段，一个父系氏族包括了若干家长制的家庭公社，那末在氏族制度瓦解之后，由于有宗法制度起着维系作用，父系血缘组织就以家族和宗族的形态继续保存下来。秦汉以后，实行郡县制，君臣关系重于宗法关系，但是宗族关系始终没有松弛，相反，它以更强的生命力在民间繁衍，以家庭→家族→宗族→村落→郡望的生长方式，从血缘化

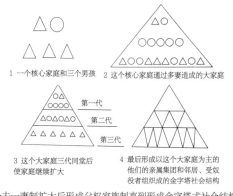

1 一个核心家庭和三个男孩　　2 这个核心家庭通过多妻造成的大家庭

3 这个大家庭三代同堂后使家庭继续扩大　　4 最后形成以这个大家庭为主的他们的亲属集团和邻居、受奴役者组成的金字塔社会结构

一夫一妻制扩大后形成父权家族制直到形成金字塔式社会结构

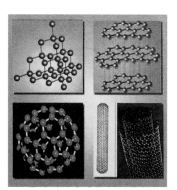

碳的几种同素异形体和碳纳米管的结构模型
物质的结构决定性质

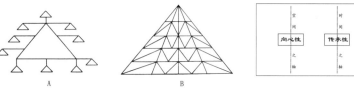

A　　　　　B
从分封制到中央集权制结构变化图　　　家庭本位生活方式的空间时间观念轴

图 9-2　以家长制为核心，以血缘关系为纽带的社会结构体制，具有民众自我管理、自觉管理、网络化、成本低、生命力延展力强等社会管理结构意义。

走向地缘化。整个结构根深蒂固，盘根错节，使中国成为君臣、宗法双重的二元国家。图 9-3 为中国古代 20 个历史时期和朝代历时示意图。很明显，家族制度、宗族文化越强的朝代，寿命越长。比如宋朝，军事上很弱，不如汉唐，但在文学艺术上却超过前代，国运很长，其中，宗族制度民间化是重要因素之一。宋代宗族的政治功能受到官方公开而严格的限制，一批文人引导宗族在乡村生活发挥"自组织"作用，依靠宗族的理念、原则，对本族人员的日常行为进行规范和组织，发挥民间社会内部调节机制，维护封建社会秩序。纵观中国古代近五千年（夏朝——清朝）文明史，治国方针是随着地域、人口的不断扩大而改变的，但是这种发展是以中国古代文明的本质及文化系统不变为前提条件的，其发展的模式是家族制加官僚体制，其核心还是"家长制"、"人治"。

也许有人会问，为什么离今天越远，文明程度越低的朝代寿命越长？一种观点是，越是古代，人口越少，自然资源越丰富，故国运越长。这样的解释自然不为大家同意，笔者

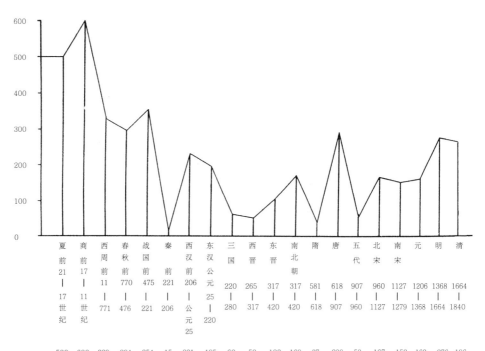

图 9-3 中国古代 20 个历史时期和朝代历时示意图。

认为从文化与文明角度讲，可能较容易进入问题的核心。"文明"一词引申义为"进步"、"开化"、"有教养"，指人类社会进步状态，与"野蛮"相对。文化则有物质文化、精神文化、制度文化三大方面，对于古人来讲，一个族群如果不能成功控制生存压力，找到群体解决生存问题的手段，该族群就会被淘汰，这种具体解决生存问题的方法与手段，就是文化。中国有句古话，"民饿则叫妈，贫则呼天"。夏、商、周三代，虽然文明程度很低，但是他们找到了生存之道的最有力武器——家和家族制度。在这个基础上，周代找到了以"仁"、"和"、"礼仪"为核心的制度文化。

目前，我们生活在一个各种文明冲突、人和自然冲突的状态。此时上下齐心、民族团结尤为重要，并以中华文明和谐包容的精神根脉，倡导人类命运共同体的建立，实现人类和平大国，人和自然和谐统一的更高文明阶段的发展。

六、重塑绅衿精神，发挥宗族、乡贤在乡村振兴战略中的作用

1. 保护传统村落，最根本的还得从人开始

2013 年 12 月，习近平总书记在中央城镇化工作会议上提出"望得见山，看得见水，记得住乡愁"，对传统村落的保护和发展提出了很高的要求。联合国的文化遗产分类中并没有传统村落这个门类，而我国确立了自己的类别，表明我国对自己所拥有的七千年农耕社会文明史有独特而深刻的认识。自 2012 年起，至今已公布了五批 6799 个中国传统村落名录。但是，怎样保护、发展传统村落，还处于"探索"阶段。多数人提出并流行乡村旅游、农家乐、民宿村、民俗村、一村一品、休闲度假村、生态修复、乡村修补等办法和措施。还有一种观点则偏重于保护传统村落的文化连续性和原真性，认为"有故土，才记得住乡愁，到村民中'开启民智'，才是当前知识界最重要的工作。"

笔者十分赞同冯骥才先生的理念和观点。中国七千年文明史本质上是农业文明史，传统村落是中国农业文明的重要载体，印记着历史信息。我们把载体保护好、修复好、修补好，让今天的人们去体验、感受记印在传统村落里的历史信息、社会、文化价值固然好，但仅仅如此是不够的。自然界中的信息和能量是互补的，重要的是要把信息变成能量。这就要让人们感知农业文明史中的社会基本生产单位、消费单位——家庭和村落里的人是如何处理人和太阳、人和自然、人和动物、人和社会、人和人的关系的；怎样合理利用自然资源，保持生态平衡的？进而领悟古人是怎样把人的生命流程融进宇宙流程中的。如本书第一章所列的"斗为帝车"图，"孔子观北斗"图，"五星出东方利中国彩锦护膊"图，都说明中国古人早就有人类社会富裕安康要建立在"天人合一"的基础上的认识，并且把人类自身的活动置于星际平衡关系之中。更重要的是，在当今人类面临生态危机、核战争威胁、基因问题以及在星球社会语境中，光有以上认识还不够，还必须恢复或找到一种保持生态平衡、避免地球危机的新的生活方式，让整个文明的构架到处渗透着平衡理念。

"家是生活出来的，不是营造出来的"。《中庸》第十一章有这么几句话："君子之道费而隐，夫妇之愚可以与知焉，及其至也。虽圣人亦有所不知焉。夫妇之不肖，可以能行焉，及其至也。虽圣人亦有所不能焉"。用现代话讲大概是：某些事物中所含的伦理道德、社会秩序和美感，普通人知道，圣人却不知道；匹夫匹妇可以做到，而圣人做不到。这几句话，让笔者很诧异，真是这样吗？对于"器"（事物）中之"道"的理解和实践，圣人

不如一个家庭妇女？经过长久思考和实践，我们悟出了其中的道理，原来像"器与道"、"情与理"这样无所不在的道理（哲理），不是用脑子可以感受到的，而是要用生命去阅读实践的。传统村落是人工自然物，既是自在之物，又是唯我之物。村落房舍、巷弄等空间的重要属性既是自然的物质，又是社会的载体，它们是物质实体，但都必须有生命的参与，有智慧因素的定向。古人早就意识到这个问题，把房屋称作"屋宇"，房屋是小宇宙，天地是大宇宙，后来又发展成"宇"指空间，"宙"指时间。天地是永恒的，是大生命；屋宇是弥久的，是小生命，民间甚至有"人是客，屋是主"的说法，并说"屋小乾坤大"、"登堂处世长"。

凡上种种，说明若只考虑传统村落的"物质"部分，也仅仅只是保护发展了其中之半，还有一个"人"的问题。

好比保护一口水井，仅仅把井身修好是远远不够的，还要保护水井的周围环境，使地气相接，水脉畅通。即使这二者都做好了，已有了合格的井壁、井栏、井台和一井好水，然而，要是没有人使用这口井水的话，井水还是会变脏、发臭、堵塞，这口井还是没有保护好。所以，保护发展传统村落，最重要的还是要保护村落的"家园性"，而家园的主体是人，最终还得从人着手。

2. 重塑绅衿精神，发挥乡贤在乡村振兴战略中的作用

绅衿是我国一定时期传统村落人口构成的重要组成部分，由于他们受过良好的教育，深得中华文化要领，除自己有极高的生活质量外，大多关心家乡建设，乐于善举，成为家乡建设的投资者和领头人，并把他们的文化修养、文化素质注入村落的风貌中。如今，这个阶层没有了，但是，他们的文化精神还在，流风余韵至今未绝。如金华武义县桃溪镇，历史上乡贤辈出，其中有二个乡贤对元代巨构延福寺的保护传承起了关键作用。一个是1933年，有个叫陈育仁的乡贤向浙江省政府有关部门报告称要抢救保护面临毁灭的延福寺，引起政府重视，下文宣平县政府调查保护，此举还引来了梁思成林徽因夫妇对延福寺进行调查考察。另一个是二十世纪五六十年代，该寺沉寂荒芜甚至沦为养猪舍时，乡贤谢某和儿子谢挺宇向文化部长沈雁冰（茅盾）报告，文化部批示浙江省文化厅进行保护，于1996年列为国保单位。这些年来，桃溪镇政府所在地陶村，在乡贤的共同努力下，旧街和一些优秀古民居保护整治得非常好。2018年4月，桃溪镇成立了乡贤会，制定规章、辟乡贤馆、设先贤堂等（图9-4）。

以上可见重塑绅衿精神，发挥乡贤的作用，是乡村振兴工作的重要一环。由于受几千

乾隆年间宣平知县给乡贤的题匾"耆年硕德"

陶村陶氏宗祠

金华市武义桃溪镇陶村上新屋

桃溪镇乡贤馆序言

乡贤活动

桃溪镇乡贤会会员合影

图 9-4　武义桃溪镇乡贤会和陶村传统民居保护发展实例

年的儒家意识形态的影响，传统道德对乡人还有很强的约束力，乡村社会还有一种有语无文的力量对民众有约束和指导作用。任何一种社会结构都有一套意识形态来界定正当的行为。如今，宗族文化、乡贤便是这种有语无文的力量，乡村社会的权威。用正确的思想把宗族、乡贤凝聚到乡村振兴战略过程中，发挥他们在乡村治理、乡风文明、发展致富等方面的作用——这是乡村振兴战略中的重要工作。唤回并重塑传统乡村中的绅衿精神，是保护传统村落的有效措施。当然，历史潮流已过去，重建绅衿群体是不可能也没有必要了。但是要把绅衿精神重塑、激发出来。具体的措施可以是：①鼓励进城致富的人资金回归，投资、捐助、带动家乡建设。②引导、鼓励出生于农村的城里人改变生活方式，节假日多回农村。增设春假、劝农节、寒食节等，让他们每年都回农村过这个节假日，感受节气、

温州市瑞安市湖岭镇黄林村街景

温州市瑞安市湖岭镇黄林村村民的新生活

图9-5 瑞安黄林村乡贤回村保护发展古村落实例。

物候变化，重温岁时、民俗、风俗和农村文脉。③提升农村卫生、保健服务设施，鼓励城市退休政府官员、文化界人士和工商业人士回乡养老。④利用村庄整治将有历史价值、文化价值、社会艺术价值和科研价值的传统优秀民居归集至村集体经济组织，再招引城市资本和人才进入乡村创办民宿和乡村休闲旅游设施，使保护和利用相结合。⑤采取自愿和政府鼓励相结合的方法，引导有乡村情怀的规划设计人员、文化艺术人员、科技教育人员等下乡定点跟踪服务，聘作名誉村民、权当现代乡贤。

3. 宗族文化可以激起热爱家乡激情，重塑乡贤精神

作者之一写的一首诗《想念锄头》中有这么几句："锄头长不大，它养的儿子长得很大很大。锄头走不远，它养大的儿子走得很远很远。我是锄头养大的儿子啊，不管到哪里，总是故土难离。"

现代生活方式的总体趋势是人的主体性增强，人与企业、集团的关系日益密切起来，有取代家庭的趋势，人的活动空间模式呈现人与家乡直接交往减少，与媒体关系日渐增强趋势。人们一天24小时，除了工作和睡眠外几乎都在媒体中度过。这种生活方式带来一个很大的"生活压力"和身心疲惫感。这样的时代背景下，家庭、天伦之乐、乡心、乡情、乡愁、荣宗耀祖、回归故里等等，这些宗族文化孕育出来的母性的情感和价值观念，是会被游子们重拾、回归的。

我们在这次调查过程中，看到不少发财致富、返乡建设的例子，发现许多居住在外，时刻关心、指导家乡建设的人和事。如：一、瑞安市黄林村，是欧洲华侨居外三十多年后返乡，并动员几个人一起回来，带领村人，把故乡黄林——一个地处瑞安市、青田县交

温州市瑞安市湖岭镇黄林村

图 9-6　龙游姜席堰

界的深山里，交通十分闭塞的源头村（用地 1 平方公里，明、清、民国时期的民宅 277 间）按照《国家历史文化名镇名村保护规划规范》，进行保护、修缮、维修、改善、整修，还把深藏在周围的"七星潭"（七个瀑布递次相跌的水潭）开发成风景点。近年来，该村成为温州市农家乐、民宿热点（图 9-5）。二、永嘉县国家级历史文化名村屿北村，有一批在外地工作的乡人，1949 年后就着手挖掘，编写村史、村志、继修族谱。其中，第六房的汪益革、汪祥虞兄弟俩，自 20 世纪 80 年代起就穿针引线于家乡、各级政府、温州市规划局、温州文物局之间，为家乡的规划、建设、文保单位申报、历史文化名村申报及保护发展起了重要作用。三、永嘉鲤溪村青年李生，在城市开饭店发财致富，给家乡投资几百万元，并且发起组织乡人，成立乡村建设股份公司。请专家、工程师指导，对家乡进行有序整治、改造建设。笔者从一方被村人遗忘的石碑上发现，该李氏为主姓的古村落祖源可追溯到陇西（今甘肃西部）汉代的李广、唐代的李渊这一族，该老板得知后，顿增信心和责任感。四、姜席堰是龙游县目前保护得最好且继续发挥重要工程效益的古代水利工程（图 9-6）。目前政府在积极申报为世界物质文化遗产，申遗的动议人是以黄小民、徐玖如为代表的几位乡贤。五、东阳厦程里程菊生，是一名建筑工作者，退休返乡后着手整理家乡古建，收集、测绘了很多优秀古民居平面图。为传统村落的保护发展起了积极作用（图 9-7）。我们在调研过程中还碰到不少乡贤为家乡写志、拍照、录像或画画，为家乡保护发展收索、保存原始资料。六、更有甚者，有些乡贤还联合起来，助力家乡重拾恢复一些有意义的节日或民俗活动，如温州泰顺农村，每年中元节，在外工作或分迁出去的族人都要赶回家乡、故乡，进行祭祀活动，并在宗祠或祖屋里聚会，教育族人，丰收了，要感怀先祖、敬畏天地、悲悯众生，以求来年顺利、平安、丰收。很多农村，类似这类敬天祭祖活动，有所升温（图 9-8）。凡上种种说明，宗族文化是可以激起热爱家乡的激情、重塑乡贤精神的。

武义坦洪乡上坦村，潘絮兹乡贤为家乡画的春耕图

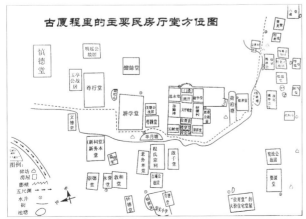

古厦程里的主要民房厅堂方位图

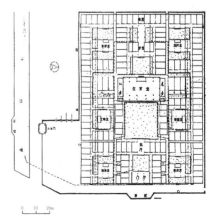

浙江东阳厦程里"位育堂"（八面朝厅）平面图

图 9-7 东阳厦程里乡贤整理家乡古建资料

金华市武义桃溪镇陶村上新屋正立面，乡贤画的彩绘

温州市泰顺农村中元节族人活动

图9-8　泰顺农村，每年中元节，在外工作及分居各地的族人都要赶回家乡进行祭祀活动，并在宗祠里或祖屋里聚会，感怀祖先、敬畏天地、悲悯众生。

附 录

1. 聚、邑

这是我国母系氏族公社时的居住形态。

聚：由于原始农业的兴起，人们开始沿江河湖沼经营定居生活。按照氏族血缘关系，以氏族为单位，组织居住形成一个"聚"，也称"聚落"。

邑：为部落的居住单位。部落是包括从一个始祖母所生的若干代近亲所构成的一个紧密团结的血缘集团。部落是当时最大的社会集团组织形式，同时也是最大的生产与生活的组织形式，其聚居处称之为"邑"。

以上可知：一、"邑"的形态并非几个聚落并成一块的，而是几个"聚落"组成的部落居住体系。二、聚落并非单纯的居住地，而是与耕地和各种生产基地配套建置的。这种配套建立的氏族聚落，实质上就是当时以氏族为基本单位的社会经济组织的反映。一个聚落便形成一个原始的自然经济单位，部落聚落实质上便是这种单位组合而成的原始自然经济复合体。

聚落的形态："聚"字的本义乃人聚集在一起，故《说文》释"聚"为"会"，《易·系辞》谓"方以类聚"。可见，最初的"聚"是"方形"的。从考古发掘中可知，每个"聚"都有一座"大房子"，为该聚成员的活动中心，各家居室环布在"大房子"周围。"聚"，还包括墓葬、制陶、农业生产、畜牧场所等，是一个生产与生活相结合的社会组织基本单位。

邑的形态："邑"，甲骨文作"𢏱"。从字的形象可看出，它已具有一定的维护结构，如壕沟、土围等，所以《释名》谓："邑"，犹挹也。邑，人聚会之称也。《说文》云："邑落曰聚"；《注》："邑落，谓邑中村落。"在此，"邑"应为"聚"之复合体。从考古发掘的一些先民居处遗址中可知：由几个"聚落"组成"邑落"，邑四周挖有防护壕沟或构筑城墙，中心置有公共活动广场。

2. 城、国、都

城：我国传世历史文献中，城是指高墙圈起来的生活场所，城墙外又有池、渠围护，故又称城郭、城池。建城的最早记录，有黄帝杀蚩尤，因而筑城说（《黄帝内经》）；又有鲧作城郭说（《世本·作篇》）。《吴越春秋》说得更具体，指出："鲧筑城以卫君，造郭以居民，此城郭之始也。"《辞海》关于城的概念是："旧时在都邑四周用作防御的墙垣。一般有两重；里面的称城，外面的称郭。"《管子·度地》："内为之城，城外为之郭。"综上可见，"城"是奴隶社会的产物，它是以这个社会宗法分封政治统治据点——"都"的形态，而出现在我国古代城市建设领域里的。

国：城的发展经历了两个发展过程。一、母系社会的"聚"或"邑"，到了父系氏族社会，为保护首领和富有者的财富与安全，开始筑城墙，以加强防御能力。因而出现了"城"的原始雏形——设防的城堡式聚落（邑）。二、夏王朝的建立，我国社会发展开始跨入奴隶社会阶段。这时那些部落及部落联盟演变而为大小城邦。上述城堡式的"邑"亦多发展为"城"，按城邦体制，即称之为"国"。一般居民的"邑"，则依附于"国"，便成了它的"鄙邑"，"鄙"即"野"。至于那些规模小、人口少的"聚"，则充作所依附之"邑"的"邑落"，即"邑"之村落。这种邑落，后来进一步演变为"里"。这时，原来父系氏族社会的"邑"、"聚"，至此已演变成"国"（城）、"鄙邑"及"邑落"（或聚）三个层次了。

都：我国奴隶制国家推行宗法分封制度，各级奴隶主的据点"国"（城），除构筑城垣，设置宫室、官署、府库及闾里等外，更须建置"宗庙"。这种建有宗庙的"城"叫作"都"，没有建立宗庙的一般邑，乃称"邑"。

（以上解读，参见贺业钜，《中国古代城市规划史》）

1. 家：我们通常讲的家，实指家庭。西方的"家庭"一词，源于拉丁语，本意是居住在一所建筑物里的人们的共同体。汉语中的家庭一词与之相当，就是说，中国古代社会中的家，包含人和吃住的场所，场所由住宅和庭院两个部分组成。其中，人是主体，场所是客体，客体是受人支配的。然而，这里的人，不是自然人，是社会人，他生活在亲人、亲戚、朋友、邻里、乡邑关系中，并和土地、环境发生关系，又受国家法律、制度管控。这里的客体房屋，既是自然之物（建房的材料砖、石、土、木和承载房屋的土地），又是人工之物（房屋的大小、式样、形制），既是物质实体，又是文化形态。体现了人与人的关系，人与物、与自然的关系。房屋是人工自然物，它是有生命的，记印着各个时代的历史信息、工艺技术和美学价值。所以，民间又有"房是主，人是客"的说法。本书是从家庭、家族、宗族这条线研究住宅、村落的，所以，一定要从他的源头开始，层层展开，才能进入它的内核。

2. 家庭：所谓家庭，就其一般性的特征来说，是以特定的婚姻形态为纽带结合起来的社会组织形式。它有个历史发展过程，按其性质来讲，经历了群体家庭和个体家庭两大阶段。我们今天研究的居住文化，是原始社会末期产生的以一夫一妻制的个体婚姻为纽带的家庭的实物形态，这样的家庭，具有下列三个性质：首先是一个婚姻生活单位，人们组织在家庭里，按照特定的婚姻制度和道德规范过着婚姻生活，生育和抚养子女。其次是一个经济生活单位，人们以家庭为单位进行生产和消费，向国家纳赋税和服徭役、服兵役，主要特点是同居、共财、合爨（一个锅里吃饭）。再其次是一个社会生活单位，人们以家庭为单位教育后代，为其婚配，进行社会交往。

家庭的类型，现代社会学家们有几种说法：一种是"核心家庭"、"单一家庭"、"复合家庭"、"扩大家庭"等加以分类。多数学者觉得这样划分不够具体和形象，而采用《礼记》"五服制"中的分类：包括父子两代者称"核心家庭"，包括祖、父、己，直系三代者，称作"主干家庭"；包括祖、父、己、伯叔及其子女者，称作"共祖家庭"（一般称作直系家庭）。当然，时代不同，风尚亦异，对于家庭的范围、家族和宗族的定义，或有一点区别。

我国历史上曾出现过从兄弟，再从兄弟共财合爨的四代以上同居的家庭，人口少者十余人、数十人，多者几百人甚至几千人。不少朝廷对家庭与家族的合理结构和规模都有研究并采取措施，关于此，本书前面已谈到。

3. 族、家族、宗族、氏族、族姓制度

族：本义是集矢成束，有凑、聚集义，故引申为亲属，一般指同姓亲属。《白虎通·宗族》："族者何也？族者，凑也，聚也，谓恩爱相流凑也。生死相爱，死相哀痛，有会聚之道，故谓之族。"看来，族和家族没有什么联系，家族是血缘集团。族是一个假借字，原指盛箭矢的袋子，把许多支矢装在一起叫"族"（后来写作簇），也叫"束"。

家族：是指同一个男性祖先的子孙众多家庭，世代集聚在同一村落，或者有移居他地的，也有一定的规范（如家谱、族谱、族田、祖坟）互相联系着的。构成家族，一、必须是一个男性祖先的子孙；二、必须有一定的组织联络系统，如族长、族田、宗祠、族谱等；三、必须有一定的规范、办法，作为处理族众之间的准则。这三点是缺一不可的。家族，又称宗族、户族。古书中也有常常直接称为族、宗的。

宗族：《仪礼》"丧服制"中，将五服之内的成员称为"家族"，五服以外的共祖族人称为"宗族"。

氏族：这是对原始社会人群的称谓，包括母系氏族和父系氏族，在某种意义上说，也是一种以血缘关系为纽带结合而成的家族。不过它和以个体家庭为基础的家族，有着原则的区别，它属于族外群婚的产物，一个人群的男女婚姻对象都必须到他地别的人群中去找。为了分血统，别婚姻，一群一群人必须要有个符号，于是产生了族名和族姓。普遍都是以自己的居住地名称作为自己的族名的。于是，人类社会出现了氏族形式，叫氏族公社。由于群婚，人们知其母不知其父，只能按母亲来区分血统、氏族里的人。同父亲们的氏族没有关系，这时的家庭称为亚血缘家庭。中国的亚血缘家庭，大约在真人化石阶段的山顶洞人时萌芽，到中原的仰韶文化时期，发展到兴盛阶段，绝对年代大约相当于距今五六万年到五六千年之间，妇女是氏族的头头，维系氏族的中心。氏族内部禁止通婚，实行一氏族的一群兄弟和另一氏族的一群姐妹之间的相互群婚。同一始祖母繁衍下来的若干个亚血缘家庭组成一个母系氏族，若干个氏族组成一个部落，一个亚血缘家庭占有一所至几所房屋，整个氏族构成一个村落，实例如半坡仰韶文化的村落遗址，总面积达 5 万平方米，分住宅区、陶场和公共墓地三部分。在仰韶文化遗址中，不曾发现夫妻合葬或父子合葬（两个年龄相差很大的男子）的情况。这是当时亚血族群婚亚血缘家庭的反映。

人类社会进入到第四个也是最后一个婚姻形态和家庭形态后，贵族都有了自己的姓和氏，春秋战国后平民也有姓了，就是说，凭人的姓就可以明血统、别婚姻了，氏族完成了历史任务，退出了历史舞台。

族姓制度：中国的族源追溯，有个最大特点，它是靠姓氏来追溯的。西周大一统，核心凝聚力是什么？是它发明的族姓制度。我们从铜器铭文可知，商人用族徽别族，周人用族姓别族，用几十个姓（约 20 个）把各种各样的族群串联在一起，造就了大一统。

4. 郡望：所谓郡望，取自该族祖先受封之地的地名，或是显赫祖先住过的地名。中古时期，人们特别重视郡望，这是因为战国以来，人户流迁，加上姓氏混同，人们单凭姓氏已无法辨别是否同族了。秦后，各地设置郡县，同一县的同姓，大致上都是同族，因此，人们在自己的姓氏上再冠以郡望——原籍，来区别宗支。同一姓有不同的郡望，如唐代张氏有 43 望，王氏有 32 望。我们在家谱或香火堂对联上常常会看到"济阳郡"等字样，表示该姓人丁原籍是山东"济阳"这个地方。

"郡望"一词的另一义是"郡"与"望"的合称，"郡"是行政区划，"望"是名门望族。两字连用，表示某一地域或范围内的名门大族。是社会地位的象征。如宋代民间嫁娶的名帖上要书上自己的郡望，如果姓王，则必表明是"太原王氏"，还是"琅邪王氏"；姓李的"陇西李氏"，姓张的"清河张氏"、"彭城刘氏"、"汝南周氏"、"武陵顾氏"、"沛国朱氏"者等等，都是当时的名门望族，身价特别高贵。

5. 堂号：我们往往看到，各姓祠堂正门或正厅上方，往往有一块牌匾，上面写着"××堂"。这就是中国人的堂号。"堂号"的字面义是祠堂的名称、称号，延伸义是"郡望"。因为堂号是一个家族的特殊标识，一般取自郡县名或为纪念家族始祖、名人而自创。堂号也是后代寻根问祖的重要标记，一般是以郡名为堂号，或以诸侯国、府、州、县名为堂号。家族迁徙分开后，往往会在"总堂号"之下再加入"分堂号"。总堂号是姓氏的发祥地，分堂号则是族人迁徙到新地的郡号。总堂号、分堂号统称为"郡望"。如龙游横山镇志棠乡天池村"三槐堂"，是河北大名府太原王氏宗祠，其后裔元初迁居于此，宗祠为明代万历乙巳年（公元 1605 年）建造，由新宅上厅、下店中厅、儒大门下厅三个自然村内的三座本支祠堂组成，为全国文保单位。儒大门村的三槐堂，始建于明万历乙巳年（公元 1605 年）。宋代大文豪苏轼曾著有《三槐堂铭》，歌颂王祐及其子孙，以槐喻德。在其他地方，也不时能看到以"三槐堂"为堂号的宗祠或大屋，如绍兴市区某"三槐堂"，是王羲之家族重要分支之一。东阳隔塘三槐堂、马宅上新屋"三槐堂"，其原籍均是琅邪王氏或太原王氏。回源王氏家族兴旺发达，各分支所建的支祠均称为"三槐堂"。

堂号含义深刻，一般可分为四种类型：上述王氏"三槐堂"是以宗族典故为堂号，较为著名的还有杨氏"四知堂"、赵氏"半部堂"、吴氏"三让堂"、刘氏"黎照堂"。第二种是以宗族发源地为堂号，如刘氏的"中山堂"、"彭城堂"，王氏的"太原堂"、"琅琊堂"，李氏的"陇西堂"。三是以道德伦理为堂号，如"敦伦堂"、"世德堂"、"崇本堂"等；四是以祖先名号为堂号，如"伏波堂"、"香山堂"、"屏山堂"。宜兴筱里任氏宗族主堂"一本堂"，建德李村"一本堂"，奉祀 11 世以上先人，11 世以下的，若文官七品、武官三品以上，或捐过祠堂一百两银子以上的，或因功德爵的缘故也可以进入一本堂。这种把祖先按功、爵分成等第的做法，有对祖先不敬之感，许多宗族不采用这种方法。（附录图 -1）

6. 家谱：我国在先秦时代就开始编纂族谱了，最初的名字叫谱牒，用于记录帝王世系、谥号、贵胄血缘的世系关系，是官修的，被用做皇家、贵胄、士族、官员身份的鉴别、袭爵、出仕、婚配用，到宋元时，演变成家族私修。名字叫族谱、家谱，和祠堂、族田一起成为家族的三要素。血缘是家庭关系的无形纽带，而维系家庭、家族、宗族的有形纽带则是家谱。

私家修谱自宋代开始，经元、明的发展，至清代中期达到高潮，体例和内容随时代而变化，至清代渐趋定型，主要内容是家族流源及变迁，堂号、世系表、家训、家传、艺文、图像七部分。以欧式（欧阳修）、苏式（苏洵）、牒记式、宝塔式世系表最为著名。欧式为横行体，世代分格，五世一表，人名左侧各有一段生平记述，由右向左横行。苏式又称重珠体，世代直行下垂，世代间无横线连接，全部用竖线串联，由右向左排列。牒记式世系表纯用文字表述。人名下有一个简介。宝塔式系表自上向下排列，横、竖线连接，形似宝塔（附录 2 图 -1）。

日本学者秋贺多五郎在《宗族的研究》中把家谱的内容和修谱的目的归纳为："序得姓的根源，示族数的远近，明爵禄之高卑，序官阶之大小，标坟墓之所在，迁妻妾之外氏，载适女之出处，彰忠孝之进士，扬道德之遁逸，表节义之乡间"六十字（附录 2 图 -2）。

建德李村一本堂

龙游儒大门村三槐堂

龙游志棠三和堂

宁海龙宫村星聚堂

附录图 -1　郡望、堂号是血缘关系的纽带，宗亲睦族的节点。

孔子世家谱

七十四代　五十七人　现在四十九人

（四）寿4公派下

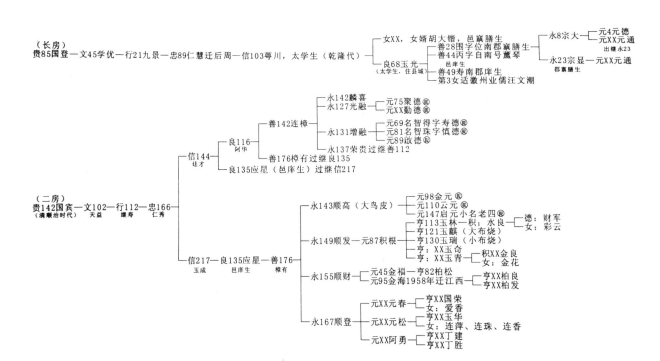

附录图-2　家谱：又称族谱、宗谱。是一种以表、谱形式，记载一个家族的世系繁衍及人物事迹的书。

谢 氏 家 族 世 系 表

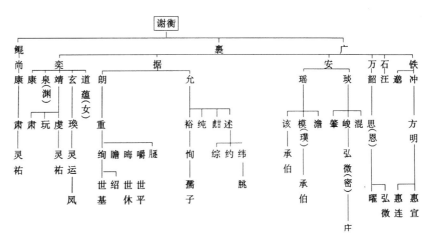

王 氏 家 族 世 系 表

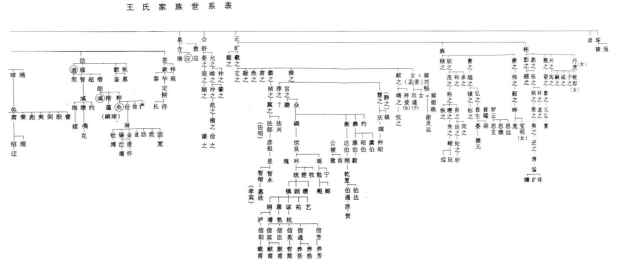

[1] 柳诒徵. 中国文化史 [M]. 北京：中国社会科学出版社，2008.

[2] 吕思勉. 吕著中国通史 [M]. 北京：中国书籍出版社，2016 年.

[3] 刘岱（总主编）. 中国文化新论（共 12 册）[M]. 北京：生活、读书、新知三联书店，1992.

[4] 张光直. 商代文明 [M]. 北京：北京工艺美术出版社，1999.

[5] 张光直. 古代中国考古学 [M]. 沈阳：辽宁教育出版社，2002.

[6] 姚瀛艇. 宋代文化史 [M]. 开封：河南大学出版社，1992.

[7] 商传. 明代文化史 [M]. 上海：东方出版社，2007.

[8] 王力主编. 中国古代文化常识 [M]. 北京：中国人民大学出版社，2012.

[9] 徐扬杰. 中国家族制度史 [M]. 武汉：武汉大学出版社，2012.

[10] 清，程瑶田. 宗法小考.

[11] 应劭撰. 风俗通义 [M]. 上海：上海古籍出版社，1990.

[12] 费孝通. 中国士绅 [M]. 北京：外语教学研究出版社，2011.

[13] 费孝通. 乡土中国 [M]. 南京：凤凰出版传媒集团 江苏文艺出版社，2018.

[14] 张联芳. 中国人的姓名 [M]. 北京：中国社会科学出版社，1992.

[15] 王宁远. 遥远的村居 [M]. 杭州：浙江摄影出版社，2007.

[16] 潘承玉. 中华文化格局中的越文化 [M]. 北京：人民出版社，2010.

[17] 佘德余. 浙江文化简史 [M]. 北京：人民出版社，2006.

[18] 冯天瑜、何晓明、周积明. 中华文化史 [M]. 上海：上海人民出版社，1990.

[19] 贺业钜. 考工记营国制度研究 [M]. 北京：中国建筑工业出版社，1985.

[20] 贺业钜. 中国古代城市规划史论丛 [M]. 北京：中国建筑工业出版社，1986.

[21] 王玉海、姜丽丽、刘涛. 江南文化世家研究 [M]. 北京：知识产权出版社，2011.

[22] 周祝伟、林顺道、陈冬升. 浙江宗族村落社会研究 [M]. 北京：方志出版社，2001.

[23] 王鲁民. 中国古典建筑文化探源 [M]. 上海：同济大学出版社，1997.

[24] 安介生. 民族大迁徙 [M]. 南京：江苏人民出版社，2001.

[25] 任崇岳. 中原移民简史 [M]. 郑州：河南人民出版社，2006.

[26] 张一兵. 明堂制度研究 [M]. 北京：中华书局，2005.

[27] 王振复. 中国建筑的文化历程 [M]. 上海：上海人民出版社，2000.

[28] 邵建东. 浙中地区传统宗祠研究 [M]. 杭州：浙江大学出版社，2011.

[29] 北野. 中国文明论 [M]. 北京：中国社会科学出版社，2001.

[30] 冯尔康. 中国古代的宗族和祠堂 [M]. 上海：商务印书馆，2013.

[31] 中国古代建筑史（1–5 卷）[M]. 北京：中国建筑工业出版社.

[32] 张亮采. 中国风俗史 [M]. 上海：上海三联书店，1988.

[33] 邱枫. 宁波古村落史研究 [M]. 杭州：浙江大学出版社，2011.

[34] 庞朴. 一分为三 [M]. 深圳：海天出版社，1995.

[35] 林德宏. 科技哲学十五讲 [M]. 北京：北京大学出版社，2004.

[36] 钱杭，承载. 十七世纪江南社会生活 [M]. 杭州：浙江人民出版社，1996.

[37] 潘安. 客家民系与客家聚居建筑 [M]. 北京：中国建筑工业出版社，1998.

[38] 陈怡魁、张茗阳. 生存风水学 [M]. 上海：学林出版社，2005.

[39] 许倬云. 中国文化的发展过程 [M]. 贵阳：贵州人民出版社，2009.

[40] 杨金鼎主编. 中国文化史词典 [M]. 杭州：浙江古籍出版社，1987.

[41] 李零. 我们的中国 [M]. 北京：生活、读书、新知三联书店，2016.

[42] 中国民族建筑研究会民居建筑专业委员会举办的各届中国民居学术会议的有关论文 [G].

[43] 中国民族建筑研究会民居建筑专业委员会举办各届海峡两岸传统民居学术研讨会的有关论文 [G].

[44] 无锡祠堂文化研究会 [G]. 无锡：祠堂博览.

[45] 全国传统宗祠建筑文化研讨会论文汇编 [G]. 永康，2010.8.

[46] 史文俭. 试论中国古代宗庙形制及其变迁 [D]. 上海：同济大学，硕士学位论文. 2016.

[47] 浙江省各市、县城乡规划建设部门、文化部门及各乡村提供的有关资料.

后记

1. 本书是在浙江省城乡规划设计研究院相关课题调查研究基础上完成的，课题组成员或集中或分头，历时三年，跑了200多个村落，调查对象考虑地区分布和村落类型的均匀性和广泛性，尽量选择列入保护名录的传统村落、历史文化名村名镇，和宗族意象强的或有特色的村落。历史上的驿站、河埠、渡口村或发生过重大历史事件、典故和材料稀缺的村落，另外，散布于各地典型的同姓、同族并与著名村落郡望堂号有关联的村落也是调查重点。

2. 书中列举的村落、家族、大屋、事例等，是根据内容需要和文章结构取舍的，并没有评论孰好孰坏的意向。村落的历史资料多来自文献典籍、族谱家谱和收集资料中，有些手绘插图仅仅是记录其形制，24个案例，不是全面分析评价，仅仅取其宗族意象特色加以论述。

3. 我们怀着"纸上得来总觉浅，绝知此事要躬行"的古训，书上提到的典型素材，哪怕是一幢大屋、一个堂号、一个构件，都尽可能到实地调研、察看过。其中，可能出现房屋、构件已破损或已修缮过现象。为了把最好、最原始的画面展现给大家，我们选择了一些以前拍摄的照片。照片主要由丁俊清、程红波、肖健雄拍摄，文字撰写主要由丁俊清承担，图照清绘主要由程红波承担。我们也采用了一些他人的照片，因种种原因，未能一一注明，在此对照片的原作者表示感谢。

4. 本书在调查和编写过程中，得到了浙江省住房和城乡建设厅有关领导的热忱支持、帮助和指导。实地调查中，各地规划建设部门、文化部门、乡镇政府、相关传统村落及熟悉村落历史的同志都给予了热情帮助，在此对他们表示衷心感谢！